弹性力学变分原理引论

鲍荣浩　徐博侯　编著

ZHEJIANG UNIVERSITY PRESS
浙江大学出版社

图书在版编目(CIP)数据

弹性力学变分原理引论 / 鲍荣浩,徐博侯编著.
—杭州:浙江大学出版社,2017.4
ISBN 978-7-308-16740-6

Ⅰ.①弹… Ⅱ.①鲍… ②徐… Ⅲ.①弹性力学—变分学 Ⅳ.①O343

中国版本图书馆 CIP 数据核字(2017)第 046215 号

内容提要

本书在简要介绍变分法的基础上,介绍了弹性力学各种变分原理,包括经典变分原理、广义变分原理,以及与热、电、磁等多场耦合的弹性力学变分原理。本书着重介绍这些变分原理在力学中的应用,如用变分原理推导各种梁和板的近似理论,利用变分的直接方法,给出求解弹性力学问题的各种数值方法,以及变分方法在结构振动和稳定性分析中的应用。本书适用于作为研究生"弹性力学变分原理"课程的教材或教学参考书。

弹性力学变分原理引论

鲍荣浩 徐博侯 编著

责任编辑 樊晓燕
责任校对 潘晶晶 沈炜玲
封面设计 续设计
出版发行 浙江大学出版社
(杭州天目山路 148 号 邮政编码 310007)
(网址:http://www.zjupress.com)
排　　版 杭州中大图文设计有限公司
印　　刷 杭州日报报业集团盛元印务有限公司
开　　本 787mm×1092mm 1/16
印　　张 11
字　　数 267 千
版 印 次 2017 年 4 月第 1 版 2017 年 4 月第 1 次印刷
书　　号 ISBN 978-7-308-16740-6
定　　价 32.00 元

序

“弹性力学变分原理”是一门很有理论和实用价值的课程。据已毕业多年但一直从事力学工作的学生反映，这是他们学过的最有用的课程之一。目前已有很多这方面优秀的著作，如胡海昌的《弹性力学变分原理及应用》。与这些著作不同，本书的目的是培养学生掌握这一方法并应用于相关的研究工作，而不追求内容的完备和详尽。

本书着重介绍这些变分原理在力学中的应用，如用变分原理推导各种梁和板的近似理论、利用变分的直接方法给出求解弹性力学问题的各种数值方法以及它们在结构振动和稳定性上的应用。

本书的内容安排如下。第 1、2 章介绍变分法的基本概念和基本方法，重点介绍条件极值的拉格朗日方法和各类边界条件，因为这些内容在随后的章节中用得很多。第 3 章介绍弹性力学经典变分原理——最小势能原理和最小余能原理，并用上述余能原理处理柱体的自由扭转问题。第 4 章介绍二类变量和三类变量的广义变分原理，并讨论驻点的极值性质。第 5 章介绍变分原理在梁和板理论中的应用，主要介绍两个方面：一是如何在梁和板的基本假定基础上，从三维弹性力学变分原理出发推导出所有的基本方程和边界条件；二是如何构造梁和板的变分原理。这两个方面都很有用，特别是前者，可以作为各类近似理论推导的范例。作为弹性力学变分原理的一个自然引申，本书第 6 章专门讨论电、磁、热和力学效应互相耦合的变分原理。第 7 章介绍求解弹性力学问题的各种直接方法，这里包括目前工程计算中最常用的有限元法和伽辽金法。最后的第 8 章介绍特征值的变分原理，并将其应用到求解结构的临界载荷和固有频率上去。

这本书中包含了很多公式推导，粗看起来很麻烦，但实质上并不复杂，只要记住分部积分公式和高斯公式(推广的高斯公式(3.2.1))，剩下的只是简单的运算。文中的公式基本上不用张量记号，而用矢量和矩阵的记号，其物理意义可能更直观些。书中各章还附有一些思考题，这些题目主要是帮助读者深入理解正文中的内容并进行适当的延伸。

自 1990 年起我们就在浙江大学讲授研究生的“弹性力学变分原理”课程，至今已有 27 个年头了。在这期间曾多次编写过讲义，供学生使用。这次把多年的讲稿修改、补充和整理，写成这本《弹性力学变分原理引论》出版，以供读者使用。本书内容比该课程按通常学时所能讲授的要多，这需要教师选择适当的章节讲授，其余供学生自学用，这对培养研究生的学术能力是十分必要的。

本书在成稿过程中得到了浙江大学应用力学研究所各位同仁的支持和帮助，特别是陶伟明教授、陈伟球教授和王杰教授提出了宝贵的意见，北京大学王大钧教授和上海交通大学许金泉教授在审阅本书时给出了中肯的、富有卓见的意见，特此表示感谢！

由于作者的学识有限，错误和不当之处在所难免，望各位不吝指教。

本书出版得到了国家自然科学基金(No. 11321202)的资助。

作　者

2016 年 12 月于浙江大学

目　录

第1章 泛函和变分

1.1 引 言

作为数学的一个分支，变分法的诞生是对现实世界中许多现象不断探索的结果。

自然界的许多现象都体现着某种极值特性，这很早就引起了古希腊学者们的注意，他们在哲学思考和美学原则的指引下，产生了如下一种模糊和朦胧的观念：自然界有可能存在某些具有极大或极小性质的普遍规律。这种观念在考察光现象的过程中，逐渐形成了科学史上第一个变分原理——几何光学中的最小时间原理。法国数学家费马(Fermat)1657年在一封信中提出了有关几何光学的最小时间原理：**光在介质中传播总是沿着用时最少的路径行进**。18世纪上半叶，将这一原理引向力学的过程为变分法的诞生、创立和发展提供了强有力的动力。

约翰·伯努利(Johann Bernoulli)在1696年向全欧洲数学家发起挑战，提出以下一个难题：设在垂直平面内有任意两点，一个质点受地心引力的作用，从较高点沿着轨线下滑至较低点，不计摩擦，问沿着什么曲线所需的时间最短？

这就是著名的"最速降线"问题。和普通极大极小值问题的求法不同，它不是要找到一个极值点，而是需要求出一个未知函数(曲线)来满足所给的条件。"最速降线"问题的新颖和别出心裁引起了很多数学家的兴趣，洛必达(de l'Hospital)、雅可比·伯努利(Jacob Bernoulli)、莱布尼茨(Leibniz)和牛顿(Newton)都找到了正确的答案。其中约翰的解法比较漂亮，而雅可比的解法虽然麻烦与费劲，却更为一般化。后来欧拉(Euler)和拉格朗日(Lagrange)提出了这一类极值问题的普遍解法，从而确立了数学的一个新分支——变分学。

从此，有了一种新的数学工具——用极值观点来描述所遇到的某些自然现象。它和用微分方程描述自然现象的方法不同，是从另一个角度来考察研究对象，便于更深入了解对象并提供新的分析方法。从随后发展来看，莫培督(Maupertuis)和拉格朗日各自提出他们的力学最小作用原理，并由此创立了分析力学体系(拉格朗日力学)。哈密尔顿(Hamilton)提出了哈密尔顿原理。与前面极值观点不同，哈密尔顿原理是一种驻值原理，从而极大地扩充了问题的适用范围。哈密尔顿原理不仅适用于普通的保守系统和定常系统，还适用于非保守系统及时变系统，甚至可以用来处理光、电、磁和力学现象相互耦合的复杂系统。弹性力学变分原理就是拉格朗日力学中最小势能原理在弹性力学问题中的应用和发展，它为描述和处理弹性力学问题提供了一种新的方法，这将在后面的第 3 和第 4 章中着重进行介绍。

为了使读者对变分法有一个印象，下面引入几个在变分法发展历史上起过重要作用的经典例子。

以前我们在微积分中遇到的都是类似下面的函数极值问题：

一个足够光滑的连续函数 $y=f(x_1,x_2,\cdots,x_n)$，其在区域 $\Omega\subset\mathbf{R}^n$ 内任何一点 $\boldsymbol{x}=(x_1,x_2,\cdots,x_n)^{\mathrm{T}}$ 都可以作以下的泰勒(Taylor) 展开(见附录 A1)：

$$f(\boldsymbol{x}+\Delta\boldsymbol{x})=f(\boldsymbol{x})+\Delta\boldsymbol{x}^{\mathrm{T}}\nabla f(\boldsymbol{x})+\frac{1}{2}\Delta\boldsymbol{x}^{\mathrm{T}}\boldsymbol{D}f(\boldsymbol{x})\Delta\boldsymbol{x}+o(\|\Delta\boldsymbol{x}^{\mathrm{T}}\|^2)\tag{1.1.1}$$

式中：

$$\nabla f(\boldsymbol{x})=\left(\frac{\partial f}{\partial x_1},\frac{\partial f}{\partial x_2},\cdots,\frac{\partial f}{\partial x_n}\right)^{\mathrm{T}}\tag{1.1.2}$$

$$\boldsymbol{D}f(\boldsymbol{x})=\begin{bmatrix}\dfrac{\partial^2 f}{\partial x_1^2} & \dfrac{\partial^2 f}{\partial x_1\partial x_2} & \cdots & \dfrac{\partial^2 f}{\partial x_1\partial x_n}\\ \vdots & \vdots & \ddots & \vdots\\ \dfrac{\partial^2 f}{\partial x_n\partial x_1} & \dfrac{\partial^2 f}{\partial x_n\partial x_2} & \cdots & \dfrac{\partial^2 f}{\partial x_n^2}\end{bmatrix}\tag{1.1.3}$$

这里 $\Delta\boldsymbol{x}=(\Delta x_1,\Delta x_2,\cdots,\Delta x_n)^{\mathrm{T}}$，从而函数在某一点有极值的必要条件是

$$\nabla f=\left(\frac{\partial f}{\partial x_1},\frac{\partial f}{\partial x_2},\cdots,\frac{\partial f}{\partial x_n}\right)^{\mathrm{T}}=0\tag{1.1.4}$$

与上述讨论函数在某一点处的极值问题不同，我们在这门课程中要讨论的则是另一类极值(或者驻值) 问题 —— 泛函的极值(简单地讲，泛函就是关于函数的函数，详细见后面)，也称为**变分问题**。

例 1.1　平面最短线问题。在平面上给定了起点和终点的光滑曲线(见图 1.1) 中，什么样的曲线长度最短？

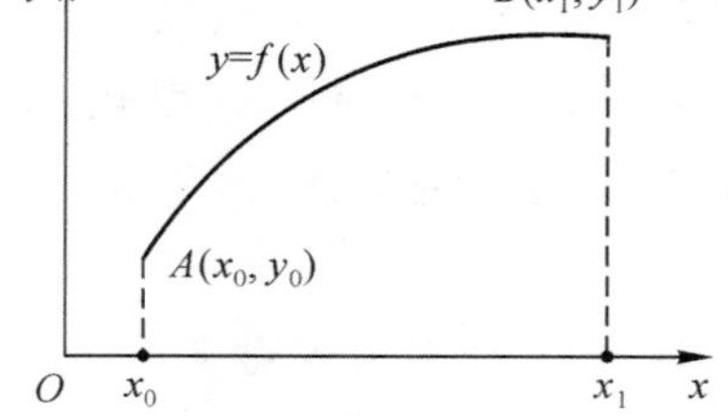

图 1.1　平面最短线问题

如图 1.1 所示，起点和终点分别为 $A(x_0,y_0)$ 和 $B(x_1,y_1)$，过这两点长度最短的曲线方程为

$$y = \bar{y}(x) \tag{1.1.5}$$

另有一任意的连续可微函数 $\eta = \eta(x)$，其满足两端齐次边界条件

$$\eta(x_0) = \eta(x_1) = 0 \tag{1.1.6}$$

显然 $y = \bar{y}(x) + \alpha\eta(x)$ 依旧是过固定两点 A、B 的连续可微曲线，这里 α 是参数。新曲线对应的长度为

$$L(\alpha) = \int_{x_0}^{x_1} \sqrt{1 + (\bar{y}' + \alpha\eta')^2}\,\mathrm{d}x \tag{1.1.7}$$

按假设，当 $\alpha = 0$，即 $y = \bar{y}(x)$ 时 $L(\alpha)$ 取到极小值，也即

$$\left.\frac{\mathrm{d}L(\alpha)}{\mathrm{d}\alpha}\right|_{\alpha=0} = 0 \tag{1.1.8}$$

把式(1.1.7)代入式(1.1.8)并展开后有

$$\begin{aligned}
\left.\frac{\mathrm{d}L(\alpha)}{\mathrm{d}\alpha}\right|_{\alpha=0} &= \left.\int_{x_0}^{x_1} \frac{(\bar{y}' + \alpha\eta')\eta'}{\sqrt{1 + (\bar{y}' + \alpha\eta')^2}}\mathrm{d}x\right|_{\alpha=0} = \int_{x_0}^{x_1} \frac{\bar{y}'\eta'}{\sqrt{1 + \bar{y}'^2}}\mathrm{d}x \\
&= \left.\frac{\bar{y}'\eta}{\sqrt{1 + \bar{y}'^2}}\right|_{x_0}^{x_1} - \int_{x_0}^{x_1} \left(\frac{\bar{y}'}{\sqrt{1 + \bar{y}'^2}}\right)'\eta\,\mathrm{d}x \\
&= -\int_{x_0}^{x_1} \frac{\bar{y}''}{\left(\sqrt{1 + \bar{y}'^2}\right)^3}\eta\,\mathrm{d}x \\
&= 0
\end{aligned} \tag{1.1.9}$$

由于式(1.1.9)对于任意的 $\eta = \eta(x)$ 都是成立，根据变分引理(见 2.2.2 节)我们可以得到

$$\frac{\bar{y}''}{\left(\sqrt{1 + \bar{y}'^2}\right)^3} = 0, \quad x \in (x_0, x_1) \tag{1.1.10}$$

从中可以得到

$$\bar{y} = C_1 x + C_2 \tag{1.1.11}$$

因此，在平面上过固定两点距离最近的光滑曲线应该是直线。这也是光在均匀介质中为什么总是沿着直线传播的原因。因为在速度恒定时用时最少的路程也是距离最近的曲线。

下面我们再来看几个比较典型的变分问题。

例 1.2　最速降线问题。如图 1.2 所示，在铅直平面上取一直角坐标系，以 A 为坐标原点，水平为 x 轴，向下为 y 轴。曲线的方程为 $y = y(x)$，A 点坐标为 $(x_0, y_0) = (0, 0)$，B 点坐标为 (x_1, y_1)。一个小球从 A 点无初速、无摩擦地沿曲线下滑到达 B 点，求所需时间最少的曲线。

小球在曲线上任意一点时的速度为

$$v = \frac{\mathrm{d}s}{\mathrm{d}t} = \sqrt{2gy} \tag{1.1.12}$$

那么小球经过 P 点附近弧线所需要的时间为

$$\mathrm{d}t = \frac{\mathrm{d}s}{v} = \frac{\mathrm{d}s}{\sqrt{2gy}} = \frac{\sqrt{\mathrm{d}x^2 + \mathrm{d}y^2}}{\sqrt{2gy}} = \frac{\sqrt{1 + (y')^2}}{\sqrt{2gy}}\mathrm{d}x \tag{1.1.13}$$

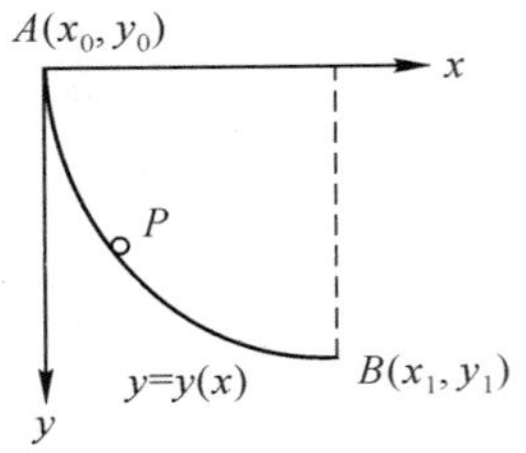

图 1.2　最速降线问题

因此，小球沿该曲线从 A 点滑到 B 点所需要的总时间为

$$T[y]=\int \mathrm{d}t=\int_{x_0}^{x_1}\frac{\sqrt{1+(y')^2}}{\sqrt{2gy}}\mathrm{d}x \tag{1.1.14}$$

显然，$T[y]$ 是函数 $y(x)$ 到实数集上的一个映射，我们称之为**泛函**。这样，最速降线问题化为泛函 $T[y]$ 求极值问题，即**变分问题**。

例 1.3　曲面上短程线问题。给定一个光滑曲面 $\phi(x,y,z)=0$，在该曲面上有两个固定点 A 和 B，求在该曲面上连接 A 和 B 两点距离最短的曲线。

记 A 和 B 的坐标分别为 (x_1,y_1,z_1) 和 (x_2,y_2,z_2)，连接该两点的曲线方程为

$$y=y(x),z=z(x) \tag{1.1.15}$$

曲线方程(1.1.15)满足

$$\phi(x,y,z)=0 \tag{1.1.16}$$

那么该曲线的长度为

$$L[y,z]=\int_{x_1}^{x_2}\sqrt{1+(y')^2+(z')^2}\,\mathrm{d}x \tag{1.1.17}$$

因此，短程线问题所对应的变分问题为：在连接 $A(x_1,y_1,z_1)$ 和 $B(x_2,y_2,z_2)$ 两点而且满足 $\phi(x,y,z)=0$ 的光滑曲线 $y=y(x)$ 和 $z=z(x)$ 中，找到其中的一条，使得式(1.1.17)中的泛函 $L[y,z]$ 取到极小值。

和前面最速降线问题中不同的是，这里的自变函数 $y=y(x)$ 和 $z=z(x)$ 不是自由的，它们受到约束条件 $\phi(x,y,z)=0$ 的限制，因此短程线问题所对应的是一个泛函的**条件极值问题**，其约束条件是一个代数关系。

例 1.4　等周问题：平面上长度给定的封闭光滑曲线中，求面积最大的解。

用参数表示的平面曲线（参数为 s）方程为

$$x=x(s),y=y(s),\qquad s\in[0,a] \tag{1.1.18}$$

由于曲线是封闭的，所以有边界条件

$$x(0)=x(a),y(0)=y(a) \tag{1.1.19}$$

而该曲线的长度为

$$l=\int_0^a\sqrt{(x')^2+(y')^2}\,\mathrm{d}s \tag{1.1.20}$$

则曲线所围成的面积为(根据格林公式)

$$A[x,y]=\iint_{\Omega}\mathrm{d}x\mathrm{d}y=\frac{1}{2}\oint(x\mathrm{d}y-y\mathrm{d}x)$$
$$=\frac{1}{2}\int_0^a(xy'-yx')\mathrm{d}s \tag{1.1.21}$$

因此，等周问题所对应的变分问题可以描述为：在所有满足 $x(0)=x(a)$，$y(0)=y(a)$ 以及约束条件(1.1.20)的曲线中，找到其中一条曲线，使得式(1.1.21)中 $A[x,y]$ 取极大值。显然，等周变分问题也是泛函的条件极值问题，其约束条件(1.1.20)是一个积分等式。

例 1.5　最优控制问题。设状态方程为

$$\dot{\boldsymbol{x}}(t)=\boldsymbol{f}[\boldsymbol{x}(t),\boldsymbol{u}(t),t],\quad t\in[t_0,t_f] \tag{1.1.22}$$

其中：$\boldsymbol{x}\in\mathbf{R}^n$ 为状态向量；$\boldsymbol{x}(t_0)$ 为初始状态；$\boldsymbol{x}(t_f)$ 为终了状态；$\boldsymbol{u}\in\mathbf{R}^m$ 为输入向量。

求寻找合适的 $\boldsymbol{u}(t)=\boldsymbol{g}(\boldsymbol{x},t)=\boldsymbol{g}(\boldsymbol{x}(t),t)$，使得

$$J=\int_{t_0}^{t_f}L[\boldsymbol{x}(t),\boldsymbol{u}(t),t]\mathrm{d}t\rightarrow\min \tag{1.1.23}$$

其中 J 是一个性能泛函。

和上面几个问题不同的，这是一个带微分约束(1.1.22)的泛函极值问题。

变分法就是泛函求极值的一种方法。在这一章中，我们先介绍泛函和变分，而把求极值问题留待下一章。如果把泛函与变分同函数与微分进行比较，了解它们的类同点和相异点，就不难掌握这一方法。

在进一步介绍变分法之前，我们把本书中一些常用的数学记号罗列如下。

1. 逻辑符号

$\forall x\in(\notin)X$：对于每一个属于(不属于)X 的 x；

$\exists y\in Y$：可以找到 $y\in Y$；

$A\Rightarrow B$：由 A 可以导出 B。

2. 集合

$\mathbf{C}(a,b)$：在区间(a,b)上的连续函数集合；

$\mathbf{C}^k(a,b)$：在区间(a,b)上有 k 阶连续导数函数的集合；

$\partial\Omega$：表示区域 Ω 的边界。

3. 无穷小

$o(x)$：表示是 x 的高阶无穷小量，即 $\lim\frac{o(x)}{x}=0$；

$O(x)$：表示是不低于 x 的无穷小量，即 $\lim\frac{O(x)}{x}<C$。

4. 导数

$\dot{f}=\frac{\partial f}{\partial t}\left(\frac{\mathrm{d}f}{\mathrm{d}t}\right)$：表示对时间变量 t 的导数(偏导数)；

$f' = \dfrac{\partial f}{\partial x}\left(\dfrac{\mathrm{d}f}{\mathrm{d}x}\right)$：假定函数只有一个空间变量 x，f' 表示对 x 的导数；

$f_{,x} = \dfrac{\partial f}{\partial x}$：假定函数有多个变量，$f_{,x}$ 表示对 x 的偏导数，注意与 f_x 的区分。

1.2 泛 函

定义 1.1 记 $C = \{y(x)\}$ 是给定的函数集合，如果对于该集合中的任何一个函数 $y(x)$，都有一个数（在本书中全部为实数）与之相对应，我们记为 $J[y(x)]$ 或者 $J[y]$。这样，我们说 $J[y]$ 是定义在函数集合 $C = \{y(x)\}$ 上的一个**泛函**，C 为**泛函的定义域**，$y(x)$ 称为**自变函数**。

简单地讲，泛函就是以函数集合为定义域的实值映射。

如例 1.2 最速降线中的泛函(1.1.14)

$$T[y] = \int \mathrm{d}t = \int_{x_0}^{x_1} \frac{\sqrt{1+(y')^2}}{\sqrt{2gy}}\mathrm{d}x$$

其定义域为

$$C = \{y \mid y(x) \in \mathbf{C}^1(x_0, x_1),\quad y(x_0) = y_0,\quad y(x_1) = y_1\} \tag{1.2.1}$$

此外，在等周问题中泛函(1.1.21)

$$A[x,y] = \frac{1}{2}\int_0^a (xy' - yx')\mathrm{d}s$$

中的定义域为

$$C = \{x, y \mid x(s), y(s) \in \mathbf{C}^1(0, a),\quad x(0) = x(a),\quad y(0) = y(a)\} \tag{1.2.2}$$

像短程线问题中的式(1.1.16)、等周问题中的式(1.1.20)、最优控制问题中的式(1.1.22)，一般不被视为泛函定义域中对自变函数的限制，而被认为是一种外加的约束，这样的约束称为**条件**。

以上定义还可以推广到依赖于多元函数或多个函数的泛函。举两个例子。

例 1.6 多元函数的泛函

$$C = \{z(x,y) \mid (x,y) \in \Omega\} \tag{1.2.3}$$

是定义在平面区域 Ω 上连续函数的集合，那么下式就定义了一个泛函

$$J[z] = \iint_{\Omega} z^2(x,y)\mathrm{d}x\mathrm{d}y \tag{1.2.4}$$

例 1.7 如果含多个函数的泛函

$$C = \{y(x), z(x) \mid y, z \in \mathbf{C}^1[a,b]\} \tag{1.2.5}$$

是定义在区间 $[a,b]$ 上的一阶连续可微函数对的集合，那么下式就定义了一个泛函

$$J[y,z] = \int_a^b [y'^2(x) + z'^2(x)]\mathrm{d}x \tag{1.2.6}$$

当然 $J[y(x)] = y(x_0)$ 也可视为一种泛函，不过，以后在提到泛函时主要是指具有上述积分形式的泛函。

定义 1.2　对于泛函 $J[\cdot]$ 定义域 C 中任意两个函数 f 和 g，以及任意两个实数 a 和 b，且 $af + bg \in C$，如果始终成立

$$J[af + bg] = aJ[f] + bJ[g] \tag{1.2.7}$$

那么称泛函 $J[\cdot]$ 为定义域上的**线性泛函**。

例 1.8　如果 $f(x)$ 是给定函数，$y(x)$ 是自变函数，则

$$J[y(x)] = \int_a^b f''(x)y(x)\mathrm{d}x, \quad y(x) \in \mathbf{C}(a,b), \quad y(a) = 0$$

是线性泛函。

线性泛函相当于我们熟悉的（齐次）线性函数。

定义 1.3　设 H 是一个函数集合，$J[\cdot]$ 是定义在 H 上的泛函，如果满足下列条件：

(1) $\forall x \in H, \quad \alpha \in \mathbf{R}, \quad J[\alpha x] = |\alpha|^2 J[x]$　　(1.2.8)

(2) $\forall x、y \in H, \quad J[x+y] + J[x-y] = 2(J[x] + J[y])$　　(1.2.9)

称 $J[\cdot]$ 为**二次泛函**。

例 1.9　以下所列各式

(1) $J[x(t)] = \int_a^b (x^2 + 4x'^2)\mathrm{d}t$

(2) $J[x,y] = \int_a^b (x^2 + 4xy + y^2)\mathrm{d}t$

(3) $J[u(x,y)] = \iint\limits_{\Omega} (u_x^2 + u_y^2)\mathrm{d}x\mathrm{d}y, \quad u(x,y) \in \mathbf{C}^1(\Omega), u(x,y)\Big|_{\partial\Omega} = 0$

都是二次泛函。

按定义 1.3 的第一条要求，二次泛函相当于二次齐次函数；按第二条要求，它们又类似于欧几里得空间中的向量所满足的平行四边形法则（平行四边形四条边的平方和等于两条对角线的平方和）。更进一步，如果二次泛函还满足

$$\forall x \in H \text{ 且 } x \neq 0 \Rightarrow J[x] > 0(<0)$$

则称 $J[\cdot]$ 是**正(负)定的**，从而正定二次泛函可以视为定义在函数空间（集合）上的距离（或称范数，见附录 A3）。例 1.9 中 (1) 和 (3) 是正定的，(2) 既不是正定也不是负定的，这一点请读者自行证明。

1.3　自变函数的变分

定义 1.4　在同一泛函定义域上的两个函数 $y_1(x)$、$y_2(x)$，若彼此任意接近，那么 $y_1(x)$ 与 $y_2(x)$ 之差 $\delta y(x) = y_1(x) - y_2(x)$ 称为**(自变) 函数的变分**。

这里自变函数的变分 δy 也是关于 x 的函数，它和微积分中函数的增量 Δy 是有差别的。变分 δy 反映了整个函数的变化，而函数增量 Δy 反映的是同一个函数由于自变量的微小变化所引起的函数值的变化，从图 1.3 中可以明显看到这两者之间的差别。

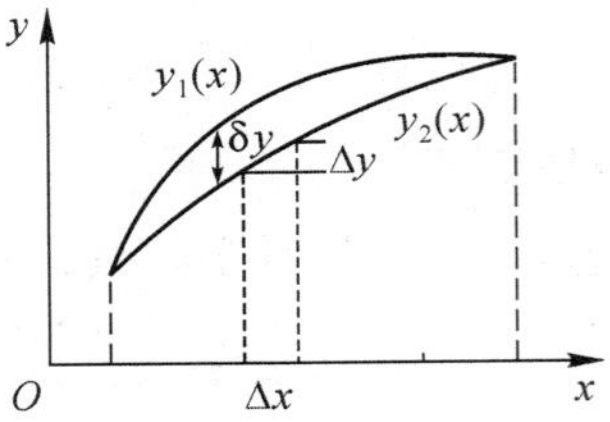

图 1.3　变分 δy 和函数的增量 Δy

下面我们指出自变函数变分的一个重要性质：**求变分和求导数可以交换次序**（见式(1.3.1)）。

$$(\delta y)' = [y_1(x) - y_2(x)]' = y_1'(x) - y_2'(x) = \delta(y') \tag{1.3.1}$$

如果自变函数 $w(x,y)$ 是个多元函数，那么求偏导数和求变分也可以交换次序，就是说

$$\frac{\partial}{\partial x}(\delta w) = \delta(w_{,x}) \tag{1.3.2}$$

$$\delta(\Delta w) = \Delta\delta w \tag{1.3.3}$$

$$\delta(\nabla\phi) = \nabla\delta\phi \tag{1.3.4}$$

式中 $\Delta = \frac{\partial^2}{\partial x^2} + \frac{\partial^2}{\partial y^2} + \frac{\partial^2}{\partial z^2}$ 为拉普拉斯算子，$\nabla = \boldsymbol{i}\frac{\partial}{\partial x} + \boldsymbol{j}\frac{\partial}{\partial y} + \boldsymbol{k}\frac{\partial}{\partial z}$ 为哈密尔顿算子（见附录 A1）。

1.4　泛函的变分

对于一个足够光滑的函数，如果我们在某一点 x 附近作泰勒展开

$$f(x + \Delta x) = f(x) + f'(x)\Delta x + \frac{1}{2!}f''(x)\Delta x^2 + o(|\Delta x|^2)$$

那么其增量的线性部分（由于 $\Delta x = \mathrm{d}x$）

$$\mathrm{d}f = f'(x)\Delta x = f'(x)\mathrm{d}x$$

称为函数的一阶微分，而

$$\mathrm{d}^2 f = f''(x)\Delta x^2 = f''(x)\mathrm{d}x^2$$

称为函数的两阶微分。其中 $\mathrm{d}f$ 是 Δx 的线性函数，而 $\mathrm{d}^2 f$ 是 Δx 的两次（齐次）函数。

类似地，我们可以来定义泛函的变分。

定义 1.5　对于任意一个泛函 $J[y]$，由于自变函数变分所引起的泛函增加量为

$$\Delta J = J[y + \delta y] - J[y]$$

如果该增加量可以进一步展开为

$$\Delta J = L[y,\delta y] + \frac{1}{2!}Q[y,\delta y] + o(\|\delta y\|^2) \tag{1.4.1}$$

其中 $L[y,\delta y]$ 是关于 δy 的线性泛函，而 $Q[y,\delta y]$ 为 δy 的二次泛函，那么可以定义泛函的**一阶变分**为

$$\delta J = L[y,\delta y] \tag{1.4.2}$$

而泛函的**两阶变分**为

$$\delta^2 J = Q[y,\delta y] \tag{1.4.3}$$

我们看下面一个比较简单的泛函

$$J[y] = \int_a^b F(x,y,y')\mathrm{d}x$$

如果给函数 $y(x)$ 一个变分 δy，也就是说新的函数为 $\bar{y}(x) = y(x) + \delta y(x)$，那么对应于新函数的泛函为

$$\begin{aligned} J[\bar{y}] &= \int_a^b F(x,\bar{y},\bar{y}')\mathrm{d}x \\ &= \int_a^b F(x,y+\delta y,y'+\delta y')\mathrm{d}x \end{aligned}$$

显然，泛函的变化量为

$$\begin{aligned} \Delta J &= J[\bar{y}] - J[y] \\ &= \int_a^b [F(x,y+\delta y,y'+\delta y') - F(x,y,y')]\mathrm{d}x \end{aligned} \tag{1.4.4}$$

假如 $F(x,y,y')$ 是充分光滑的，那么根据多元函数泰勒展开公式，式(1.4.4)可以表示成

$$\begin{aligned} \Delta J &= \int_a^b \left\{[F_{,y}\delta y + F_{,y'}\delta y'] + \frac{1}{2!}[F_{,yy}(\delta y)^2 + 2F_{,yy'}\delta y\delta y' + F_{,y'y'}(\delta y')^2] + \cdots\right\}\mathrm{d}x \\ &= \delta J + \frac{1}{2!}\delta^2 J + \cdots \end{aligned}$$

其中

$$\begin{aligned} \delta J &= \int_a^b [F_{,y}\delta y + F_{,y'}\delta y']\mathrm{d}x \\ \delta^2 J &= \int_a^b [F_{,yy}(\delta y)^2 + 2F_{,yy'}\delta y\delta y' + F_{,y'y'}(\delta y')^2]\mathrm{d}x \end{aligned} \tag{1.4.5}$$

分别为泛函 $J[y]$ 的一阶变分和两阶变分，它们分别是关于变分 δy 及其导数 $\delta y'$ 的一次齐次式和两次齐次式。在不引起混淆时，我们就把一阶变分称为**泛函的变分**。

泛函变分的另一种求法：对于任意给定的一个足够光滑的函数 $\eta(x)$（当然该函数有诸如可微或者其他一些限制条件，具体视泛函的定义域而定），它在定义域中给定边界处的值为零，那么对于任意小的一个实数 $\varepsilon(\varepsilon \ll 1)$，显然 $\bar{y}(x) = y(x) + \varepsilon\eta(x)$ 也是泛函定义域中的函数。从而

$$\Delta J = J[\bar{y}] - J[y] = J[y+\varepsilon\eta] - J[y] = \varepsilon \left.\frac{\mathrm{d}J[y+\varepsilon\eta]}{\mathrm{d}\varepsilon}\right|_{\varepsilon=0} + \frac{1}{2!}\varepsilon^2 \left.\frac{\mathrm{d}^2 J[y+\varepsilon\eta]}{\mathrm{d}\varepsilon^2}\right|_{\varepsilon=0} + \cdots$$

更进一步，如果令 $\varepsilon\eta(x)$ 就是函数的变分 δy，那么从泛函变分的定义中就可以知道，上式的第一部分就是泛函的一阶变分 δJ，而第二部分就是泛函的两阶变分 $\delta^2 J$。也就是说

$$\delta J = \varepsilon \left.\frac{\mathrm{d}J[y+\varepsilon\eta]}{\mathrm{d}\varepsilon}\right|_{\varepsilon=0} = \varepsilon\eta \left.\frac{\mathrm{d}J[y+\varepsilon\eta]}{\mathrm{d}(\varepsilon\eta)}\right|_{\varepsilon=0}$$

$$\delta^2 J = \varepsilon^2 \left.\frac{\mathrm{d}^2 J[y+\varepsilon\eta]}{\mathrm{d}\varepsilon^2}\right|_{\varepsilon=0} = (\varepsilon\eta)^2 \left.\frac{\mathrm{d}^2 J[y+\varepsilon\eta]}{\mathrm{d}(\varepsilon\eta)^2}\right|_{\varepsilon=0} \tag{1.4.6}$$

这里的做法类似于例 1.1 中的做法。以后为方便起见，不再用这一方法，而是用推导式(1.4.5) 的方法，直接计算出泛函的变分。

1.5 泛函变分的性质

以下是一些常用的泛函变分的性质，可以看到它与函数微分性质相类似。

(1) $\delta(F_1 + F_2) = \delta F_1 + \delta F_2$ (1.5.1)

(2) $\delta(F_1 F_2) = F_1 \delta F_2 + F_2 \delta F_1$ (1.5.2)

(3) $\delta(F^n) = nF^{n-1}\delta F$ (1.5.3)

(4) $\delta\left(\dfrac{F_1}{F_2}\right) = \dfrac{\delta F_1}{F_2} - \dfrac{F_1 \delta F_2}{F_2^2}$ (1.5.4)

(5) $\delta(F^{(n)}) = \delta F^{(n)}$ (1.5.5)

(6) $\delta\int_a^b F(x,y,y')\mathrm{d}x = \int_a^b \delta F(x,y,y')\mathrm{d}x$

$$\delta\int_a^b F(x,y_1,y_2,\cdots,y_n,y'_1,y'_2,\cdots,y'_n)\mathrm{d}x = \int_a^b \sum_{i=1}^{n}\left[\frac{\partial F}{\partial y_i}\delta y_i + \frac{\partial F}{\partial y'_i}\delta y'_i\right]\mathrm{d}x \tag{1.5.6}$$

这个性质表明，求泛函变分可以用类似求复合函数微分的方式进行。

下面来看两个例子。

例 1.10 已知泛函

$$J[u] = \iiint_{\Omega}\left[\left(\frac{\partial u}{\partial x}\right)^2 + \left(\frac{\partial u}{\partial y}\right)^2 + \left(\frac{\partial u}{\partial z}\right)^2 + 2uf(x,y,z)\right]\mathrm{d}V, \quad u = u(x,y,z)$$

求 δJ。

解
$$\delta J = 2\iiint_{\Omega}\left[\left(\frac{\partial u}{\partial x}\delta\frac{\partial u}{\partial x} + \frac{\partial u}{\partial y}\delta\frac{\partial u}{\partial y} + \frac{\partial u}{\partial z}\delta\frac{\partial u}{\partial z}\right) + \delta u f(x,y,z)\right]\mathrm{d}V$$
$$= 2\iiint_{\Omega}\left[\left(\frac{\partial u}{\partial x}\frac{\partial(\delta u)}{\partial x} + \frac{\partial u}{\partial y}\frac{\partial(\delta u)}{\partial y} + \frac{\partial u}{\partial z}\frac{\partial(\delta u)}{\partial z}\right) + \delta u f(x,y,z)\right]\mathrm{d}V$$

这里被积函数内还包含着自变函数变分的偏导数，需要进一步简化，我们在后面会详细进行讨论。

例 1.11 已知泛函

$$J[y,z]=\int_a^b F(x,y,y',z,z')\mathrm{d}x,\quad y=y(x),\quad z=z(x)$$

求 δJ。

解 $\delta J=\int_a^b [F_{,y}\delta y+F_{,y'}\delta y'+F_{,z}\delta z+F_{,z'}\delta z']\mathrm{d}x$

$$=\int_a^b \left[F_{,y}\delta y+F_{,z}\delta z-\frac{\mathrm{d}F_{,y'}}{\mathrm{d}x}\delta y-\frac{\mathrm{d}F_{,z'}}{\mathrm{d}x}\delta z\right]\mathrm{d}x+[F_{,y'}\delta y+F_{,z'}\delta z]\Big|_a^b$$

这里已通过分部积分消去了被积函数中关于自变函数变分的导数部分。这一点很重要，在后面求泛函极值时要经常用到。

这里特别要注意上式中全导数和偏导数之间的差异：

$$\frac{\mathrm{d}F_{,y'}}{\mathrm{d}x}=\frac{\partial F_{,y'}}{\partial x}+\frac{\partial F_{,y'}}{\partial y}y'+\frac{\partial F_{,y'}}{\partial y'}y''$$

$$=F_{,y'x}+F_{,y'y}y'+F_{,y'y'}y''$$

$$\frac{\partial F_{,y'}}{\partial x}=F_{,y'x}\tag{1.5.7}$$

1.6 各种泛函的变分

以下要注意的是：**在各种泛函变分的表达式中，若被积函数中有自变函数变分的导数，则均需通过分部积分（一维）或类似分部积分的方法以消去导数**。这是由于在本书下一章泛函求极值的过程中，要求积分号下各函数的变分是任意的，而 δy 和 $\delta y'$ 在积分区间上彼此是不独立的，后者可以通过前者求导得到，所以当 δy 任意时，$\delta y'$ 不再是任意的。

1. 简单的泛函

$$J[y]=\int_a^b F(x,y,y')\mathrm{d}x$$

$$\delta J[y]=\int_a^b\left[\frac{\partial F}{\partial y}\delta y+\frac{\partial F}{\partial y'}\delta y'\right]\mathrm{d}x$$

$$=\frac{\partial F}{\partial y'}(\delta y)\Big|_a^b+\int_a^b\left[\frac{\partial F}{\partial y}-\frac{\mathrm{d}}{\mathrm{d}x}\left(\frac{\partial F}{\partial y'}\right)\right]\delta y\mathrm{d}x\tag{1.6.1}$$

2. 含高阶导数的泛函

$$J[y]=\int_a^b F(x,y,y',y'')\mathrm{d}x$$

$$\delta J[y]=\int_a^b\left[\frac{\partial F}{\partial y}\delta y+\frac{\partial F}{\partial y'}\delta y'+\frac{\partial F}{\partial y''}\delta y''\right]\mathrm{d}x$$

$$= \int_a^b \left[\frac{\partial F}{\partial y}\delta y \mathrm{d}x + \frac{\partial F}{\partial y'}\mathrm{d}(\delta y) + \frac{\partial F}{\partial y''}\mathrm{d}(\delta y')\right]$$

$$= \frac{\partial F}{\partial y'}(\delta y)\Big|_a^b + \frac{\partial F}{\partial y''}(\delta y')\Big|_a^b + \int_a^b \left[\frac{\partial F}{\partial y}\delta y - \frac{\mathrm{d}}{\mathrm{d}x}\left(\frac{\partial F}{\partial y'}\right)\delta y - \frac{\mathrm{d}}{\mathrm{d}x}\left(\frac{\partial F}{\partial y''}\right)\delta y'\right]\mathrm{d}x$$

$$= \left[\frac{\partial F}{\partial y'}\delta y + \frac{\partial F}{\partial y''}\delta y' - \frac{\mathrm{d}}{\mathrm{d}x}\left(\frac{\partial F}{\partial y''}\right)\delta y\right]\Big|_a^b + \int_a^b \left[\frac{\partial F}{\partial y}\delta y - \frac{\mathrm{d}}{\mathrm{d}x}\left(\frac{\partial F}{\partial y'}\right)\delta y + \frac{\mathrm{d}^2}{\mathrm{d}x^2}\left(\frac{\partial F}{\partial y''}\right)\delta y\right]\mathrm{d}x \tag{1.6.2}$$

如果

$$J[y] = \int_a^b F(x, y, y', y'', \cdots, y^{(n)})\mathrm{d}x,$$

而且满足固定的边界条件

$$y^{(i)}(a) = y_0^i, \quad y^{(i)}(b) = y_1^i, \quad i = 0, 1, \cdots, n-1$$

那么

$$\delta J[y] = \int_a^b \left[\frac{\partial F}{\partial y} - \frac{\mathrm{d}}{\mathrm{d}x}\left(\frac{\partial F}{\partial y'}\right) + \frac{\mathrm{d}^2}{\mathrm{d}x^2}\left(\frac{\partial F}{\partial y''}\right) + \cdots + (-1)^n \frac{\mathrm{d}^n}{\mathrm{d}x^n}\left(\frac{\partial F}{\partial y^{(n)}}\right)\right]\delta y \mathrm{d}x \tag{1.6.3}$$

3. 含多元自变函数的泛函

$$J[u(x,y)] = \iint_\Omega \left[\left(\frac{\partial u}{\partial x}\right)^2 + \left(\frac{\partial u}{\partial y}\right)^2 + 2uf(x,y)\right]\mathrm{d}x\mathrm{d}y$$

$$\delta J = \iint_\Omega \left[2\left(\frac{\partial u}{\partial x}\right)\delta\left(\frac{\partial u}{\partial x}\right) + 2\left(\frac{\partial u}{\partial y}\right)\delta\left(\frac{\partial u}{\partial y}\right) + 2\delta u f(x,y)\right]\mathrm{d}x\mathrm{d}y$$

$$= 2\iint_\Omega \left[\left(\frac{\partial u}{\partial x}\right)\frac{\partial(\delta u)}{\partial x} + \left(\frac{\partial u}{\partial y}\right)\frac{\partial(\delta u)}{\partial y} + \delta u f(x,y)\right]\mathrm{d}x\mathrm{d}y$$

$$= 2\iint_\Omega \left[\frac{\partial}{\partial x}\left(\frac{\partial u}{\partial x}\delta u\right) + \frac{\partial}{\partial y}\left(\frac{\partial u}{\partial y}\delta u\right) + \left(-\frac{\partial^2 u}{\partial x^2} - \frac{\partial^2 u}{\partial y^2} + f(x,y)\right)\delta u\right]\mathrm{d}x\mathrm{d}y$$

$$= 2\iint_\Omega \left(-\frac{\partial^2 u}{\partial x^2} - \frac{\partial^2 u}{\partial y^2} + f(x,y)\right)\delta u \mathrm{d}x\mathrm{d}y + 2\oint_{\partial\Omega} \delta u\left(\frac{\partial u}{\partial x}\mathrm{d}y - \frac{\partial u}{\partial y}\mathrm{d}x\right)$$

这里最后一个等式应用了格林公式，以消去二维积分中自变函数变分的导数，其作用相当于一元函数中的分部积分公式。为了和三维问题中高斯公式相统一，我们还可以将最终结果写成

$$\delta J = 2\iint_\Omega \left[\frac{\partial}{\partial x}\left(\frac{\partial u}{\partial x}\delta u\right) + \frac{\partial}{\partial y}\left(\frac{\partial u}{\partial y}\delta u\right) + \left(-\frac{\partial^2 u}{\partial x^2} - \frac{\partial^2 u}{\partial y^2} + f(x,y)\right)\delta u\right]\mathrm{d}x\mathrm{d}y$$

$$= 2\iint_\Omega \left(-\frac{\partial^2 u}{\partial x^2} - \frac{\partial^2 u}{\partial y^2} + f(x,y)\right)\delta u \mathrm{d}x\mathrm{d}y + 2\oint_{\partial\Omega}\left(n_x \frac{\partial u}{\partial x} + n_y \frac{\partial u}{\partial y}\right)\delta u \mathrm{d}s$$

$$= 2\iint_\Omega \left(-\frac{\partial^2 u}{\partial x^2} - \frac{\partial^2 u}{\partial y^2} + f(x,y)\right)\delta u \mathrm{d}x\mathrm{d}y + 2\oint_{\partial\Omega} \frac{\partial u}{\partial \boldsymbol{n}}\delta u \mathrm{d}s \tag{1.6.4}$$

这里 $\boldsymbol{n}$ 是区域 Ω 的外法线方向，$\partial\Omega$ 在外边界上沿逆时针方向为正向，在内边界上沿顺时针方向为正向（一般来说，沿边界正向行走时，区域在左侧）。对于一般的情况

$$
\begin{aligned}
J[w] &= \iint_{\Omega} F(x,y,w,w_{,x},w_{,y})\mathrm{d}x\mathrm{d}y \\
\delta J[w] &= \iint_{\Omega}\left[\frac{\partial F}{\partial w}\delta w+\frac{\partial F}{\partial w_{,x}}\delta w_{,x}+\frac{\partial F}{\partial w_{,y}}\delta w_{,y}\right]\mathrm{d}x\mathrm{d}y \\
&= \iint_{\Omega}\left[\frac{\partial F}{\partial w}\delta w+\frac{\mathrm{d}}{\mathrm{d}x}\left(\frac{\partial F}{\partial w_{,x}}\delta w\right)+\frac{\mathrm{d}}{\mathrm{d}y}\left(\frac{\partial F}{\partial w_{,y}}\delta w\right)\right]\mathrm{d}x\mathrm{d}y-\iint_{\Omega}\left[\frac{\mathrm{d}}{\mathrm{d}x}\left(\frac{\partial F}{\partial w_{,x}}\right)+\frac{\mathrm{d}}{\mathrm{d}y}\left(\frac{\partial F}{\partial w_{,y}}\right)\right]\delta w\mathrm{d}x\mathrm{d}y \\
&= \iint_{\Omega}\left[\frac{\partial F}{\partial w}-\frac{\mathrm{d}}{\mathrm{d}x}\left(\frac{\partial F}{\partial w_{,x}}\right)-\frac{\mathrm{d}}{\mathrm{d}y}\left(\frac{\partial F}{\partial w_{,y}}\right)\right]\delta w\mathrm{d}x\mathrm{d}y+\oint_{\partial\Omega}\left(\frac{\partial F}{\partial w_{,x}}n_x+\frac{\partial F}{\partial w_{,y}}n_y\right)\delta w\mathrm{d}s
\end{aligned}
\tag{1.6.5}
$$

式(1.6.5)中如果需要将被求导函数视为仅仅是 x、y 的函数，则用 $\frac{\mathrm{d}}{\mathrm{d}x}\left(\frac{\mathrm{d}}{\mathrm{d}y}\right)$ 代替 $\frac{\partial}{\partial x}\left(\frac{\partial}{\partial y}\right)$，以避免混淆，譬如

$$
\begin{aligned}
F &= F(x,y,w,w_{,x},w_{,y}) \\
\frac{\mathrm{d}F}{\mathrm{d}x} &= \frac{\partial F}{\partial x}+\frac{\partial F}{\partial w}w_{,x}+\frac{\partial F}{\partial w_{,x}}w_{,xx}+\frac{\partial F}{\partial w_{,y}}w_{,yx}
\end{aligned}
\tag{1.6.6}
$$

在自变函数是多元函数的泛函变分问题中，我们经常需要用高斯公式或格林公式来消除积分号下的自变函数变分的导数，就像在一元函数中分部积分所起的作用那样(见式(1.6.1)或者式(1.6.2))，这一点在变分法中非常重要，请读者预先仔细阅读附录 A1 中相关部分的内容。

4. 含多个自变函数的泛函

$$
J[q_1,\cdots,q_n] = \int_a^b L(t,q_1,\cdots,q_n,\dot{q}_1,\cdots,\dot{q}_n)\mathrm{d}t
$$

$$
\delta J = \int_a^b\left\{\sum_{r=1}^{n}\left[\frac{\partial L}{\partial q_r}-\frac{\mathrm{d}}{\mathrm{d}t}\left(\frac{\partial L}{\partial \dot{q}_r}\right)\delta q_r\right]\right\}\mathrm{d}t+\sum_{r=1}^{n}\left(\frac{\partial L}{\partial \dot{q}_r}\delta q_r\right)\Bigg|_a^b \tag{1.6.7}
$$

这一章介绍了泛函和变分两个概念，如果把它们与微积分中的函数和微分分别进行比较(见表 1.1)，就更容易理解。

表 1.1　函数与泛函的比较

函数与微分	泛函与变分
函数 $y(x)$	泛函 $J[y(x)]$
自变量 x	自变函数 $y(x)$
自变量增量 $\Delta x(=\mathrm{d}x)$	自变函数的变分 δy
函数的微分 $\mathrm{d}y$	泛函的变分 δJ

思考题

1.1　若 $F[y]$ 是自变函数 $y(x)$ 的泛函，求 $\delta F^2[y]$。

1.2　若泛函 $F[y]$ 存在二阶变分，求 $e^{F[y]}$ 的二阶变分 $\delta^2 e^{F[y]}$。

1.3　若泛函 $F[y(x)]$ 的定义域 $C=\{y\,|\,y(x)=\text{const},\forall x\in(a,b)\}$，则 $F[y(x)]$ 等价为一函数，这样的函数可以视为自变函数为常值函数的泛函的一个特例，从而对于混合问题(即泛函表达式中同时含有自变量和自变函数的问题)求极值可视为多个自变函数的泛函求极值问题。

第2章　泛函的极值

这一章我们将介绍变分法的核心内容 —— 求泛函的极值问题。为了便于理解,先回顾微积分中函数的极值性质,然后用类比的方法来得到泛函取得极值的必要条件,即 $\delta J = 0$,由此导出著名的欧拉方程,从而把一个泛函求极值问题化为一个微分方程边值问题来处理。我们还把求函数条件极值的拉格朗日乘子方法引申到泛函的条件极值问题上去,这一点在弹性力学广义变分原理中特别有用(见第4章)。在2.4节中我们还将讨论各种边界条件的处理方法,这是泛函极值中特有的问题。最后,作为变分法在力学中的应用介绍了哈密尔顿原理。

2.1　函数的极值

在讨论泛函的极值以前,我们先来回顾一下函数的极值问题。

2.1.1　函数的连续性

任意一个多元函数 $f(\boldsymbol{x}),\boldsymbol{x}=(x_1,x_2,\cdots,x_n)^{\mathrm{T}}\in\mathbf{R}^n$, $\forall\varepsilon>0$, $\exists\delta=\delta(\varepsilon)>0$,当 $\|\boldsymbol{x}-\boldsymbol{x}_0\|<\delta$ 时

有

$$|f(\boldsymbol{x})-f(\boldsymbol{x}_0)|<\varepsilon \tag{2.1.1}$$

那么,我们称 $f(\boldsymbol{x})$ 在 $\boldsymbol{x}_0$ 处是**连续的**,记为

$$f(\boldsymbol{x}_0)=\lim_{\boldsymbol{x}\to\boldsymbol{x}_0}f(\boldsymbol{x}) \tag{2.1.2}$$

2.1.2　函数的可微性

更进一步,如果对连续函数 $f(\boldsymbol{x})$,存在 $\mathbf{A}=(A_1,A_2,\cdots,A_n)^{\mathrm{T}}\in\mathbf{R}^n$,使得

$$A_i=\lim_{x_i\to x_{0i}}\frac{f(x_{01},\cdots,x_i,\cdots,x_{0n})-f(\boldsymbol{x}_0)}{x_i-x_{0i}},\quad i=1,2,\cdots,n \tag{2.1.3}$$

那么,我们称 $f(\boldsymbol{x})$ 在 $\boldsymbol{x}_0$ 处是可微的,或者说存在(一阶)导数,记为

$$\left.\frac{\partial f}{\partial x_i}\right|_{x=x_0} = A_i, \quad i = 1,2,\cdots,n \tag{2.1.4}$$

把这 n 个偏导数写成(列)向量形式

$$\nabla f = f'(\boldsymbol{x}) = \left(\frac{\partial f}{\partial x_1}, \frac{\partial f}{\partial x_2}, \cdots, \frac{\partial f}{\partial x_n}\right)^{\mathrm{T}} \tag{2.1.5}$$

其中∇为**梯度算子**,或称**哈密尔顿(Hamilton)算子**，见附录 A1。同理，可以定义该函数的两阶导数 $f''(\boldsymbol{x})$

$$\mathbf{D}f = f''(\boldsymbol{x}) = \begin{bmatrix} \dfrac{\partial^2 f}{\partial x_1^2} & \dfrac{\partial^2 f}{\partial x_1 \partial x_2} & \cdots & \dfrac{\partial^2 f}{\partial x_1 \partial x_n} \\ \dfrac{\partial^2 f}{\partial x_2 \partial x_1} & \dfrac{\partial^2 f}{\partial x_2^2} & \cdots & \dfrac{\partial^2 f}{\partial x_2 \partial x_n} \\ \vdots & \vdots & \ddots & \vdots \\ \dfrac{\partial^2 f}{\partial x_n \partial x_1} & \dfrac{\partial^2 f}{\partial x_n \partial x_2} & \cdots & \dfrac{\partial^2 f}{\partial x_n^2} \end{bmatrix} \tag{2.1.6}$$

及更高阶导数。这里 $\mathbf{D}f$ 是所有两阶偏导数构成的矩阵,称为**雅可比(Jacobi)矩阵**。

如果函数 $f(\boldsymbol{x})$ 在某点 $\boldsymbol{x}_0$ 足够光滑,那么我们就可以把函数在该点附近作泰勒展开

$$\begin{aligned} & f(\boldsymbol{x}_0 + \mathrm{d}\boldsymbol{x}) = f(\boldsymbol{x}_0) + \mathrm{d}f + \frac{1}{2!}\mathrm{d}^2 f + o(\|\mathrm{d}\boldsymbol{x}\|^2) \\ & \mathrm{d}f = \mathrm{d}\boldsymbol{x}^{\mathrm{T}}\, \nabla f(\boldsymbol{x}_0) \\ & \mathrm{d}^2 f = \mathrm{d}\boldsymbol{x}^{\mathrm{T}} \mathbf{D}f(\boldsymbol{x}_0)\mathrm{d}\boldsymbol{x} \end{aligned} \tag{2.1.7}$$

其中 $o(\cdot)$ 表示高阶小量，$\mathrm{d}f$、$\mathrm{d}^2 f$ 分别为函数 $f(\boldsymbol{x})$ 的一阶微分和两阶微分。

换个角度来看，如果

$$f(\boldsymbol{x}_0 + \mathrm{d}\boldsymbol{x}) - f(\boldsymbol{x}_0) = L(\boldsymbol{x}_0, \mathrm{d}\boldsymbol{x}) + \frac{1}{2!}Q(\boldsymbol{x}_0, \mathrm{d}\boldsymbol{x}) + o(\|\mathrm{d}\boldsymbol{x}\|^2) \tag{2.1.8}$$

其中 $L(\boldsymbol{x}_0, \mathrm{d}\boldsymbol{x})$ 为 $\mathrm{d}\boldsymbol{x}$ 的线性函数，而 $Q(\boldsymbol{x}_0, \mathrm{d}\boldsymbol{x})$ 为 $\mathrm{d}\boldsymbol{x}$ 的两次(齐次)函数，那么 $L(\boldsymbol{x}_0, \mathrm{d}\boldsymbol{x})$ 为 $f(\boldsymbol{x})$ 的一阶微分，$Q(\boldsymbol{x}_0, \mathrm{d}\boldsymbol{x})$ 为 $f(\boldsymbol{x})$ 的两阶微分。

2.1.3 函数的极值

对于足够小的 $\varepsilon > 0$，如果 $\forall\, \boldsymbol{x} \in O(\boldsymbol{x}_0, \varepsilon)$,总有 $f(\boldsymbol{x}) \leqslant f(\boldsymbol{x}_0)$，那么我们称 $f(\boldsymbol{x})$ 在 $\boldsymbol{x}_0$ 有**极大值**。如果 $\forall\, \boldsymbol{x} \in O(\boldsymbol{x}_0, \varepsilon)$,总有 $f(\boldsymbol{x}) \geqslant f(\boldsymbol{x}_0)$，那么我们称 $f(\boldsymbol{x})$ 在 $\boldsymbol{x}_0$ 有**极小值**。如果当 $\boldsymbol{x} \in O(\boldsymbol{x}_0, \varepsilon)\backslash \boldsymbol{x}_0$ 时,$f(\boldsymbol{x}) < (>) f(\boldsymbol{x}_0)$,则称 $f(\boldsymbol{x})$ 在 $\boldsymbol{x}_0$ 有**严格极大(小)值**。这里 $O(\boldsymbol{x}_0, \varepsilon) = \{\boldsymbol{x} \mid \|\boldsymbol{x} - \boldsymbol{x}_0\| < \varepsilon\}$ 为 $\boldsymbol{x}_0$ 的 **ε- 邻域**。

如果 $f(x)$ 在某一点 x_0 附近足够光滑,那么 $f(x)$ 在 x_0 有极值的必要条件为

$$\mathrm{d}f = \mathrm{d}\boldsymbol{x}^{\mathrm{T}}\, \nabla f(\boldsymbol{x}_0) = 0$$

或者说

$$\nabla f(\boldsymbol{x}_0) = 0 \tag{2.1.9}$$

更进一步，如果 $Df(\boldsymbol{x}_0)\neq 0$,那么 $f(\boldsymbol{x})$ 在 $\boldsymbol{x}_0$ 有严格极大(小)值的充分条件为

$$\mathrm{d}f=\mathrm{d}\boldsymbol{x}^{\mathrm{T}}\nabla f(\boldsymbol{x}_0)=0$$

$$\mathrm{d}^2 f=\mathrm{d}\boldsymbol{x}^{\mathrm{T}}Df(\boldsymbol{x}_0)\mathrm{d}\boldsymbol{x}<0(>0),\forall\,\mathrm{d}\boldsymbol{x}\neq 0$$

或者说是

$$\nabla f(\boldsymbol{x}_0)=0$$

$$Df(\boldsymbol{x}_0)<0(>0) \tag{2.1.10}$$

其中 $Df(\boldsymbol{x}_0)<0(>0)$ 表示雅可比矩阵(2.1.6)是负(正)定的。

2.2 泛函的极值

2.2.1 函数的邻域

定义 2.1 在区间(a,b)上给定函数 $y_0(x)$，对于 $\forall\varepsilon>0$，始终满足

$$|y(x)-y_0(x)|<\varepsilon,x\in(a,b) \tag{2.2.1}$$

我们称函数 $y(x)$ 的集合是 $y_0(x)$ 的**(零阶)$\boldsymbol{\varepsilon}$- 邻域**。如果除(2.2.1)外还满足

$$|y'(x)-y'_0(x)|<\varepsilon,x\in(a,b) \tag{2.2.2}$$

则称同时满足上述(2.2.1)和(2.2.2)两式的函数集合是 $y_0(x)$ 的**一阶 $\boldsymbol{\varepsilon}$- 邻域**。同样可以定义函数的**高阶 $\boldsymbol{\varepsilon}$- 邻域**。

2.2.2 泛函的极值

定理 2.1(变分引理) 函数 $f(x)\in\mathbf{C}^0[a,b]$，对于在$[a,b]$上满足 $\eta(a)=\eta(b)=0$ 且足够光滑的任意函数 $\eta(x)$，如果总是成立

$$\int_a^b f(x)\eta(x)\mathrm{d}x=0 \tag{2.2.3}$$

那么在 $\forall x\in(a,b)$ 必有

$$f(x)\equiv 0 \tag{2.2.4}$$

证明 用反证法。假设有 $x_0\in(a,b)$ 使得 $f(x_0)\neq 0$，不失一般性可设 $f(x_0)>0$。由 $f(x)\in\mathbf{C}^0[a,b]$，一定存在 $\varepsilon>0$，使得

$$f(x)>0,x\in[x_0-\varepsilon,x_0+\varepsilon]\subset(a,b) \tag{2.2.5}$$

这样我们总可以构造一个 k 阶连续函数 $\eta(x)$(这里阶次 k 可以是事先给定的任意非负整数,以满足引理中“足够光滑”的要求)

$$\eta(x)=\begin{cases}(x-\alpha)^{k+1}(\beta-x)^{k+1}, & x\in(\alpha,\beta)\\ 0, & x\notin(\alpha,\beta)\end{cases} \tag{2.2.6}$$

其中

$$\alpha=x_0-\varepsilon,\quad \beta=x_0+\varepsilon$$

从而可以得到

$$\int_a^b f(x)\eta(x)\mathrm{d}x=\int_{x_0-\varepsilon}^{x_0+\varepsilon} f(x)\eta(x)\mathrm{d}x>0 \tag{2.2.7}$$

这显然与引理条件(2.2.3)相矛盾，所以有

$$f(x)\equiv 0,\forall x\in(a,b)$$

以上结果容易推广到二维或者更高维的情形。

注：由(2.2.6)定义的 $\eta(x)$ 显然具有下列性质：

(1) $\forall x\in(\alpha,\beta),\eta(x)>0;\forall x\notin(\alpha,\beta),\eta(x)=0$。

(2) $\eta(x)$ 和 $\eta^{(i)}(x),i=1,2,\cdots,k$ 在整个 (a,b) 上都是连续的。

这里的性质(1)在推导欧拉方程时是必要的；而性质(2)是当泛函表达式中包含有自变函数的导数项时，需要用到的连续可微性假定。

定理 2.1 还可以推广到下列情形。

推论 2.1　函数 $f(x)\in \mathbf{C}^0[a,b]$，对于在 $[a,b]$ 上满足 $\eta(a)=0$ 的且足够光滑的任意函数 $\eta(x)$，如果总是成立

$$\int_a^b f(x)\eta(x)\mathrm{d}x+h_0\eta(b)+h_1\eta'(b)=0 \tag{2.2.8}$$

那么必定成立

$$\begin{aligned}&f(x)\equiv 0,\quad \forall x\in(a,b)\\ &h_0=0,\quad h_1=0\end{aligned} \tag{2.2.9}$$

这个推论的证明类似于定理 2.1 的证明。既然 $\eta(x)$ 是任意的，可以先构造特殊的 $\eta(x)$，使得 $\eta(b)=\eta'(b)=0$，从而根据定理 2.1 可以得到 $f(x)\equiv 0$；进一步可构造特殊的 $\eta(x)$，依次推得 $h_0=0$ 和 $h_1=0$。请读者自行证明。

定义 2.2　如果泛函 $J[y]$ 在 $y=y_0(x)$ 的 ε-邻域内都不大(小)于 $J[y_0]$，那么我们称泛函 $J[y]$ 在 $y=y_0(x)$ 有**极大(小)值**。也就是说

$$J[y]\leqslant J[y_0]\text{(极大)},\quad J[y]\geqslant J[y_0]\text{(极小)} \tag{2.2.10}$$

定义中使得 $J[y]$ 取到极值的函数称为**极值函数**。

定理 2.2　如果泛函 $J[y]$ 在 $y=y_0(x)$ 上达到极值，那么泛函 $J[y]$ 在 $y=y_0(x)$ 上的一阶变分 δJ 必须满足

$$\delta J=0$$

证明　根据泛函极值的定义，如果泛函 $J[y]$ 在 $y=y_0(x)$ 上达到极大(小)值，那么必定存在 $y_0(x)$ 的一个邻域，对于该邻域内的任何一个函数 $y(x)=y_0(x)+\delta y$，使得其泛函

的增量 $\Delta J = J[y] - J[y_0]$ 不变号。由第 1 章推导的式(1.4.1) 为

$$\Delta J = \delta J + \frac{1}{2!}\delta^2 J + \cdots$$

其中

$$\delta J = L(y_0, \delta y)$$

$$\delta^2 J = Q(y_0, \delta y)$$

这里 $L(y_0, \delta y)$ 与 $Q(y_0, \delta y)$ 分别是 δy 的线性泛函和二次泛函。显然，如果 $\delta J \neq 0$，则当 δy 充分小时，ΔJ 的符号由 δJ 确定。我们总是可以通过改变 δy 的符号使得 ΔJ 也改变符号，这与假设相矛盾。因此 $\delta J = 0$ 是泛函 J 在 $y = y_0(x)$ 上有极值的必要条件。

下面从下列简单泛函入手，来讨论使泛函

$$J[y] = \int_a^b F(x, y, y')\mathrm{d}x, \quad y(a) = y_0, \quad y(b) = y_1 \tag{2.2.11}$$

取到极值的必要条件。由于泛函表达式(2.2.11) 中包含有自变函数的一阶导数，所以需要在一阶 ε- 邻域内进行比较。现在用变分引理导出上述泛函取极值的必要条件。

由定理 2.2 有

$$\begin{aligned}
\delta J &= \int_a^b \left[\frac{\partial F}{\partial y}\delta y + \frac{\partial F}{\partial y'}\delta y'\right]\mathrm{d}x \\
&= \int_a^b \left[\frac{\partial F}{\partial y}\delta y - \frac{\mathrm{d}}{\mathrm{d}x}\left(\frac{\partial F}{\partial y'}\right)\delta y + \frac{\mathrm{d}}{\mathrm{d}x}\left(\frac{\partial F}{\partial y'}\delta y\right)\right]\mathrm{d}x \\
&= \int_a^b \left[\frac{\partial F}{\partial y} - \frac{\mathrm{d}}{\mathrm{d}x}\left(\frac{\partial F}{\partial y'}\right)\right]\delta y\mathrm{d}x + \frac{\partial F}{\partial y'}\delta y\Big|_a^b \\
&= 0
\end{aligned}$$

因为 $y(a) = y_0, y(b) = y_1$，所以 $\delta y(a) = \delta y(b) = 0$，从而

$$\int_a^b \left[\frac{\partial F}{\partial y} - \frac{\mathrm{d}}{\mathrm{d}x}\left(\frac{\partial F}{\partial y'}\right)\right]\delta y\mathrm{d}x = 0$$

考虑到 δy 在(a,b) 上的任意性，由变分引理(定理 2.1) 可得

$$\frac{\partial F}{\partial y} - \frac{\mathrm{d}}{\mathrm{d}x}\left(\frac{\partial F}{\partial y'}\right) = 0, x \in (a,b) \tag{2.2.12}$$

方程(2.2.12) 再加上 $y(a) = y_0$ 和 $y(b) = y_1$ 这两个边界条件，就构成一个二阶常微分方程的边值问题。

如果在(2.2.11) 问题中只限定 $y(a) = y_0$，而放松 $x = b$ 处的要求，则定义域为

$$C = \{y \in \mathbf{C}^1[a,b], y(a) = y_0\} \tag{2.2.13}$$

从而

$$\delta J = \int_a^b \left[\frac{\partial F}{\partial y} - \frac{\mathrm{d}}{\mathrm{d}x}\left(\frac{\partial F}{\partial y'}\right)\right]\delta y\mathrm{d}x + \frac{\partial F}{\partial y'}\delta y\Big|_{x=b} = 0$$

由推论 2.1 可得

$$\begin{aligned}&\frac{\partial F}{\partial y}-\frac{\mathrm{d}}{\mathrm{d}x}\left(\frac{\partial F}{\partial y'}\right)=0,x\in(a,b)\\&\left.\frac{\partial F}{\partial y'}\right|_{x=b}=0\end{aligned}\tag{2.2.14}$$

尽管 $\delta J=0$ 不是泛函有极值的充分必要条件，但往往仍有意义，因此我们引进泛函取驻值这样一个概念。

定义 2.3　对于满足 $\delta J=0$ 的函数 $y_0(x)$，我们称泛函 J 在该(函数)点取**驻值**。

从上面推导还可以看出，$\delta J=0$ 并且当 $\delta y\neq 0$ 时，$\delta^2 J>(<)0$ 是泛函取极小(大)的**充分条件**。

2.2.3　泛函的欧拉(Euler)方程

由 $\delta J=0$ 所得到的微分方程及可能的边界条件称为泛函的**欧拉方程**，有时单独把微分方程称为相应的变分问题的**控制方程**。

例 2.1　泛函

$$J[y]=\int_a^b F(x,y,y')\mathrm{d}x,y(a)=y_0,y(b)=y_1$$

的欧拉方程为

$$\frac{\partial F}{\partial y}-\frac{\mathrm{d}}{\mathrm{d}x}(\frac{\partial F}{\partial y'})=0$$

例 2.2　泛函

$$J[y]=\frac{1}{2}\int_a^b\left[p(x)\left(\frac{\mathrm{d}y}{\mathrm{d}x}\right)^2+q(x)y^2\right]\mathrm{d}x,y(a)=y_0,y(b)=y_1$$

的一阶变分为

$$\begin{aligned}\delta J&=\int_a^b\left[p(x)\left(\frac{\mathrm{d}y}{\mathrm{d}x}\right)\delta\left(\frac{\mathrm{d}y}{\mathrm{d}x}\right)+q(x)y\delta y\right]\mathrm{d}x\\&=\int_a^b\left[-\frac{\mathrm{d}}{\mathrm{d}x}\left(p(x)\frac{\mathrm{d}y}{\mathrm{d}x}\right)+q(x)y\right]\delta y\mathrm{d}x=0\end{aligned}$$

根据定理 2.2 得到其控制方程为

$$-\frac{\mathrm{d}}{\mathrm{d}x}\left(p(x)\frac{\mathrm{d}y}{\mathrm{d}x}\right)+q(x)y=0$$

上式称为**斯图姆—刘维尔(Sturm-Liouville)方程**。结合边界条件 $y(a)=y_0$ 和 $y(b)=y_1$，构成斯图姆—刘维尔方程的第一边值问题。

例 2.3　平面区域 D 上两元函数 $u=u(x,y)$ 所定义的泛函

$$J[y]=\iint_D(u_{,x}^2+u_{,y}^2)\mathrm{d}x\mathrm{d}y$$

可以写成算子形式(见附录 A1)

$$J[y] = \iint_D (\nabla u \cdot \nabla u) \mathrm{d}x\mathrm{d}y$$

其一阶变分为

$$\begin{aligned}\delta J &= 2\iint_D (\nabla u \cdot \nabla \delta u) \mathrm{d}x\mathrm{d}y \\ &= 2\iint_D [\nabla\cdot(\delta u\, \nabla u) - \delta u\, \nabla\cdot(\nabla u)] \mathrm{d}x\mathrm{d}y\end{aligned}$$

根据二维高斯公式有

$$\delta J = 2\oint_{\partial D} \delta u \frac{\partial u}{\partial n} \mathrm{d}s - 2\iint_D \delta u \Delta u \mathrm{d}x\mathrm{d}y = 0$$

当边界上函数值给定时，$\delta u|_{\partial D} = 0$，这里 ∂D 是区域 D 的边界，从而可以得到相应的欧拉方程

$$\Delta u = 0$$

这是一个拉普拉斯(Laplace)方程。如果只在部分边界 ∂D_1（$\partial D = \partial D_1 + \partial D_2$）上给定函数值，则除上述的拉普拉斯方程外还应该满足 ∂D_2 上的边界条件

$$\left.\frac{\partial u}{\partial n}\right|_{\partial D_2} = 0$$

例 2.4　平面区域 D 上两元函数 $u = u(x,y)$ 所定义的泛函

$$J[u] = \frac{1}{2}\iint_D (u_{,xx}^2 + 2u_{,xy}^2 + u_{,yy}^2) \mathrm{d}x\mathrm{d}y$$

其中函数 u 及其法向导数在 D 的边界 ∂D 上的值是给定。

泛函的一阶变分为

$$\delta J = \iint_D (u_{,xx}\delta u_{,xx} + 2u_{,xy}\delta u_{,xy} + u_{,yy}\delta u_{,yy}) \mathrm{d}x\mathrm{d}y$$

由于

$$\begin{aligned}&u_{,xx}\frac{\partial^2 \delta u}{\partial x^2} + 2u_{,xy}\frac{\partial^2 \delta u}{\partial x \partial y} + u_{,yy}\frac{\partial^2 \delta u}{\partial y^2} \\ &= \frac{\partial(u_{,xx}\delta u_{,x})}{\partial x} + \frac{\partial(2u_{,xy}\delta u_{,x})}{\partial y} + \frac{\partial(u_{,yy}\delta u_{,y})}{\partial y} - u_{,xxx}\delta u_{,x} - 2u_{,xyy}\delta u_{,x} - u_{,yyy}\delta u_{,y} \\ &= \frac{\partial}{\partial x}[u_{,xx}\delta u_{,x} - u_{,xxx}\delta u - 2u_{,xyy}\delta u] + \frac{\partial}{\partial y}[2u_{,xy}\delta u_{,x} + u_{,yy}\delta u_{,y} - u_{,yyy}\delta u] \\ &\quad + u_{,xxxx}\delta u + 2u_{,xxyy}\delta u + u_{,yyyy}\delta u\end{aligned}$$

根据二维高斯公式可得

$$\begin{aligned}\delta J &= \iint_D (u_{,xx}\delta u_{,xx} + 2u_{,xy}\delta u_{,xy} + u_{,yy}\delta u_{,yy}) \mathrm{d}x\mathrm{d}y \\ &= \iint_D (u_{,xxxx} + 2u_{,xxyy} + u_{,yyyy})\delta u \mathrm{d}x\mathrm{d}y + \oint_{\partial D}[(u_{,xx}\delta u_{,x} - u_{,xxx}\delta u - 2u_{,xyy}\delta u)n_x \\ &\quad + (2u_{,xy}\delta u_{,x} + u_{,yy}\delta u_{,y} - u_{,yyy}\delta u)n_y]\mathrm{d}s\end{aligned}$$

由于 u 及其法向导数在 D 的边界 ∂D 上给定，即 $\delta u|_{\partial D} = \delta u_{,n}|_{\partial D} = 0$，所以有

$$\delta u\bigg|_{\partial D} = \delta u_{,x}\bigg|_{\partial D} = \delta u_{,y}\bigg|_{\partial D} = 0$$

从而

$$\delta J = \iint\limits_{D} (u_{,xxxx} + 2u_{,xxyy} + u_{,yyyy})\delta u \mathrm{d}x\mathrm{d}y$$

当该泛函取极值时，根据变分引理得到

$$u_{,xxxx} + 2u_{,xxyy} + u_{,yyyy} = 0$$

也就是

$$\Delta\Delta u = \Delta^2 u = 0$$

这是一个双调和方程。

例 2.5 设空间区域 Ω 上以三元函数 $u(x,y,z)$ 为自变函数的泛函

$$J[u(x,y,z)] = \iiint\limits_{\Omega} [u_{,x}^2 + u_{,y}^2 + u_{,z}^2 + 2uf(x,y,z)]\mathrm{d}V$$

其中 $u(x,y,z)$ 在部分边界 $\partial\Omega_1(\partial\Omega = \partial\Omega_1 + \partial\Omega_2)$ 上的值给定：$u(x,y,z)|_{\partial\Omega_1} = \bar{u}(x,y,z)$。

上述泛函可以写成算子形式

$$J[y] = \iiint\limits_{\Omega} [\nabla u \cdot \nabla u + 2uf(x,y,z)]\mathrm{d}V$$

其一阶变分为

$$\begin{aligned}
\delta J[y] &= \iiint\limits_{\Omega} [2\,\nabla\delta u \cdot \nabla u + 2\delta uf(x,y,z)]\mathrm{d}V \\
&= 2\iiint\limits_{\Omega} [\nabla\cdot(\delta u\,\nabla u) - \delta u\,\nabla\cdot\nabla u + \delta uf(x,y,z)]\mathrm{d}V \\
&= 2\iint\limits_{\partial\Omega_2} \delta u\frac{\partial u}{\partial n}\mathrm{d}S + 2\iiint\limits_{\Omega} [-\Delta u + f(x,y,z)]\delta u\mathrm{d}V
\end{aligned}$$

这里我们已经应用了高斯公式。当泛函 $J[y]$ 取极值时，根据变分引理的推论可以得到对应的欧拉方程为

$$\Delta u = f(x,y,z),(x,y,z) \in \Omega$$

$$\frac{\partial u}{\partial n} = 0,(x,y,z) \in \partial\Omega_2$$

再加上在边界 $\partial\Omega_1$ 上给定的 $u\Big|_{\partial\Omega_1} = \bar{u}(x,y,z)$，这是一个完整的泊松(Poisson)方程定解问题。

以上各例中求积分表示的泛函极值时，基本按下列步骤：

(1) 先求泛函的一阶变分。如果被积函数中包含有(自变)函数变分的导数，由于自变函数变分的导数和自变函数的变分并非独立，需要通过分部积分(一维问题)或者高斯积分公式，把自变函数变分的导数转化为自变函数的变分。

(2) 引用变分引理进一步得到控制方程和可能的边界条件，从而把一个求泛函极值问题化为求解一个微分方程的边值问题。

2.3 泛函的条件极值问题

2.3.1 函数的条件极值问题与拉格朗日(Lagrange)乘子法

假设所求极值的函数为

$$f = f(x_1, x_2, \cdots, x_n) \tag{2.3.1}$$

相应的约束条件为

$$g_i(x_1, x_2, \cdots, x_n) = 0, \quad i = 1, 2, \cdots, s(s < n) \tag{2.3.2}$$

所谓拉格朗日方法，是引入 s 个待定的**拉格朗日乘子** $\lambda_1, \lambda_2, \cdots, \lambda_s$，构造新的函数

$$f^*(x_1, x_2, \cdots, x_n, \lambda_1, \lambda_2, \cdots, \lambda_s) = f(x_1, x_2, \cdots, x_n) + \sum_{i=1}^{s} \lambda_i g_i(x_1, x_2, \cdots, x_n) \tag{2.3.3}$$

从而可以把约束条件(2.3.2)下函数(2.3.1)的极值问题转化为式(2.3.3)中函数 f^* 的无条件极值问题。根据函数极值条件，其应该满足

$$\begin{aligned} \mathrm{d}f^* &= \mathrm{d}f(x_1, x_2, \cdots, x_n) + \sum_{i=1}^{s} \lambda_i \mathrm{d}g_i(x_1, x_2, \cdots, x_n) + \sum_{i=1}^{s} g_i(x_1, x_2, \cdots, x_n) \mathrm{d}\lambda_i \\ &= \left(\nabla f + \sum_{i=1}^{s} \lambda_i \nabla g_i\right) \cdot \mathrm{d}\boldsymbol{x} + \sum_{i=1}^{s} g_i(x_1, x_2, \cdots, x_n) \mathrm{d}\lambda_i = 0 \end{aligned} \tag{2.3.4}$$

由此得到极值点所应该满足的方程

$$\nabla f + \sum_{i=1}^{s} \lambda_i \nabla g_i = 0, \quad g_i(x_1, x_2, \cdots, x_n) = 0, \quad i = 1, 2, \cdots, s \tag{2.3.5}$$

其中最后 s 个方程恰好是约束条件(2.3.2)。这组方程中共有 $n+s$ 个未知量：$x_1, x_2, \cdots, x_n$ 和 $\lambda_1, \lambda_2, \cdots, \lambda_s$，共有 $n+s$ 个方程，构成一个微分方程定解问题。

拉格朗日方法的几何解释如下：函数 $z = f(x, y)$ 在约束 $g(x, y) = 0$ 下的极值问题，如图 2.1 所示，虚线表示 $f(x, y)$ 的等值曲线，实线表示约束 $g(x, y) = 0$ 的曲线，A 是极值点，

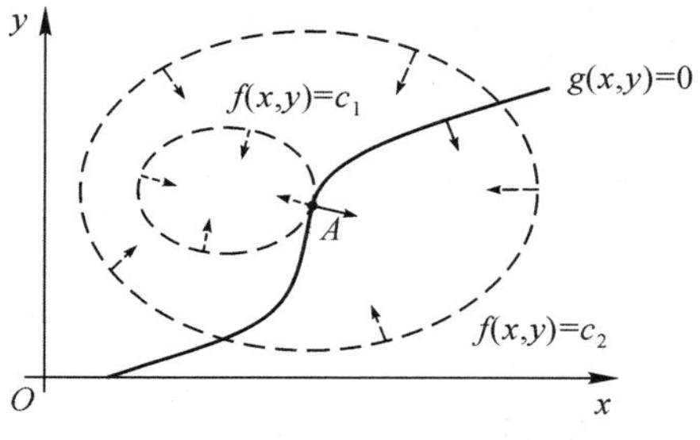

图 2.1　拉格朗日方法的几何解释

可以证明在极值点 A 处的等值线 $f(x,y)=c_1$ 必定和约束曲线相切；否则，在 A 点附近沿着约束曲线一定可以找到比 A 处函数值 $f(A)$ 大的点，也可以找到比 $f(A)$ 小的点，这与 A 是极值点相矛盾。

从上面的讨论我们已经看到，等值曲线和约束曲线在极值点相切，它们的法线必定是共线的

$$\nabla f = -\lambda \nabla g \tag{2.3.6}$$

它们刚巧是式(2.3.5)中的第一组方程，这样再加上约束方程就是方程(2.3.5)。

下面我们把函数条件极值中拉格朗日方法用到求泛函的条件极值问题上去，这里重要的是掌握这一方法的思想，而不是具体的公式。

2.3.2 存在代数约束的泛函极值

泛函为

$$J[y_1,y_2,\cdots,y_n]=\int_a^b F(x,y_1,y_2,\cdots,y_n;y'_1,y'_2,\cdots,y'_n)\mathrm{d}x \tag{2.3.7}$$

约束条件为

$$\varphi_i(x,y_1,y_2,\cdots,y_n)=0 \quad (i=1,2,\cdots,s) \tag{2.3.8}$$

注意：由于 $y_1,y_2,\cdots,y_n$ 都是 x 的函数，所以上述约束方程是 $x\in(a,b)$ 上的恒等式，从而引入的是拉格朗日乘子函数，而不是拉格朗日乘子，这一点与函数条件极值问题有所不同。

可以通过引进**拉格朗日乘子函数** $\lambda_1(x),\lambda_2(x),\cdots,\lambda_s(x)$，把它转化成下面新泛函的无条件极值问题

$$\begin{aligned}&J^*[y_1,y_2,\cdots,y_n;\lambda_1,\lambda_2,\cdots\lambda_s]\\&=\int_a^b F^*(x,y_1,y_2,\cdots,y_n;y'_1,y'_2,\cdots,y'_n;\lambda_1,\lambda_2,\cdots\lambda_s)\mathrm{d}x\end{aligned} \tag{2.3.9}$$

其中

$$F^*=\left(F+\sum_{i=1}^{s}\lambda_i(x)\varphi_i\right)$$

这里引进的拉格朗日乘子函数 $\lambda_1(x),\lambda_2(x),\cdots,\lambda_s(x)$ 是新泛函(2.3.9)的自变函数，相应的控制方程为

$$\frac{\partial F^*}{\partial y_i}-\frac{\mathrm{d}}{\mathrm{d}x}\left(\frac{\partial F^*}{\partial y'_i}\right)=0 \quad (i=1,2,\cdots,n) \tag{2.3.10}$$

以及

$$\varphi_i(x,y_1,y_2,\cdots,y_n)=0 \quad (i=1,2,\cdots,s)$$

这样共有个 $n+s$ 方程(恒等式)来决定 $n+s$ 个未知函数 $y_1,y_2,\cdots,y_n,\lambda_1,\lambda_2,\cdots,\lambda_s$。

例 2.6 例 1.3 的短程线问题

$$J[y,z]=\int_{x_0}^{x_1}\sqrt{1+(y')^2+(z')^2}\,\mathrm{d}x,\quad \phi(x,y,z)=0$$

新的泛函为

$$J^*=\int_{x_0}^{x_1}\left[\sqrt{1+(y')^2+(z')^2}+\lambda(x)\phi(x,y,z)\right]\mathrm{d}x$$

相应的欧拉方程为

$$\lambda(x)\phi_{,y}-\frac{\mathrm{d}}{\mathrm{d}x}\frac{y'}{\sqrt{1+(y')^2+(z')^2}}=0$$

$$\lambda(x)\phi_{,z}-\frac{\mathrm{d}}{\mathrm{d}x}\frac{z'}{\sqrt{1+(y')^2+(z')^2}}=0$$

$$\phi(x,y,z)=0$$

2.3.3 存在微分约束的泛函极值

泛函为

$$J[y_1,y_2,\cdots,y_n]=\int_a^b F(x,y_1,y_2,\cdots,y_n;y'_1,y'_2,\cdots,y'_n)\mathrm{d}x$$

约束条件为

$$\varphi_i(x,y_1,y_2,\cdots,y_n;y'_1,y'_2,\cdots,y'_n)=0\quad(i=1,2,\cdots,s)\tag{2.3.11}$$

与约束条件(2.3.8)相比,约束条件(2.3.11)增加了函数的导数项,但仍是(a,b)上的恒等式,因此,需要引进的还是拉格朗日乘子函数$\lambda_1(x),\lambda_2(x),\cdots,\lambda_s(x)$,转化成下面新泛函的无条件极值问题

$$J^*[y_1,y_2,\cdots,y_n;\lambda_1,\lambda_2,\cdots\lambda_s]=\int_a^b F^*(x,y_1,y_2,\cdots,y_n;y'_1,y'_2,\cdots,y'_n;\lambda_1,\lambda_2,\cdots\lambda_s)\mathrm{d}x\tag{2.3.12}$$

其中

$$F^*=\left(F+\sum_{i=1}^{s}\lambda_i(x)\varphi_i\right)$$

这里$y_1(x),y_2(x),\cdots,y_n(x),\lambda_1(x),\lambda_2(x),\cdots,\lambda_s(x)$都是新泛函(2.3.12)的自变函数,相应的欧拉方程为

$$\frac{\partial F^*}{\partial y_i}-\frac{\mathrm{d}}{\mathrm{d}x}\left(\frac{\partial F^*}{\partial y'_i}\right)=0\quad(i=1,2,\cdots,n)\tag{2.3.13}$$

以及

$$\varphi_i(x,y_1,y_2,\cdots,y_n;y'_1,y'_2,\cdots,y'_n)=0\quad(i=1,2,\cdots,s)$$

2.3.4 存在积分约束下的泛函极值

泛函为

$$J[y_1, y_2, \cdots, y_n] = \int_a^b F(x, y_1, y_2, \cdots, y_n; y'_1, y'_2, \cdots, y'_n)\mathrm{d}x$$

约束条件为

$$\int_a^b \varphi_i(x, y_1, y_2, \cdots, y_n; y'_1, y'_2, \cdots, y'_n)\mathrm{d}x = \alpha_i \quad (i = 1,2,\cdots,s) \tag{2.3.14}$$

注意:与前面约束条件(2.3.8)和约束条件(2.3.11)不同,这里约束条件(2.3.14)为 s 个数值等式,而不是区间(a,b)上的恒等式。所以我们只需引进拉格朗日乘子$\lambda_1,\lambda_2,\cdots,\lambda_s$(不是拉格朗日乘子函数),把它转化成下面新泛函的无条件极值问题

$$\begin{aligned} & J^*[y_1, y_2, \cdots, y_n; \lambda_1, \lambda_2, \cdots \lambda_s] \\ & = \int_a^b F^*(x, y_1, y_2, \cdots, y_n; y'_1, y'_2, \cdots, y'_n; \lambda_1, \lambda_2, \cdots \lambda_s)\mathrm{d}x - \sum_{j=1}^{s}\lambda_j\alpha_j \end{aligned} \tag{2.3.15}$$

其中

$$F^* = \left(F + \sum_{j=1}^{s}\lambda_j\varphi_j\right)$$

与新泛函变分问题所对应的欧拉方程为

$$\frac{\partial F^*}{\partial y_i} - \frac{\mathrm{d}}{\mathrm{d}x}\left(\frac{\partial F^*}{\partial y'_i}\right) = 0 \quad (i = 1,2,\cdots,n) \tag{2.3.16}$$

以及

$$\int_a^b \varphi_i(x, y_1, y_2, \cdots, y_n; y'_1, y'_2, \cdots, y'_n)\mathrm{d}x = \alpha_i \quad (i = 1,2,\cdots,s) \tag{2.3.17}$$

注意,现在有n个微分方程(2.3.16)和s个数值等式(2.3.17),来决定n个未知函数y_1,$y_2,\cdots,y_n$ 及 s 个未知拉格朗日乘子$\lambda_1,\lambda_2,\cdots,\lambda_s$。

例 2.7　悬索问题。已知空间两点 A、B 以及一条长为$l > \overline{AB}$的均质的绳索,假定绳索的长度变化及弯曲刚度的影响可以忽略不计。现把绳索的两端悬挂于 A 与 B 两点,求在重力作用下绳索保持平衡时的形状。

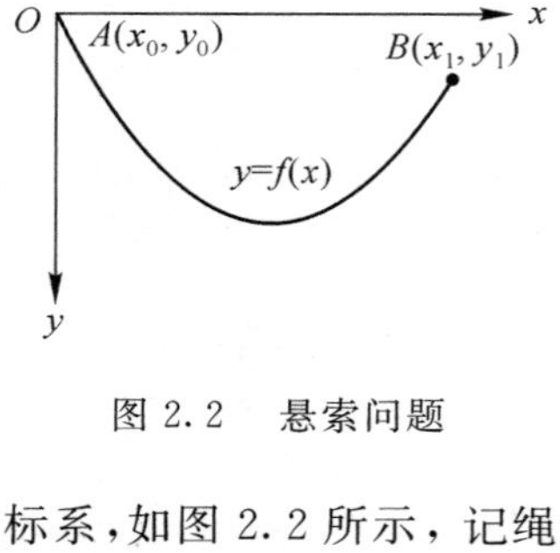

图 2.2　悬索问题

取和最速降线问题一样的坐标系,如图 2.2 所示,记绳索形状为

$$y = f(x)$$

那么边界条件为

$$y(x = x_0) = 0, \quad y(x = x_1) = y_1$$

绳索的长度满足

$$\int_0^{x_1}\sqrt{1+(y')^2}\,\mathrm{d}x = l$$

根据理论力学中最小势能定理，在处于平衡状态时绳索的势能最小

$$\Pi = -mg\int_0^{x_1} y\sqrt{1+(y')^2}\,\mathrm{d}x \rightarrow \min$$

这里 m 是绳索单位长度的质量；g 是重力加速度。也就是说

$$M = \int_0^{x_1} y\sqrt{1+(y')^2}\,\mathrm{d}x \rightarrow \max$$

现在约束是个积分形式的等式，因此我们引入拉格朗日乘子来构造一个新的泛函

$$\begin{aligned} M^* &= \int_0^{x_1} y\sqrt{1+(y')^2}\,\mathrm{d}x + \lambda\left(\int_0^{x_1}\sqrt{1+(y')^2}\,\mathrm{d}x - l\right) \\ &= \int_0^{x_1}(y+\lambda)\sqrt{1+(y')^2}\,\mathrm{d}x - \lambda l \end{aligned}$$

由新泛函的无条件极值条件得到

$$\sqrt{1+(y')^2} - \frac{\mathrm{d}}{\mathrm{d}x}\left(\frac{(y+\lambda)y'}{\sqrt{1+(y')^2}}\right) = 0$$

$$\int_0^a\sqrt{1+(y')^2}\,\mathrm{d}x = l$$

例 2.8　等周问题(例 1.4)。等周问题也是个积分形式的约束条件，所以我们引进的也是拉格朗日乘子，新泛函为

$$J^* = \frac{1}{2}\int_0^a\left(xy' - yx' + 2\lambda\sqrt{(x')^2+(y')^2}\right)\mathrm{d}s - \lambda l$$

例 2.9　在约束条件

$$\frac{1}{2}\iiint_\Omega \rho u^2\,\mathrm{d}V = 1$$

下使泛函

$$J[u] = \iiint_\Omega F(x,y,z,u,u_{,x},u_{,y},u_{,z})\,\mathrm{d}V$$

取极值。

这里同样是个积分形式的约束条件，需要引进的是拉格朗日乘子，新泛函为

$$J^*[u] = \iiint_\Omega F(x,y,z,u,u_{,x},u_{,y},u_{,z})\,\mathrm{d}V - \lambda\left(\frac{1}{2}\iiint_\Omega \rho u^2\,\mathrm{d}V - 1\right)$$

则新泛函极值条件应该满足微分方程

$$\frac{\partial F}{\partial u} - \frac{\mathrm{d}F_{,u_{,x}}}{\mathrm{d}x} - \frac{\mathrm{d}F_{,u_{,y}}}{\mathrm{d}y} - \frac{\mathrm{d}F_{,u_{,z}}}{\mathrm{d}z} = \lambda\rho u$$

这是个偏微分方程的**特征值问题**，在第 8 章中我们将会详细讨论。

2.4 变分问题中的边界条件

下面我们讨论泛函

$$J[y]=\int_{x_0}^{x_1}F(x,y,y')\mathrm{d}x$$

极值问题中的边界条件。如果该泛函中自变函数 $y=y(x)$ 的边界位置为 x_0 和 x_1，那么相应的边界条件可以分为以下四类。

(1) 固定边界：边界位置固定，边界上函数值固定，$y(x_0)=y_0$，$y(x_1)=y_1$。

(2) 自由边界：边界位置固定，边界上函数值自由，x_0、x_1 固定，y_0、y_1 自由。

(3) 可动边界：边界位置不定，边界上函数值不定，x_0、x_1 不定，y_0、y_1 也不定。

(4) 约束边界：边界位置和函数值在已知的曲线(或者曲面)上

$$\Gamma_0(x_0,y_0)=0,\quad \Gamma_1(x_1,y_1)=0$$

这里自由边界条件(2)可视为特殊的约束条件：$x_0=\text{const}$，$x_1=\text{const}$。当然，实际问题中的边界条件可能是上述边界条件的组合，譬如一端是固定而另一端是自由，这里我们不特地来展开讨论。

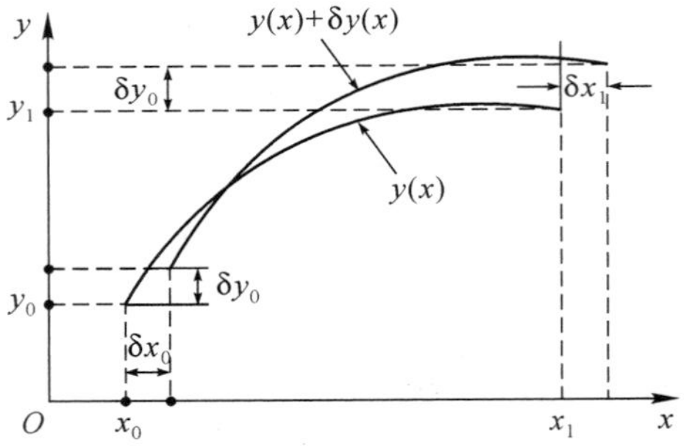

图 2.3　可动边界示意图

为简单起见，假设在 $x=x_0$ 处是固定边界，而 $x=x_1$ 是自由、可动或者是约束边界，因此边界位置 x_1 是可变的，应包含到泛函表达式之中

$$J[y,x_1]=\int_{x_0}^{x_1}F(x,y,y')\mathrm{d}x$$

这里 $J[y,x_1]$ 表示自变函数为 y 及边界位置为 x_1。计算泛函的增量

$$J[y+\delta y,x_1+\delta x_1]-J[y,x_1]$$

$$=\int_{x_0}^{x_1+\delta x_1}F(x,y+\delta y,y'+\delta y')\mathrm{d}x-\int_{x_0}^{x_1}F(x,y,y')\mathrm{d}x$$

$$= F(x,y,y')\Big|_{x_1}\delta x_1 + \int_{x_0}^{x_1}\left[\frac{\partial F}{\partial y} - \frac{\mathrm{d}}{\mathrm{d}x}\left(\frac{\partial F}{\partial y'}\right)\right]\delta y\mathrm{d}x + \frac{\partial F}{\partial y'}\delta y\Big|_{x_1} + o(\|\delta y\|, \|\delta x_1\|)$$

(2.4.1)

这里自变函数和边界位置的变化都用 δ· 来表示。事实上，我们可以把参数(这里是边界的位置)视为一个常值函数，它的变化用 δ· 来表示就很自然了。由 $\delta J = 0$ 可以得到

$$\frac{\partial F}{\partial y} - \frac{\mathrm{d}}{\mathrm{d}x}\left(\frac{\partial F}{\partial y'}\right) = 0, x \in (x_0, x_1) \tag{2.4.2}$$

$$F(x,y,y')\Big|_{x_1}\delta x_1 + \frac{\partial F}{\partial y'}\delta y\Big|_{x_1} = 0 \tag{2.4.3}$$

下面我们就 x_1 分几种情况分别进行讨论。

(1) $x = x_1$ 是**自由边界**

此时 $\delta x_1 = 0$，因此边界条件(2.4.3)式变成

$$\frac{\partial F}{\partial y'}\delta y\Big|_{x_1} = 0 \Rightarrow \frac{\partial F}{\partial y'}\Big|_{x_1} = 0 \tag{2.4.4}$$

(2) $x = x_1$ 是**可动边界**

从图 2.3 可以看到

$$\begin{aligned}\delta y_1 &= (y + \delta y)(x_1 + \delta x_1) - y(x_1)\\ &= \delta y(x_1 + \delta x_1) + y(x_1 + \delta x_1) - y(x_1)\\ &\approx \delta y(x_1) + y'(x_1)\delta x_1\end{aligned}$$

注意，这里 $\delta y_1 \neq \delta y(x_1)$，代入式(2.4.3)，那么 $x = x_1$ 处变为

$$\left[F(x,y,y') - \frac{\partial F}{\partial y'}y'\right]\Big|_{x_1}\delta x_1 + \frac{\partial F}{\partial y'}\Big|_{x_1}\delta y_1 = 0 \tag{2.4.5}$$

这样可得 $x = x_1$ 处的边界条件为

$$\left[F(x,y,y') - \frac{\partial F}{\partial y'}y'\right]\Big|_{x_1} = 0, \qquad \frac{\partial F}{\partial y'}\Big|_{x_1} = 0 \tag{2.4.6}$$

(3) $x = x_1$ 是**约束边界**

也就是说，边界在固定的曲线(或者曲面)上，$\Gamma_1(x_1, y_1) = 0$，此时

$$\frac{\partial \Gamma_1}{\partial x_1}\delta x_1 + \frac{\partial \Gamma_1}{\partial y_1}\delta y_1 = 0$$

考虑到式(2.4.5)，可得(约束)边界条件

$$\frac{F(x,y,y') - \dfrac{\partial F}{\partial y'}y'}{\partial \Gamma_1/\partial x_1}\Bigg|_{x_1} = \frac{\dfrac{\partial F}{\partial y'}}{\partial \Gamma_1/\partial y_1}\Bigg|_{x_1} \tag{2.4.7}$$

加上已知的约束边界函数

$$\Gamma_1(x_1, y_1) = 0 \tag{2.4.8}$$

即得 $x = x_1$ 处完整的边界条件。

像自由边界条件(2.4.4)、可动边界条件(2.4.6)和约束边界条件(2.4.7)，均可以通过

泛函取驻值($\delta J=0$)条件得到,我们称它们为**自然边界条件**。反之,固定边界条件和约束边界条件(2.4.8)均是泛函定义域中已经规定了的,我们称它们为**固定边界条件**。这样,控制方程(2.4.2)和自然边界条件一起合称为**欧拉方程**。

例 2.10 求下列泛函的极值

$$J[u(x,y,z)]=\iiint_{\Omega}[p(\nabla u)^2+qu^2-2fu]\mathrm{d}V-\oiint_{\partial\Omega}p(2gu-hu^2)\mathrm{d}S$$

其一阶变分为

$$\begin{aligned}\delta J[y]&=\iiint_{\Omega}[2p\,\nabla u\cdot\delta\,\nabla u+2qu\delta u-2f\delta u]\mathrm{d}V-\oiint_{\partial\Omega}p(2g\delta u-2hu\,\delta u)\mathrm{d}S\\&=2\iiint_{\Omega}[\nabla\cdot(p\delta u\,\nabla u)-\delta u\,\nabla\cdot(p\,\nabla u)+qu\delta u-f\delta u]\mathrm{d}V-2\oiint_{\partial\Omega}p(g\delta u-hu\delta u)\mathrm{d}S\\&=2\iiint_{\Omega}[-\nabla\cdot(p\,\nabla u)+qu-f]\delta u\mathrm{d}V+2\oiint_{\partial\Omega}p(\frac{\partial u}{\partial n}+hu-g)\delta u\mathrm{d}S\end{aligned}$$

根据 $\delta J[y]=0$ 得到欧拉控制方程

$$-\nabla\cdot(p\,\nabla u)+qu=f$$

及自然边界条件

$$\left(\frac{\partial u}{\partial n}+hu-g\right)_{\partial\Omega}=0$$

例 2.11 $J[y]=\int_0^{x_1}\sqrt{1+y'^2}\,\mathrm{d}x$,左端 $x=0,y=0$,而右端在 Γ 上移动

$$\Gamma:y_1=(x_1+1)^2+\frac{1}{2}\tag{a}$$

其控制方程为

$$y'/\sqrt{1+y'^2}=C$$

所以极值曲线为

$$y=ax\tag{b}$$

从约束条件(a)可得

$$2(x_1+1)\mathrm{d}x_1-\mathrm{d}y_1=0$$

在右端边界上满足条件(2.4.7)

$$\left.\frac{F(x,y,y')-\dfrac{\partial F}{\partial y'}y'}{2(1+x_1)}\right|_{x_1}=\left.\frac{\dfrac{\partial F}{\partial y'}}{-1}\right|_{x_1}$$

考虑到

$$F-y'F_{,y'}=\frac{1}{\sqrt{1+y'^2}},\quad F_{,y'}=\frac{y'}{\sqrt{1+y'^2}}$$

所以有

$$\left.\frac{1}{\sqrt{1+y'^2}}[1+2(1+x)y']\right|_{x_1}=0\tag{c}$$

由式(c)、式(b) 可解得 x_1，进一步代入式(a) 中可求得 y_1，即

$$x_1 = -\frac{1}{2a} - 1, \quad y_1 = \frac{1}{4a^2} + \frac{1}{2}$$

考虑到 Γ 与极值曲线 $y = ax$ 相交于(x_1, y_1)，所以将 x_1、y_1 代入式(b) 中即可以得到系数 a 应满足的一个三次方程

$$4a^3 + 4a^2 + 1 = 0$$

即 a 为满足上述三次方程的一个实根，从中可以求得 a，从而得到 x_1 与 y_1 的值。

对于固定的边界条件，我们也可以把它看成是一种特殊的约束条件，从而可以引进拉格朗日乘子，把固定边界问题转换成自由边界问题。如下面的固定边界泛函问题

$$J[y] = \int_a^b F(x, y, y')\mathrm{d}x, y(a) = y_0, y(b) = y_1$$

可以引进拉格朗日乘子 λ_1 及 λ_2 后新泛函为

$$J^*[y, \lambda_1, \lambda_2] = \int_a^b F(x, y, y')\mathrm{d}x + \lambda_1(y|_a - y_0) + \lambda_2(y|_b - y_1)$$

这样，新泛函对边界条件就没有任何要求。

2.5　哈密尔顿(Hamilton) 原理

一个由 m 个质点构成的系统有 $3m$ 个自由度，但这些自由度往往是不独立的，需要满足某些约束(即这 $3m$ 个自由度要满足某些代数方程)。假定这 $3m$ 个自由度可以用 n 个独立变量 $q_1, q_2, \cdots, q_n$ 表示，并且自动满足给定的约束($k = 3m - n$ 个方程)，则称 $q_1, q_2, \cdots, q_n$ 为**广义坐标**，由这 n 个广义坐标构成的 n 维空间称为**相空间**。以相空间作为描述对象，一个力学系统的动能可以表示为

$$T = T(q_1, q_2, \cdots, q_n; \dot{q}_1, \dot{q}_2, \cdots, \dot{q}_n)$$

其中 $q_1, q_2, \cdots, q_n$ 为广义坐标；$\dot{q}_1, \dot{q}_2, \cdots, \dot{q}_n$ 为广义速度。系统的势能可以表示为

$$V = V(q_1, q_2, \cdots, q_n)$$

定义**拉格朗日函数**为

$$L(q_1, q_2, \cdots, q_n; \dot{q}_1, \dot{q}_2, \cdots, \dot{q}_n) = T - V \tag{2.5.1}$$

以及**哈密尔顿泛函**(也称为哈密尔顿量) 为

$$H = \int_{t_0}^{t_f} L(q_1, q_2, \cdots, q_n; \dot{q}_1, \dot{q}_2, \cdots, \dot{q}_n)\mathrm{d}t \tag{2.5.2}$$

哈密尔顿原理：给定了初始时刻 $t = t_0$ 以及终止时刻 $t = t_f$ 的状态(这里指广义坐标的值)，在所有可能的运动轨迹中，真实的运动应该使得哈密尔顿泛函(2.5.2) 取极小值。也就是说

$$H = \int_{t_0}^{t_f} L(q_1, q_2, \cdots, q_n; \dot{q}_1, \dot{q}_2, \cdots, \dot{q}_n)\mathrm{d}t \to \min \tag{2.5.3}$$

其对应的一阶变分满足

$$\delta H = 0 \tag{2.5.4}$$

例 2.12　单自由度的弹簧质量系统的自由振动问题。

质点的质量为 m，弹簧的刚度为 k，x 为弹簧的变形量，弹簧质量可忽略不计。其自由振动的动能为

$$T = \frac{1}{2}m\dot{x}^2$$

弹簧变形所对应的势能为

$$V = \frac{1}{2}kx^2$$

因此，哈密尔顿泛函为

$$H = \frac{1}{2}\int_{t_0}^{t_f}(m\dot{x}^2 - kx^2)\mathrm{d}t$$

哈密尔顿泛函的变分为

$$\begin{aligned}\delta H &= \int_{t_0}^{t_f}(m\dot{x}\delta\dot{x} - kx\delta x)\mathrm{d}t \\ &= m\dot{x}\delta x\,|_{t_0}^{t_f} + \int_{t_0}^{t_f}(-m\ddot{x}\delta x - kx\delta x)\mathrm{d}t \\ &= -\int_{t_0}^{t_f}(m\ddot{x} + kx)\delta x\mathrm{d}t\end{aligned}$$

由哈密尔顿原理可得到运动方程为

$$m\ddot{x} + kx = 0$$

例 2.13　单摆和双摆自由摆动问题。图 2.4(a) 所示的摆，ρ 为均匀摆杆单位长度的质量，M 是小球的质量，L 是摆杆长度，不考虑摆杆的变形，取广义坐标为单摆的摆角 θ，从而

$$T = \frac{1}{2}\int_0^L \rho(x\dot{\theta})^2\mathrm{d}x + \frac{1}{2}M(L\dot{\theta})^2 = \frac{1}{2}\left(\frac{1}{3}\rho L^3 + ML^2\right)\dot{\theta}^2$$

$$V = -\frac{1}{2}\rho L^2 g\cos\theta - MgL\cos\theta$$

$$H = \int_{t_0}^{t_f}(T - V)\mathrm{d}t$$

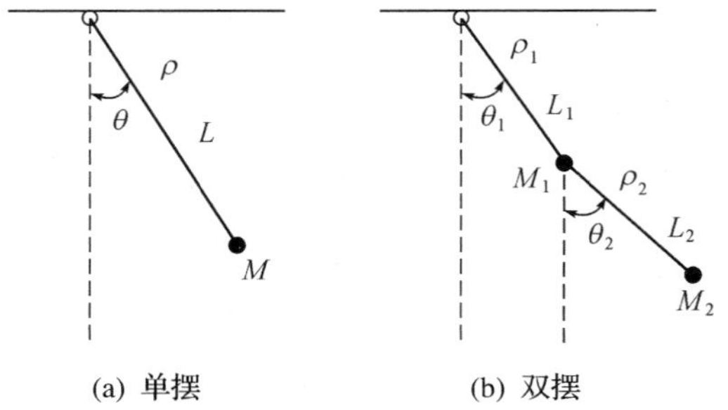

图 2.4　单摆和双摆

根据哈密尔顿原理，可以得到单摆的运动方程为

$$\left(\frac{1}{3}\rho L+M\right)L\ddot{\theta}+\left(\frac{1}{2}\rho L+M\right)g\sin\theta=0$$

至于图 2.4(b) 中的双摆问题，留待读者自行解决。

例 2.14　欧拉 — 伯努利(Euler-Bernoulli) 梁弯曲的自由振动问题。

$$T=\frac{1}{2}\int_0^l\rho\dot{w}^2\mathrm{d}x,V=\frac{1}{2}\int_0^l EI\left(\frac{\mathrm{d}^2w}{\mathrm{d}x^2}\right)^2\mathrm{d}x$$

$$H=\int_{t_0}^{t_f}(T-V)\mathrm{d}t$$

其中 l 为梁的长度；ρ 为梁单位长度的质量；w 为梁的挠度；EI 为梁的弯曲刚度。T 中已忽略梁单元的转动动能。

哈密尔顿泛函的变分为

$$\begin{aligned}\delta H&=\int_{t_0}^{t_f}\mathrm{d}t\int_0^l\left[\rho\dot{w}\delta\dot{w}-EI\frac{\mathrm{d}^2w}{\mathrm{d}x^2}\delta\frac{\mathrm{d}^2w}{\mathrm{d}x^2}\right]\mathrm{d}x\\&=-\int_{t_0}^{t_f}\mathrm{d}t\int_0^l(\rho\ddot{w}+EIw_{,xxxx})\delta w\mathrm{d}x+\int_0^l\rho\dot{w}\delta w\mathrm{d}x\Big|_{t_0}^{t_f}\\&\quad-\int_{t_0}^{t_f}(EIw_{,xx}\delta w_{,x}-EIw_{,xxx}\delta w)\mathrm{d}t\Big|_0^l\\&=-\int_{t_0}^{t_f}\mathrm{d}t\int_0^l(\rho\ddot{w}+EIw_{,xxxx})\delta w\mathrm{d}x-\int_{t_0}^{t_f}(EIw_{,xx}\delta w_{,x}-EIw_{,xxx}\delta w)\Big|_0^l\mathrm{d}t\end{aligned}$$

由泛函极值条件得到梁的自由振动方程为

$$\rho\ddot{w}+EIw_{,xxxx}=0$$

而边界条件可从

$$\int_{t_0}^{t_f}(EIw_{,xx}\delta w_{,x}-EIw_{,xxx}\delta w)\big|_0^l\mathrm{d}t=0$$

得到，譬如梁弯曲的自然边界条件为

$$w_{,xx}=0,w_{,xxx}=0$$

思考题

2.1　在条件 $u(x,0)=0$ 和 $u(x,1)=1$ 下，求下列泛函的极值

$$F[u]=\int_0^1\int_0^1\mathrm{e}^{u_{,y}}\sin u_{,y}\mathrm{d}x\mathrm{d}y$$

2.2　求长度为 $l>b-a$ 的曲线 $y(x)$，$y(a)=y(b)=0$，使得它与线段 $a\leqslant x\leqslant b$ 所围的面积最大。

2.3　已给定侧面面积，试求体积最大的旋转体。

2.4　在约束边界条件 $y(x_0)=\varphi(x_0)$，$y(x_1)=\psi(x_1)$ 下，求下列泛函的欧拉方程

$$F[y]=\int_{x_0}^{x_1}[y^2+y'^2]\mathrm{d}x$$

2.5　推导图 2.4(b) 所示双摆的运动方程。

2.6　由哈密尔顿原理推导弦振动方程。

第3章　弹性力学经典变分原理

在弹性力学基础教材中，一般都把弹性理论用偏微分方程的定解问题来描述；而在这一章中，我们把同一理论化成等价的变分问题来处理。首先，在3.1节中对弹性力学基础理论作一个简洁的描述，重点是把基本方程写成便于以后应用的矩阵形式。3.2节专门讨论一个常用的积分恒等式，这个恒等式可以视为分部积分或高斯积分公式的一个推广。3.3节和3.4节分别给出弹性力学的最小势能原理和最小余能原理，尽管推导有些冗长，但思路并不复杂。作为弹性力学最小余能原理的一个应用，在3.5节中介绍杆扭转问题。最后在3.6节中分别讨论由最小势能原理和最小余能原理得到的（近似）解之间的关系。

3.1　弹性力学基础

3.1.1　弹性力学基本方程和边界条件

我们在附录A2中对弹性力学基础理论作了一个简洁的描述，将弹性力学基本方程和边界条件总结如下：

（1）几何（变形协调）关系　$\boldsymbol{\varepsilon} = \boldsymbol{E}^{\mathrm{T}}(\nabla)\boldsymbol{u}$，　Ω 内　(3.1.1)

（2）平衡方程　$\boldsymbol{E}(\nabla)\boldsymbol{\sigma} + \boldsymbol{f} = 0$，　Ω 内　(3.1.2)

（3）本构关系　$\boldsymbol{\sigma}^{\mathrm{T}} = \dfrac{\partial U}{\partial \boldsymbol{\varepsilon}}$ 或者 $\boldsymbol{\varepsilon}^{\mathrm{T}} = \dfrac{\partial V}{\partial \boldsymbol{\sigma}}$，　Ω 内　(3.1.3)

（4）边界条件　$\boldsymbol{E}(\boldsymbol{n})\boldsymbol{\sigma} = \bar{\boldsymbol{p}}$，　B_σ 上　(3.1.4)

$\boldsymbol{u} = \bar{\boldsymbol{u}}$，　B_u 上　(3.1.5)

式中 Ω 表示所研究的弹性体；$\boldsymbol{u}$、$\boldsymbol{\varepsilon}$ 及 $\boldsymbol{\sigma}$ 分别表示区域 Ω 上的位移、应变和应力，它们可以分别表示为如下向量的形式

$$\boldsymbol{u} = (u, v, w)^{\mathrm{T}}$$

$$\boldsymbol{\varepsilon} = (\varepsilon_x, \varepsilon_y, \varepsilon_z, \gamma_{yz}, \gamma_{zx}, \gamma_{xy})^{\mathrm{T}}$$

$$\boldsymbol{\sigma} = (\sigma_x, \sigma_y, \sigma_z, \tau_{yz}, \tau_{zx}, \tau_{xy})^{\mathrm{T}}$$

$\partial\Omega = B_u + B_\sigma$ 表示 Ω 的所有边界，其中 B_u 表示给定位移 $\bar{\boldsymbol{u}} = (\bar{u},\bar{v},\bar{w})^{\mathrm{T}}$ 的边界，B_σ 表示给定面力 $\bar{\boldsymbol{p}} = (p_x, p_y, p_z)^{\mathrm{T}}$ 的边界，$\boldsymbol{n} = (n_x, n_y, n_z)^{\mathrm{T}}$ 表示边界 $\partial\Omega$ 上的外法线方向，$\boldsymbol{f} = (f_x, f_y, f_z)^{\mathrm{T}}$ 是区域 Ω 上给定的体积力向量。$U = U(\boldsymbol{\varepsilon})$ 代表应变能密度函数，$V = V(\boldsymbol{\sigma})$ 代表余应变能密度函数。弹性力学问题的精确解 $\boldsymbol{u}$、$\boldsymbol{\varepsilon}$、$\boldsymbol{\sigma}$ 应满足上述的所有微分方程和边界条件。

此外，在附录 A2 中我们引进了算子矩阵

$$\boldsymbol{E}(\nabla) = \boldsymbol{E}\left(\frac{\partial}{\partial x},\frac{\partial}{\partial y},\frac{\partial}{\partial z}\right) = \begin{bmatrix} \frac{\partial}{\partial x} & 0 & 0 & 0 & \frac{\partial}{\partial z} & \frac{\partial}{\partial y} \\ 0 & \frac{\partial}{\partial y} & 0 & \frac{\partial}{\partial z} & 0 & \frac{\partial}{\partial x} \\ 0 & 0 & \frac{\partial}{\partial z} & \frac{\partial}{\partial y} & \frac{\partial}{\partial x} & 0 \end{bmatrix}$$

及矩阵

$$\boldsymbol{E}(\boldsymbol{n}) = \begin{bmatrix} n_x & 0 & 0 & 0 & n_z & n_y \\ 0 & n_y & 0 & n_z & 0 & n_x \\ 0 & 0 & n_z & n_y & n_x & 0 \end{bmatrix}$$

3.1.2 应变能、外力势能和余应变能

本章介绍的弹性力学最小势能原理涉及系统的势能，其包含弹性体的应变能和外力势能两部分。当物体发生弹性变形时，应力在应变上所做的功应等于物体中所储存的应变能。因此，**应变能密度** U（也就是单位体积的应变能）的变分（增量）可写成（详附录 A2）

$$\begin{aligned}\delta U &= \sigma_x \delta\varepsilon_x + \sigma_y \delta\varepsilon_y + \sigma_z \delta\varepsilon_z + \tau_{yz}\delta\gamma_{yz} + \tau_{zx}\delta\gamma_{zx} + \tau_{xy}\delta\gamma_{xy} \\ &= \boldsymbol{\sigma}^{\mathrm{T}}\delta\boldsymbol{\varepsilon}\end{aligned}$$

从中可以得到

$$\boldsymbol{\sigma} = \frac{\partial U}{\partial \boldsymbol{\varepsilon}} \tag{3.1.6}$$

即

$$\sigma_x = \frac{\partial U}{\partial \varepsilon_x},\quad \sigma_y = \frac{\partial U}{\partial \varepsilon_y},\quad \sigma_z = \frac{\partial U}{\partial \varepsilon_z},\quad \tau_{yz} = \frac{\partial U}{\partial \gamma_{yz}},\quad \tau_{zx} = \frac{\partial U}{\partial \gamma_{zx}},\quad \tau_{xy} = \frac{\partial U}{\partial \gamma_{xy}}$$

如果用积分形式可表示为

$$\begin{aligned}U &= \int \boldsymbol{\sigma}^{\mathrm{T}} \mathrm{d}\boldsymbol{\varepsilon} \\ &= \int (\sigma_x \mathrm{d}\varepsilon_x + \sigma_y \mathrm{d}\varepsilon_y + \sigma_z \mathrm{d}\varepsilon_z + \tau_{yz}\mathrm{d}\gamma_{yz} + \tau_{zx}\mathrm{d}\gamma_{zx} + \tau_{xy}\mathrm{d}\gamma_{xy})\end{aligned} \tag{3.1.7}$$

外力势能是外力在物体变形后所产生位移上所做功的负值。如果外力是给定的（和变形无关），如式（3.1.2）和式（3.1.4）中的体积力 $\boldsymbol{f}$ 和表面力 $\bar{\boldsymbol{p}}$，它们所对应的外力势能分别为

$$-\iiint_{\Omega}\boldsymbol{f}\cdot\boldsymbol{u}\mathrm{d}V \text{ 和 } -\iint_{B_\sigma}\overline{\boldsymbol{p}}\cdot\boldsymbol{u}\mathrm{d}S \tag{3.1.8}$$

另一类是外力和位移有关，譬如弹簧力 $F=-ku$，从而其势能为

$$-\int F\mathrm{d}u=\int ku\,\mathrm{d}u=\frac{1}{2}ku^2$$

由下式可定义变形体的**余应变能密度** V

$$\begin{aligned}V&=\sigma_x\varepsilon_x+\sigma_y\varepsilon_y+\sigma_z\varepsilon_z+\tau_{yz}\gamma_{yz}+\tau_{zx}\gamma_{zx}+\tau_{xy}\gamma_{xy}-U\\&=\boldsymbol{\sigma}^{\mathrm{T}}\boldsymbol{\varepsilon}-U\end{aligned} \tag{3.1.9}$$

用积分形式表示为

$$\begin{aligned}V&=\int\boldsymbol{\varepsilon}^{\mathrm{T}}\mathrm{d}\boldsymbol{\sigma}\\&=\int\varepsilon_x\mathrm{d}\sigma_x+\varepsilon_y\mathrm{d}\sigma_y+\varepsilon_z\mathrm{d}\sigma_z+\gamma_{yz}\mathrm{d}\tau_{yz}+\gamma_{zx}\mathrm{d}\tau_{zx}+\gamma_{xy}\mathrm{d}\tau_{xy}\end{aligned} \tag{3.1.10}$$

利用应力与应变之间的关系，可以把上式右边表示成应力的形式，也就是说把 V 表示成应力分量 σ_x、σ_y、σ_z、τ_{yz}、τ_{zx}、τ_{xy} 的函数。

类似地，边界 B_u 上的已知位移在应力上可以做**余功**，从而**已知位移的余能**为

$$-\iint_{B_u}\overline{\boldsymbol{u}}\cdot\boldsymbol{p}\mathrm{d}S=-\iint_{B_u}\overline{\boldsymbol{u}}\cdot\boldsymbol{E}(\boldsymbol{n})\boldsymbol{\sigma}\mathrm{d}S \tag{3.1.11}$$

对式(3.1.9)取变分，有

$$\delta V=\delta\boldsymbol{\sigma}^{\mathrm{T}}\boldsymbol{\varepsilon}+\boldsymbol{\sigma}^{\mathrm{T}}\delta\boldsymbol{\varepsilon}-\delta U=\delta\boldsymbol{\sigma}^{\mathrm{T}}\boldsymbol{\varepsilon}=\boldsymbol{\varepsilon}^{\mathrm{T}}\delta\boldsymbol{\sigma}$$

因此

$$\boldsymbol{\varepsilon}=\frac{\partial V}{\partial\boldsymbol{\sigma}} \tag{3.1.12}$$

上面这些关系对于线弹性变形和非线性弹性变形都是适用的。对于非线性的弹性变形，U 和 V 不仅在数学形式上不一样，而且在数值也不相等；对于线弹性变形，应力和应变之间关系是线性的，因此应变能密度 U 和余应变能密度 V 数值上相等，即

$$\begin{aligned}&U=V=\frac{1}{2}\boldsymbol{\sigma}^{\mathrm{T}}\boldsymbol{\varepsilon}\\&U=\frac{E(1-\nu)}{2(1+\nu)(1-2\nu)}\left[\sum\varepsilon_x^2+\frac{2\nu}{1-\nu}\sum\varepsilon_x\varepsilon_y\right]+\frac{G}{2}\sum\gamma_{xy}^2\\&V=\frac{1}{2E}\left[\sum\sigma_x^2-2\nu\sum\sigma_x\sigma_y\right]+\frac{1}{2G}\sum\tau_{xy}^2\end{aligned} \tag{3.1.13}$$

这里 E、G、ν 分别是杨氏模量、剪切模量和泊松比。

如果将线弹性变形中应力和应变之间的关系表示为

$$\boldsymbol{\sigma}=\boldsymbol{A\varepsilon}\qquad\boldsymbol{\varepsilon}=\boldsymbol{a\sigma} \tag{3.1.14}$$

那么 U 和 V 可以分别表示成

$$U=\frac{1}{2}\boldsymbol{\varepsilon}^{\mathrm{T}}\boldsymbol{A\varepsilon}\qquad V=\frac{1}{2}\boldsymbol{\sigma}^{\mathrm{T}}\boldsymbol{a\sigma} \tag{3.1.15}$$

由于能量的正定性，$\boldsymbol{A}$ 和 $\boldsymbol{a}$ 都必须是对称正定的六阶矩阵，而且它们之间互为逆矩阵，也就是说

$$\boldsymbol{Aa} = \mathbf{I}$$

这里 $\mathbf{I}$ 是六阶单位矩阵。

3.2 一个重要的恒等式

定理 3.1 对于三维空间上任意一个连通区域 Ω，下面的恒等关系始终成立

$$\iiint_{\Omega} \boldsymbol{\sigma}^{\mathrm{T}} \boldsymbol{E}^{\mathrm{T}}(\nabla) \boldsymbol{u} \mathrm{d}\Omega = \iint_{\partial\Omega} [\boldsymbol{E}(\boldsymbol{n})\boldsymbol{\sigma}]^{\mathrm{T}} \boldsymbol{u} \mathrm{d}S - \iiint_{\Omega} [\boldsymbol{E}(\nabla)\boldsymbol{\sigma}]^{\mathrm{T}} \boldsymbol{u} \mathrm{d}\Omega \tag{3.2.1}$$

其中 $\partial\Omega$ 是区域 Ω 的边界，$\boldsymbol{n} = (n_x, n_y, n_z)^{\mathrm{T}}$ 是边界 $\partial\Omega$ 上的外法线方向，$\boldsymbol{u}(\boldsymbol{x}) \in \mathbf{R}^3$ 和 $\boldsymbol{\sigma}(\boldsymbol{x}) \in \mathbf{R}^6$ 是任意两组独立的函数，式中

$$\boldsymbol{E}(\nabla) = \begin{bmatrix} \frac{\partial}{\partial x} & 0 & 0 & 0 & \frac{\partial}{\partial z} & \frac{\partial}{\partial y} \\ 0 & \frac{\partial}{\partial y} & 0 & \frac{\partial}{\partial z} & 0 & \frac{\partial}{\partial x} \\ 0 & 0 & \frac{\partial}{\partial z} & \frac{\partial}{\partial y} & \frac{\partial}{\partial x} & 0 \end{bmatrix}$$

$$\boldsymbol{E}(\boldsymbol{n}) = \begin{bmatrix} n_x & 0 & 0 & 0 & n_z & n_y \\ 0 & n_y & 0 & n_z & 0 & n_x \\ 0 & 0 & n_z & n_y & n_x & 0 \end{bmatrix}$$

证明：算子矩阵 $\boldsymbol{E}(\nabla)$ 及矩阵 $\boldsymbol{E}(\boldsymbol{n})$ 可以表示为

$$\boldsymbol{E}(\nabla) = \boldsymbol{E}_1 \frac{\partial}{\partial x} + \boldsymbol{E}_2 \frac{\partial}{\partial y} + \boldsymbol{E}_3 \frac{\partial}{\partial z}$$

$$\boldsymbol{E}(\boldsymbol{n}) = \boldsymbol{E}_1 n_x + \boldsymbol{E}_2 n_y + \boldsymbol{E}_3 n_z$$

其中 $\boldsymbol{E}_1$、$\boldsymbol{E}_2$、$\boldsymbol{E}_3$ 是三个常数矩阵。

$$\boldsymbol{E}_1 = \begin{bmatrix} 1 & 0 & 0 & 0 & 0 & 0 \\ 0 & 0 & 0 & 0 & 0 & 1 \\ 0 & 0 & 0 & 0 & 1 & 0 \end{bmatrix}$$

$$\boldsymbol{E}_2 = \begin{bmatrix} 0 & 0 & 0 & 0 & 0 & 1 \\ 0 & 1 & 0 & 0 & 0 & 0 \\ 0 & 0 & 0 & 1 & 0 & 0 \end{bmatrix}$$

$$\boldsymbol{E}_3 = \begin{bmatrix} 0 & 0 & 0 & 0 & 1 & 0 \\ 0 & 0 & 0 & 1 & 0 & 0 \\ 0 & 0 & 1 & 0 & 0 & 0 \end{bmatrix}$$

那么

$$[\boldsymbol{E}(\nabla)\boldsymbol{\sigma}]^{\mathrm{T}}\boldsymbol{u}=\left[\left(\boldsymbol{E}_1\frac{\partial}{\partial x}+\boldsymbol{E}_2\frac{\partial}{\partial y}+\boldsymbol{E}_3\frac{\partial}{\partial z}\right)\boldsymbol{\sigma}\right]^{\mathrm{T}}\boldsymbol{u}$$

$$=\left[\boldsymbol{E}_1\frac{\partial\boldsymbol{\sigma}}{\partial x}+\boldsymbol{E}_2\frac{\partial\boldsymbol{\sigma}}{\partial y}+\boldsymbol{E}_3\frac{\partial\boldsymbol{\sigma}}{\partial z}\right]^{\mathrm{T}}\boldsymbol{u}$$

$$=\frac{\partial\boldsymbol{\sigma}^{\mathrm{T}}}{\partial x}\boldsymbol{E}_1^{\mathrm{T}}\boldsymbol{u}+\frac{\partial\boldsymbol{\sigma}^{\mathrm{T}}}{\partial y}\boldsymbol{E}_2^{\mathrm{T}}\boldsymbol{u}+\frac{\partial\boldsymbol{\sigma}^{\mathrm{T}}}{\partial z}\boldsymbol{E}_3^{\mathrm{T}}\boldsymbol{u}$$

$$=\frac{\partial}{\partial x}(\boldsymbol{\sigma}^{\mathrm{T}}\boldsymbol{E}_1^{\mathrm{T}}\boldsymbol{u})+\frac{\partial}{\partial y}(\boldsymbol{\sigma}^{\mathrm{T}}\boldsymbol{E}_2^{\mathrm{T}}\boldsymbol{u})+\frac{\partial}{\partial z}(\boldsymbol{\sigma}^{\mathrm{T}}\boldsymbol{E}_3^{\mathrm{T}}\boldsymbol{u})-\boldsymbol{\sigma}^{\mathrm{T}}\left[\frac{\partial}{\partial x}(\boldsymbol{E}_1^{\mathrm{T}}\boldsymbol{u})+\frac{\partial}{\partial y}(\boldsymbol{E}_2^{\mathrm{T}}\boldsymbol{u})+\frac{\partial}{\partial z}(\boldsymbol{E}_3^{\mathrm{T}}\boldsymbol{u})\right]$$

也就是说

$$[\boldsymbol{E}(\nabla)\boldsymbol{\sigma}]^{\mathrm{T}}\boldsymbol{u}+\boldsymbol{\sigma}^{\mathrm{T}}\boldsymbol{E}^{\mathrm{T}}(\nabla)\boldsymbol{u}=\frac{\partial}{\partial x}(\boldsymbol{\sigma}^{\mathrm{T}}\boldsymbol{E}_1^{\mathrm{T}}\boldsymbol{u})+\frac{\partial}{\partial y}(\boldsymbol{\sigma}^{\mathrm{T}}\boldsymbol{E}_2^{\mathrm{T}}\boldsymbol{u})+\frac{\partial}{\partial z}(\boldsymbol{\sigma}^{\mathrm{T}}\boldsymbol{E}_3^{\mathrm{T}}\boldsymbol{u})$$

那么根据高斯公式

$$\iiint_{\Omega}\{\boldsymbol{\sigma}^{\mathrm{T}}\boldsymbol{E}^{\mathrm{T}}(\nabla)\boldsymbol{u}+[\boldsymbol{E}(\nabla)\boldsymbol{\sigma}]^{\mathrm{T}}\boldsymbol{u}\}\mathrm{d}\Omega$$

$$=\iiint_{\Omega}\left\{\frac{\partial}{\partial x}(\boldsymbol{\sigma}^{\mathrm{T}}\boldsymbol{E}_1^{\mathrm{T}}\boldsymbol{u})+\frac{\partial}{\partial y}(\boldsymbol{\sigma}^{\mathrm{T}}\boldsymbol{E}_2^{\mathrm{T}}\boldsymbol{u})+\frac{\partial}{\partial z}(\boldsymbol{\sigma}^{\mathrm{T}}\boldsymbol{E}_3^{\mathrm{T}}\boldsymbol{u})\right\}\mathrm{d}\Omega$$

$$=\iint_{\partial\Omega}\{n_x(\boldsymbol{\sigma}^{\mathrm{T}}\boldsymbol{E}_1^{\mathrm{T}}\boldsymbol{u})+n_y(\boldsymbol{\sigma}^{\mathrm{T}}\boldsymbol{E}_2^{\mathrm{T}}\boldsymbol{u})+n_z(\boldsymbol{\sigma}^{\mathrm{T}}\boldsymbol{E}_3^{\mathrm{T}}\boldsymbol{u})\}\mathrm{d}S$$

$$=\iint_{\partial\Omega}\boldsymbol{\sigma}^{\mathrm{T}}(n_x\boldsymbol{E}_1^{\mathrm{T}}+n_y\boldsymbol{E}_2^{\mathrm{T}}+n_z\boldsymbol{E}_3^{\mathrm{T}})\boldsymbol{u}\mathrm{d}S$$

$$=\iint_{\partial\Omega}[\boldsymbol{E}(\boldsymbol{n})\boldsymbol{\sigma}]^{\mathrm{T}}\boldsymbol{u}\mathrm{d}S$$

也就是说

$$\iiint_{\Omega}\boldsymbol{\sigma}^{\mathrm{T}}\boldsymbol{E}^{\mathrm{T}}(\nabla)\boldsymbol{u}\mathrm{d}\Omega=\iint_{\partial\Omega}[\boldsymbol{E}(\boldsymbol{n})\boldsymbol{\sigma}]^{\mathrm{T}}\boldsymbol{u}\mathrm{d}S-\iiint_{\Omega}[\boldsymbol{E}(\nabla)\boldsymbol{\sigma}]^{\mathrm{T}}\boldsymbol{u}\mathrm{d}\Omega$$

恒等式(3.2.1)是一个极其有用的等式，它可以视为高斯积分公式在弹性力学中的引伸，也可以视为更一般情形（见附录(A1.3.10)式）的特例。和高斯积分公式相比，它不过是用 $\boldsymbol{E}(\nabla)$ 代替了 ∇，用 $\boldsymbol{E}(\boldsymbol{n})$ 代替了 $\boldsymbol{n}$。它的主要用途是消除积分号内自变函数变分的导数，以便引用变分引理得到相应的欧拉方程。为方便起见，我们以后把式(3.2.1)称为**推广的高斯公式**。在以后各章节中，我们要反复引用这一恒等式，从而使得推导过程变得简单。

从上述恒等式可以得到以下两个重要的推论。

推论 3.1(虚功原理)

$$\iiint_{\Omega}(\boldsymbol{\sigma}^{s})^{\mathrm{T}}\delta\boldsymbol{\varepsilon}\mathrm{d}\Omega=\iint_{\partial\Omega}\bar{\boldsymbol{p}}^{\mathrm{T}}\delta\boldsymbol{u}\mathrm{d}S+\iiint_{\Omega}\boldsymbol{f}^{\mathrm{T}}\delta\boldsymbol{u}\mathrm{d}\Omega \tag{3.2.2}$$

这里 $\boldsymbol{\sigma}=\boldsymbol{\sigma}^{s}$ 为静力可能应力（满足平衡方程和应力边界条件的应力）；$\boldsymbol{u}=\delta\boldsymbol{u}$ 为虚位移（无穷小的几何可能位移）；$\delta\boldsymbol{\varepsilon}=\boldsymbol{E}^{\mathrm{T}}(\nabla)\delta\boldsymbol{u}$ 为虚位移对应的虚应变。

推论 3.2(功互等定理)　如果有两组载荷分别作用在同一线弹性体上，在第一组载荷

$(\boldsymbol{f}^1,\bar{\boldsymbol{p}}^1)$ 作用下的位移精确解为 $\boldsymbol{u}^1$，对应的应变为 $\boldsymbol{\varepsilon}^1$、应力为 $\boldsymbol{\sigma}^1$，在第二组载荷 $(\boldsymbol{f}^2,\bar{\boldsymbol{p}}^2)$ 作用下的位移精确解为 $\boldsymbol{u}^2$，对应的应变为 $\boldsymbol{\varepsilon}^2$、应力为 $\boldsymbol{\sigma}^2$，那么

$$\iint_{\partial\Omega}(\bar{\boldsymbol{p}}^1)^{\mathrm{T}}\boldsymbol{u}^2\mathrm{d}S+\iiint_{\Omega}(\boldsymbol{f}^1)^{\mathrm{T}}\boldsymbol{u}^2\mathrm{d}\Omega=\iint_{\partial\Omega}(\bar{\boldsymbol{p}}^2)^{\mathrm{T}}\boldsymbol{u}^1\mathrm{d}S+\iiint_{\Omega}(\boldsymbol{f}^2)^{\mathrm{T}}\boldsymbol{u}^1\mathrm{d}\Omega \tag{3.2.3}$$

证明：根据上述恒等式有

$$\iiint_{\Omega}(\boldsymbol{\sigma}^1)^{\mathrm{T}}\boldsymbol{\varepsilon}^2\mathrm{d}\Omega=\iint_{\partial\Omega}[\boldsymbol{E}(\boldsymbol{n})\boldsymbol{\sigma}^1]^{\mathrm{T}}\boldsymbol{u}^2\mathrm{d}S-\iiint_{\Omega}[\boldsymbol{E}(\nabla)\boldsymbol{\sigma}^1]^{\mathrm{T}}\boldsymbol{u}^2\mathrm{d}\Omega$$

$$\iiint_{\Omega}(\boldsymbol{\sigma}^2)^{\mathrm{T}}\boldsymbol{\varepsilon}^1\mathrm{d}\Omega=\iint_{\partial\Omega}[\boldsymbol{E}(\boldsymbol{n})\boldsymbol{\sigma}^2]^{\mathrm{T}}\boldsymbol{u}^1\mathrm{d}S-\iiint_{\Omega}[\boldsymbol{E}(\nabla)\boldsymbol{\sigma}^2]^{\mathrm{T}}\boldsymbol{u}^1\mathrm{d}\Omega$$

由于

$$\iiint_{\Omega}(\boldsymbol{\sigma}^1)^{\mathrm{T}}\boldsymbol{\varepsilon}^2\mathrm{d}\Omega=\iiint_{\Omega}(\boldsymbol{\varepsilon}^1)^{\mathrm{T}}\boldsymbol{A}\boldsymbol{\varepsilon}^2\mathrm{d}\Omega=\iiint_{\Omega}(\boldsymbol{\sigma}^2)^{\mathrm{T}}\boldsymbol{\varepsilon}^1\mathrm{d}\Omega$$

所以有式(3.2.3)，也就是功互等定理成立。这里要注意的是我们用到了材料线弹性本构关系，对于非线性弹性体，功的互等定理不一定适用。

3.3 最小势能原理

我们可以定义下面总势能表达式

$$\Pi=\Pi_1+\Pi_2 \tag{3.3.1}$$

式中

$$\Pi_1=\iiint_{\Omega}U\mathrm{d}\Omega,\quad \Pi_2=-\iiint_{\Omega}\boldsymbol{f}^{\mathrm{T}}\boldsymbol{u}\mathrm{d}\Omega-\iint_{B_\sigma}\bar{\boldsymbol{p}}^{\mathrm{T}}\boldsymbol{u}\mathrm{d}S$$

其中 Π_1 为弹性应变能，是包含在弹性体内应力所做的(内)功；Π_2 为外力势能即已知外力对弹性体所做的功的负值。对于线弹性体，$U(\boldsymbol{\varepsilon})=\dfrac{1}{2}\boldsymbol{\varepsilon}^{\mathrm{T}}\boldsymbol{A}\boldsymbol{\varepsilon}$ 是单位体积的弹性应变能(也就是应变能密度)，其他各个表达式的含义见前面。

定义 3.1(几何可能位移)　对于位移场 $\boldsymbol{u}$，如果在弹性体整个区域内满足连续可微条件(从而可以得到相应的应变)，同时在位移边界 B_u 上满足 $\boldsymbol{u}=\bar{\boldsymbol{u}}$ 的位移边界条件，这样的位移场称为**几何可能位移**，一般用 $\boldsymbol{u}^k$ 来表示。

定理 3.2(最小势能原理)　在所有的几何可能位移中，弹性力学的精确解应使上述的总势能(3.3.1)最小。

证明：假设 $\boldsymbol{u}$、$\boldsymbol{\varepsilon}$、$\boldsymbol{\sigma}$ 是弹性力学问题的精确解，那么它们满足所有微分方程和所有边界条件，

(1) 几何关系　　$\boldsymbol{\varepsilon}=\boldsymbol{E}^{T}(\nabla)\boldsymbol{u}$，　　Ω 内

(2) 平衡方程　　$\boldsymbol{E}(\nabla)\boldsymbol{\sigma}+\boldsymbol{f}=0$，　　Ω 内

(3) 本构关系 $\boldsymbol{\sigma} = \boldsymbol{A\varepsilon}$ 或者 $\boldsymbol{\varepsilon} = \boldsymbol{a\sigma}$, Ω 内

(4) 边界条件 $\boldsymbol{E}(\boldsymbol{n})\boldsymbol{\sigma} = \bar{\boldsymbol{p}}$, B_σ 上

$\boldsymbol{u} = \bar{\boldsymbol{u}}$, B_u 上

再令 $\boldsymbol{u}^k$、$\boldsymbol{\varepsilon}^k$ 为几何可能位移和对应的应变,根据定义 3.1,它们应该满足以下的几何关系和位移边界条件:

(1) 几何关系 $\boldsymbol{\varepsilon}^k = \boldsymbol{E}^{\mathrm{T}}(\nabla)\boldsymbol{u}^k$, Ω 内

(2) 边界条件 $\boldsymbol{u}^k = \bar{\boldsymbol{u}}$, B_u 上

记几何可能位移和位移精确解之差为

$$\delta\boldsymbol{u} = \boldsymbol{u}^k - \boldsymbol{u}$$

那么与几何可能位移相对应的总势能表达式为

$$\Pi(\boldsymbol{u}^k) = \iiint_\Omega U(\boldsymbol{u}^k)\mathrm{d}\Omega - \iiint_\Omega \boldsymbol{f}^{\mathrm{T}}\boldsymbol{u}^k\mathrm{d}\Omega - \iint_{B_\sigma} \bar{\boldsymbol{p}}^{\mathrm{T}}\boldsymbol{u}^k\mathrm{d}S \tag{3.3.2}$$

由于

$$\boldsymbol{u}^k = \boldsymbol{u} + \delta\boldsymbol{u}$$

从而

$$\boldsymbol{\varepsilon}^k = \boldsymbol{\varepsilon} + \delta\boldsymbol{\varepsilon}, \quad \delta\boldsymbol{\varepsilon} = \boldsymbol{E}^{\mathrm{T}}(\nabla)\delta\boldsymbol{u} \tag{3.3.3}$$

对于线弹性体,其应变能密度函数为

$$U(\boldsymbol{u}) = \frac{1}{2}\boldsymbol{\varepsilon}^{\mathrm{T}}\boldsymbol{A\varepsilon}, \quad U(\boldsymbol{u}^k) = \frac{1}{2}(\boldsymbol{\varepsilon}^k)^{\mathrm{T}}\boldsymbol{A\varepsilon}^k$$

从而有

$$U(\boldsymbol{u}^k) = \frac{1}{2}\boldsymbol{\varepsilon}^{\mathrm{T}}\boldsymbol{A\varepsilon} + \boldsymbol{\varepsilon}^{\mathrm{T}}\boldsymbol{A}\delta\boldsymbol{\varepsilon} + \frac{1}{2}(\delta\boldsymbol{\varepsilon})^{\mathrm{T}}\boldsymbol{A}(\delta\boldsymbol{\varepsilon}) \tag{3.3.4}$$

与几何可能位移相对应的总势能表达式(3.3.2) 可写成

$$\begin{aligned}\Pi(\boldsymbol{u}^k) &= \Pi(\boldsymbol{u}) + \iiint_\Omega \boldsymbol{\varepsilon}^{\mathrm{T}}\boldsymbol{A}\delta\boldsymbol{\varepsilon}\mathrm{d}\Omega + \iiint_\Omega \frac{1}{2}(\delta\boldsymbol{\varepsilon})^{\mathrm{T}}\boldsymbol{A}\delta\boldsymbol{\varepsilon}\mathrm{d}\Omega - \iiint_\Omega \boldsymbol{f}^{\mathrm{T}}\delta\boldsymbol{u}\mathrm{d}\Omega - \iint_{B_\sigma}\bar{\boldsymbol{p}}^{\mathrm{T}}\delta\boldsymbol{u}\mathrm{d}S \\ &= \Pi(\boldsymbol{u}) + \iiint_\Omega \frac{1}{2}(\delta\boldsymbol{\varepsilon})^{\mathrm{T}}\boldsymbol{A}\delta\boldsymbol{\varepsilon}\mathrm{d}\Omega + \iiint_\Omega(\boldsymbol{\sigma}^{\mathrm{T}}\delta\boldsymbol{\varepsilon} - \boldsymbol{f}^{\mathrm{T}}\delta\boldsymbol{u})\mathrm{d}\Omega - \iint_{B_\sigma}\bar{\boldsymbol{p}}^{\mathrm{T}}\delta\boldsymbol{u}\mathrm{d}S\end{aligned}$$

在推广的高斯公式(3.2.1) 中取 $\boldsymbol{u} = \delta\boldsymbol{u}$,$\boldsymbol{\sigma}$ 取真实的应力 $\boldsymbol{\sigma}$,那么

$$\begin{aligned}\iiint_\Omega \boldsymbol{\sigma}^{\mathrm{T}}\delta\boldsymbol{\varepsilon}\mathrm{d}\Omega &= \iiint_\Omega \boldsymbol{\sigma}^{\mathrm{T}}\boldsymbol{E}^{\mathrm{T}}(\nabla)\delta\boldsymbol{u}\mathrm{d}\Omega \\ &= \iint_{\partial\Omega}[\boldsymbol{E}(\boldsymbol{n})\boldsymbol{\sigma}]^{\mathrm{T}}\delta\boldsymbol{u}\mathrm{d}S - \iiint_\Omega[\boldsymbol{E}(\nabla)\boldsymbol{\sigma}]^{\mathrm{T}}\delta\boldsymbol{u}\mathrm{d}\Omega\end{aligned} \tag{3.3.5}$$

代入 $\Pi(\boldsymbol{u}^k)$ 的表达式,由于

$\boldsymbol{E}(\nabla)\boldsymbol{\sigma} + \boldsymbol{f} = 0$, Ω 内

$\delta\boldsymbol{u} = 0$, B_u 上

$\boldsymbol{E}(\boldsymbol{n})\boldsymbol{\sigma} = \bar{\boldsymbol{p}}$, B_σ 上

可以得到

$$\Pi(\boldsymbol{u}^k) = \Pi(\boldsymbol{u}) + \iiint_{\Omega} \frac{1}{2}(\delta\boldsymbol{\varepsilon})^{\mathrm{T}}\boldsymbol{A}\delta\boldsymbol{\varepsilon}\mathrm{d}\Omega$$

弹性矩阵 **A** 必须是一个对称正定矩阵，因此

$$\Pi(\boldsymbol{u}^k) \geqslant \Pi(\boldsymbol{u}) \tag{3.3.6}$$

也就是说，弹性力学的精确解使得总势能为最小值。

对于非线性弹性体来说，可以看到，最小势能原理依旧成立，此时

$$\begin{aligned}
\delta\Pi &= \iiint_{\Omega} \frac{\partial U}{\partial \boldsymbol{\varepsilon}}\delta\boldsymbol{\varepsilon}\mathrm{d}\Omega - \iiint_{\Omega} \boldsymbol{f}^{\mathrm{T}}\delta\boldsymbol{u}\mathrm{d}\Omega - \iint_{B_\sigma} \bar{\boldsymbol{p}}^{\mathrm{T}}\delta\boldsymbol{u}\mathrm{d}S \\
&= \iiint_{\Omega} \boldsymbol{\sigma}^{\mathrm{T}}\boldsymbol{E}^{\mathrm{T}}(\nabla)\delta\boldsymbol{u}\mathrm{d}\Omega - \iiint_{\Omega} \boldsymbol{f}^{\mathrm{T}}\delta\boldsymbol{u}\mathrm{d}\Omega - \iint_{B_\sigma} \bar{\boldsymbol{p}}^{\mathrm{T}}\delta\boldsymbol{u}\mathrm{d}S \\
&= \iint_{\partial\Omega} (\boldsymbol{E}(\boldsymbol{n})\boldsymbol{\sigma})^{\mathrm{T}}\delta\boldsymbol{u}\mathrm{d}S - \iint_{B_\sigma} \bar{\boldsymbol{p}}^{\mathrm{T}}\delta\boldsymbol{u}\mathrm{d}S - \iiint_{\Omega} (\boldsymbol{E}(\nabla)\boldsymbol{\sigma} + \boldsymbol{f})^{\mathrm{T}}\delta\boldsymbol{u}\mathrm{d}\Omega \\
&= \iint_{B_\sigma} (\boldsymbol{E}(\boldsymbol{n})\boldsymbol{\sigma} - \bar{\boldsymbol{p}})^{\mathrm{T}}\delta\boldsymbol{u}\mathrm{d}S - \iiint_{\Omega} (\boldsymbol{E}(\nabla)\boldsymbol{\sigma} + \boldsymbol{f})^{\mathrm{T}}\delta\boldsymbol{u}\mathrm{d}\Omega \\
&= 0
\end{aligned} \tag{3.3.7}$$

此外

$$\delta^2\Pi = \iiint_{\Omega} \delta\boldsymbol{\varepsilon}^{\mathrm{T}} \frac{\partial^2 U}{\partial \boldsymbol{\varepsilon}^2}\delta\boldsymbol{\varepsilon}\mathrm{d}\Omega \tag{3.3.8}$$

这里

$$\frac{\partial^2 U}{\partial \boldsymbol{\varepsilon}^2} = \begin{bmatrix} \dfrac{\partial^2 U}{\partial \varepsilon_x^2} & \cdots & \dfrac{\partial^2 U}{\partial \varepsilon_x \partial \gamma_{xy}} \\ \vdots & \cdots & \vdots \\ \dfrac{\partial^2 U}{\partial \gamma_{xy} \partial \varepsilon_x} & \cdots & \dfrac{\partial^2 U}{\partial \gamma_{xy}^2} \end{bmatrix}_{6\times 6}$$

由热力学第一定律可得

$$\frac{\partial^2 U}{\partial \boldsymbol{\varepsilon}^2} > 0, \forall \boldsymbol{\varepsilon} \neq 0 \tag{3.3.9}$$

从而 $\delta^2\Pi \geqslant 0$，即精确解是总势能的极小点。

由总势能两阶变分的表达式(3.3.8)和(3.3.9)可知，$\delta^2\Pi = 0$ 的充分必要条件为

$$\delta\boldsymbol{\varepsilon} \equiv 0, \quad \Omega\text{ 内} \tag{3.3.10}$$

即在整个区域 Ω 内都处于零应变状态，这只有当位移为刚体位移时才能出现。由于我们考虑的是静力学问题，已经消除了系统的刚体位移，因此

$$\delta^2\Pi = 0 \Leftrightarrow \delta\boldsymbol{u} \equiv 0 \tag{3.3.11}$$

这意味着定理 3.2 对于非线性弹性系统是严格成立。

例 3.1 如图 3.1 所示，变截面杆的总长度为 L，横截面的面积为 $A(x)$，材料的杨氏模量为 E；沿轴向作用有分布载荷 $q(x)$，其中一端固定，另一端受轴向集中力 F 的作用。用最

小势能原理推导其控制方程和边界条件。

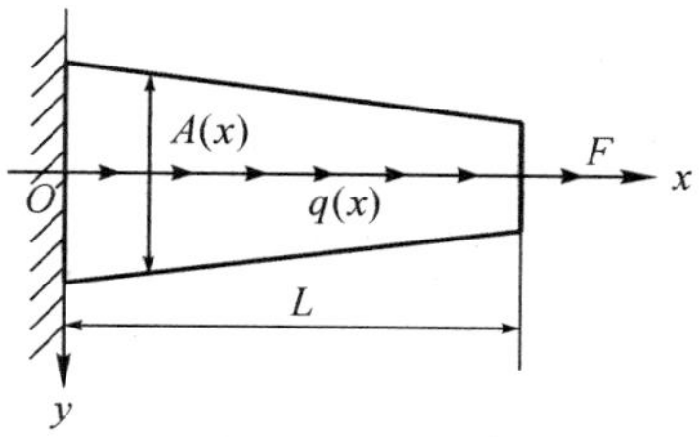

图 3.1　变截面杆

如图 3.1 所示的坐标系，忽略横向变形的影响，假设位移场为 $u=u(x)$、$v=0$、$w=0$，其中 $u(x)$ 的固定边界条件为

$$u(0)=0$$

那么只剩下轴向的应变为非零的应变

$$\varepsilon(x)=\frac{\mathrm{d}u(x)}{\mathrm{d}x}$$

对应的总应变能为

$$\Pi_1=\frac{1}{2}\int_0^L EA(x)\varepsilon^2\mathrm{d}x$$

系统的总势能为

$$\begin{aligned}\Pi&=\frac{1}{2}\int_0^L EA(x)\varepsilon^2\mathrm{d}x-\int_0^L q(x)u(x)\mathrm{d}x-Fu(L)\\&=\frac{1}{2}\int_0^L E\left(\frac{\mathrm{d}u(x)}{\mathrm{d}x}\right)^2A(x)\mathrm{d}x-\int_0^L q(x)u(x)\mathrm{d}x-Fu(L)\end{aligned}$$

根据最小势能原理

$$\begin{aligned}\delta\Pi&=\int_0^L E\left(\frac{\mathrm{d}u(x)}{\mathrm{d}x}\right)\delta\left(\frac{\mathrm{d}u(x)}{\mathrm{d}x}\right)A(x)\mathrm{d}x-\int_0^L q(x)\delta u(x)\mathrm{d}x-F\delta u(L)\\&=E\left(\frac{\mathrm{d}u(x)}{\mathrm{d}x}\right)\delta u(x)A(x)\Big|_0^L-\int_0^L\frac{\mathrm{d}}{\mathrm{d}x}\left(\frac{\mathrm{d}u(x)}{\mathrm{d}x}EA(x)\right)\delta u(x)\mathrm{d}x\\&\quad-\int_0^L q(x)\delta u(x)\mathrm{d}x-F\delta u(L)\\&=\left[E\left(\frac{\mathrm{d}u(x)}{\mathrm{d}x}\right)A(x)-F\right]\delta u(x)\Big|_{x=L}-\int_0^L\left[\frac{\mathrm{d}}{\mathrm{d}x}\left(\frac{\mathrm{d}u(x)}{\mathrm{d}x}EA(x)\right)+q(x)\right]\delta u(x)\mathrm{d}x\\&=0\end{aligned}$$

由变分引理可以得到

$$\frac{\mathrm{d}}{\mathrm{d}x}\left(EA(x)\frac{\mathrm{d}u(x)}{\mathrm{d}x}\right)+q(x)=0,\quad x\in(0,L)$$

$$EA(x)\frac{\mathrm{d}u(x)}{\mathrm{d}x}-F=0,\quad x=L$$

这就是用位移表示的控制方程和自由边界条件(边界上力的平衡条件)。

3.4 最小余能原理

在上一节中,我们把满足几何方程和位移边界条件的位移作为自变函数,然后根据最小势能原理导出平衡方程和应力边界条件。在这一节中,我们把满足平衡方程和应力边界条件的应力作为自变函数,来推导与之相对应的变分原理——最小余能原理。

定义 3.2(静力可能应力) 对于应力场 $\boldsymbol{\sigma}$,如果在整个区域内满足应力平衡条件 $\boldsymbol{E}(\nabla)\boldsymbol{\sigma}+\boldsymbol{f}=\boldsymbol{0}$,同时在应力边界 B_σ 上满足应力边界条件 $\boldsymbol{E}(\boldsymbol{n})\boldsymbol{\sigma}=\bar{\boldsymbol{p}}$。这样的应力称为**静力可能应力**,一般用 $\boldsymbol{\sigma}^s$ 来表示。

定义系统的总余能为

$$
\begin{aligned}
&\Gamma=\Gamma_1+\Gamma_2\\
&\Gamma_1=\iiint_{\Omega}V\mathrm{d}\Omega\\
&\Gamma_2=-\iint_{B_u}\boldsymbol{p}^{\mathrm{T}}\bar{\boldsymbol{u}}\mathrm{d}B=-\iint_{B_u}[\boldsymbol{E}(\boldsymbol{n})\boldsymbol{\sigma}]^{\mathrm{T}}\bar{\boldsymbol{u}}\mathrm{d}B
\end{aligned}
\tag{3.4.1}
$$

对于线弹性体,$V=\dfrac{1}{2}\boldsymbol{\sigma}^{\mathrm{T}}\boldsymbol{a}\boldsymbol{\sigma}$ 是单位体积的弹性余应变能,其他各个表达式的含义见前面。

定理 3.3(最小余能原理) 在所有静力可能应力中,弹性力学的精确解应使系统的总余能,即式(3.4.1) 最小。

证明:假设 $\boldsymbol{u}$、$\boldsymbol{\varepsilon}$、$\boldsymbol{\sigma}$ 是弹性问题的精确解,那么它们满足所有微分方程和所有边界条件。再令 $\boldsymbol{\sigma}^s$ 是静力可能应力,它只需要满足平衡方程和应力边界条件。记静力可能应力与应力的精确解之差为

$$
\Delta\boldsymbol{\sigma}=\boldsymbol{\sigma}^s-\boldsymbol{\sigma}
\tag{3.4.2}
$$

静力可能应力对应的余能为

$$
\Gamma(\boldsymbol{\sigma}^s)=\iiint_{\Omega}V(\boldsymbol{\sigma}^s)\mathrm{d}\Omega-\iint_{B_u}(\boldsymbol{p}^s)^{\mathrm{T}}\bar{\boldsymbol{u}}\mathrm{d}B
\tag{3.4.3}
$$

式中 $\boldsymbol{p}_s=\boldsymbol{E}(\boldsymbol{n})\boldsymbol{\sigma}^s$。

由于

$$
\boldsymbol{\sigma}^s=\boldsymbol{\sigma}+\Delta\boldsymbol{\sigma}
$$

其中应力增量 $\Delta\boldsymbol{\sigma}$ 满足

$$
\begin{aligned}
&\boldsymbol{E}(\nabla)\Delta\boldsymbol{\sigma}=0, && \Omega\text{ 内}\\
&\boldsymbol{E}(\boldsymbol{n})\Delta\boldsymbol{\sigma}=\Delta\boldsymbol{p}=0, && B_\sigma\text{ 上}
\end{aligned}
\tag{3.4.4}
$$

从而

$$
\begin{aligned}
\Gamma(\boldsymbol{\sigma}^s) &= \Gamma(\boldsymbol{\sigma}) + \frac{1}{2}\iiint_{\Omega}(\Delta\boldsymbol{\sigma})^{\mathrm{T}}\boldsymbol{a}(\Delta\boldsymbol{\sigma})\mathrm{d}\Omega + \iiint_{\Omega}(\Delta\boldsymbol{\sigma})^{\mathrm{T}}\boldsymbol{\varepsilon}\mathrm{d}\Omega - \iint_{B_u}\Delta\boldsymbol{p}^{\mathrm{T}}\bar{\boldsymbol{u}}\mathrm{d}S \\
&= \Gamma(\boldsymbol{\sigma}) + \frac{1}{2}\iiint_{\Omega}(\Delta\boldsymbol{\sigma})^{\mathrm{T}}\boldsymbol{a}(\Delta\boldsymbol{\sigma})\mathrm{d}\Omega - \iiint_{\Omega}[\boldsymbol{E}(\nabla)\Delta\boldsymbol{\sigma}]^{\mathrm{T}}\boldsymbol{u}\mathrm{d}\Omega + \oiint_{\partial\Omega}\Delta\boldsymbol{p}^{\mathrm{T}}\boldsymbol{u}\mathrm{d}S - \iint_{B_u}\Delta\boldsymbol{p}^{\mathrm{T}}\bar{\boldsymbol{u}}\mathrm{d}S \\
&= \Gamma(\boldsymbol{\sigma}) + \frac{1}{2}\iiint_{\Omega}(\Delta\boldsymbol{\sigma})^{\mathrm{T}}\boldsymbol{a}(\Delta\boldsymbol{\sigma})\mathrm{d}\Omega - \iiint_{\Omega}[\boldsymbol{E}(\nabla)\Delta\boldsymbol{\sigma}]^{\mathrm{T}}\boldsymbol{u}\mathrm{d}\Omega + \iint_{B_\sigma}\Delta\boldsymbol{p}^{\mathrm{T}}\boldsymbol{u}\mathrm{d}S + \iint_{B_u}\Delta\boldsymbol{p}^{\mathrm{T}}(\boldsymbol{u}-\bar{\boldsymbol{u}})\mathrm{d}S
\end{aligned}
\tag{3.4.5}
$$

这里用到了几何关系 $\boldsymbol{\varepsilon} = \boldsymbol{E}^{\mathrm{T}}(\nabla)\boldsymbol{u}$。根据式(3.4.4)和 B_u 上位移边界条件 $\boldsymbol{u} = \bar{\boldsymbol{u}}$，则

$$
\Gamma(\boldsymbol{\sigma}^s) = \Gamma(\boldsymbol{\sigma}) + \frac{1}{2}\iiint_{\Omega}(\Delta\boldsymbol{\sigma})^{\mathrm{T}}\boldsymbol{a}(\Delta\boldsymbol{\sigma})\mathrm{d}\Omega \tag{3.4.6}
$$

因为 $\boldsymbol{a}$ 是对称正定矩阵，因此

$$
\Gamma(\boldsymbol{\sigma}^s) \geqslant \Gamma(\boldsymbol{\sigma}) \tag{3.4.7}
$$

反过来讲，使得总余能取到最小值的静力可能应力就是弹性力学的精确解。换个角度来讲，根据最小余能原理，我们可以得到位移边界条件，当然前提条件是最小余能原理中的自变函数事先必须满足力的边界条件和区域内的平衡方程，这使得最小余能在实际应用时相对于最小势能原理来说要困难一点。

和最小势能原理一样，最小余能原理对于非线性弹性材料也同样成立，这一点请读者自行证明。

例 3.2　对于例 3.1，用最小余能原理推导其控制方程和边界条件。

如图 3.1 所示的坐标系，忽略横向应力和剪切应力的影响，假设轴向应力为 $\sigma(x)$，$\sigma(x)$ 的固定边界条件为

$$
A(x)\sigma(x) = F,\quad x = L \tag{a}
$$

$\sigma(x)$ 应该满足平衡方程

$$
\frac{\mathrm{d}A(x)\sigma(x)}{\mathrm{d}x} + q(x) = 0,\quad x \in (0, L) \tag{b}
$$

那么余应变能为

$$
\Gamma_1 = \frac{1}{2}\int_0^L \frac{1}{E}\sigma^2 A(x)\mathrm{d}x \tag{c}
$$

这里位移边界条件为

$$
u = \bar{u},\quad x = 0 \tag{d}
$$

系统的总余能为

$$
\begin{aligned}
\Gamma &= \frac{1}{2}\int_0^L \frac{1}{E}\sigma^2 A(x)\mathrm{d}x - p_x A(x)\bar{u}\Big|_{x=0} \\
&= \frac{1}{2}\int_0^L \frac{1}{E}\sigma^2 A(x)\mathrm{d}x + \sigma A(x)\bar{u}\Big|_{x=0}
\end{aligned}
\tag{e}
$$

由式(a)、(b)可得

$$
A(x)\delta\sigma(x) = 0,\quad x = L
$$

$$\frac{\mathrm{d}}{\mathrm{d}x}[A(x)\delta\sigma(x)] = 0, \quad x \in (0,L)$$

根据最小余能原理

$$\begin{aligned}
\delta\Gamma &= \int_0^L \frac{1}{E}\sigma A(x)\delta\sigma \mathrm{d}x + A(x)\bar{u}\delta\sigma\Big|_{x=0} \\
&= \int_0^L \frac{\mathrm{d}u}{\mathrm{d}x} A(x)\delta\sigma \mathrm{d}x + A(x)\bar{u}\delta\sigma\Big|_{x=0} \\
&= -\int_0^L u\frac{\mathrm{d}}{\mathrm{d}x}[A(x)\delta\sigma]\mathrm{d}x + A(x)u\delta\sigma\Big|_0^L + A(x)\bar{u}\delta\sigma\Big|_{x=0} \\
&= -A(0)(u(0) - \bar{u})\delta\sigma\Big|_{x=0} \\
&= 0
\end{aligned}$$

由于 $\delta\sigma\Big|_{x=0}$ 的任意性，所以有

$$u(0) = \bar{u}$$

这就是位移的边界条件(d)。

3.5 杆的自由扭转

前面提到，最小余能中的自变函数(应力)事先必须满足区域内的平衡方程，同时应满足应力的边界条件。在实际应用中，要找到满足这些条件的静力可能应力比较困难。不过弹性力学中有些问题，譬如平面问题和杆自由扭转问题等，可以通过引入应力函数使得区域内的平衡方程自动得以满足。下面以杆自由扭转问题为例，以应力函数作为自变函数，来讨论最小余能原理的应用。

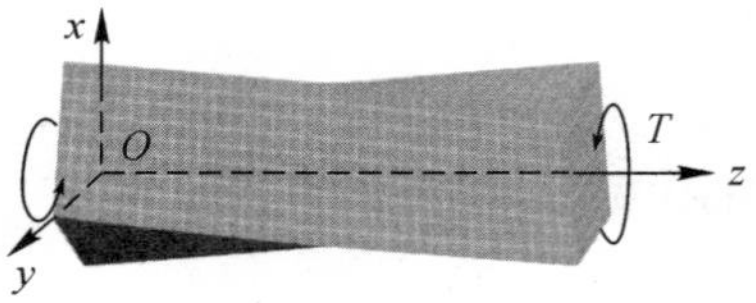

图 3.2 杆自由扭转

3.5.1 变形假设

杆扭转时，假定其横截面在原平面上的投影只有刚体转动，同时允许有轴向的自由翘曲。取轴向为 z 轴，横截面为 xy 平面，α 为单位长度的扭转角。为去除刚体位移，我们不妨假设在原点处的端面扭转角为零，那么 αz 为横截面的扭转角。如图 3.3 所示，Oxy 平面内某一

点 P 在变形前和变形后 P' 的位置分别为

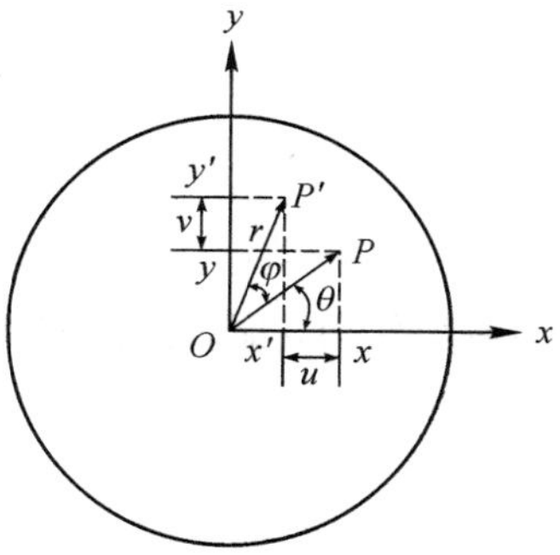

图 3.3　横截面变形

变形前：$x = r\cos\theta$，　$y = r\sin\theta$

变形后：$x' = r\cos(\theta+\varphi)$，　$y' = r\sin(\theta+\varphi)$

从而在 Oxy 平面内的位移为

$$u = x' - x = r\cos(\theta+\varphi) - r\cos\theta \approx - r\sin\theta\sin\varphi \approx - y\varphi$$

$$v = y' - y = r\sin(\theta+\varphi) - r\sin\theta \approx r\cos\theta\sin\varphi \approx x\varphi$$

其中 θ 为该点变形前的幅角；$\varphi = \alpha z$ 为该点变形后所转过的角度，因此位移场也可表示为

$$u = - \alpha z y$$

$$v = \alpha z x$$

$$w = \alpha\varphi(x, y)$$

这里 $\varphi(x,y)$ 为**自由翘曲函数**。由此对应的应变为

$$\varepsilon_x = \varepsilon_y = \varepsilon_z = 0,\quad \gamma_{xy} = 0$$

$$\gamma_{xz} = \alpha\left(\frac{\partial\varphi}{\partial x} - y\right),\quad \gamma_{yz} = \alpha\left(\frac{\partial\varphi}{\partial y} + x\right)$$

非零应变分量 γ_{xz} 和 γ_{yz} 满足变形协调条件

$$\frac{\partial\gamma_{xz}}{\partial y} - \frac{\partial\gamma_{yz}}{\partial x} = - 2\alpha \tag{3.5.1}$$

3.5.2　平衡方程和边界条件

根据广义胡克（Hook）定律，由于

$$\varepsilon_x = \varepsilon_y = \varepsilon_z = 0,\quad \gamma_{xy} = 0$$

从而有

$$\sigma_x = \sigma_y = \sigma_z = \tau_{xy} = 0$$

因此非零应力分量 τ_{xz} 和 τ_{yz} 需要满足平衡方程

$$\frac{\partial \tau_{xz}}{\partial x} + \frac{\partial \tau_{yz}}{\partial y} = 0 \tag{3.5.2}$$

杆两端面上应用圣维南原理

$$T = \iint_S (x\tau_{yz} - y\tau_{xz})\mathrm{d}S \tag{3.5.3}$$

其中 T 为作用在杆端面上的扭矩。

杆的侧面是自由的，没有任何载荷作用，那么因此需要满足的应力边界条件为

$$\tau_{xz}n_x + \tau_{yz}n_y = 0 \tag{3.5.4}$$

其中(n_x, n_y)为侧面的外法线方向。

3.5.3 杆扭转的应力函数解法

根据应力平衡方程(3.5.2)，可以引进满足以下条件的应力函数 $\Phi(x,y)$

$$\tau_{xz} = G\alpha\frac{\partial \Phi}{\partial y}, \quad \tau_{yz} = -G\alpha\frac{\partial \Phi}{\partial x} \tag{3.5.5}$$

这样式(3.5.5)所定义的应力 τ_{xz} 和 τ_{yz} 将自动满足平衡方程(3.5.2)。而变形协调条件(3.5.1)可结合弹性本构关系得到

$$\frac{\partial \tau_{xz}}{\partial y} - \frac{\partial \tau_{yz}}{\partial x} = -2G\alpha$$

把用应力函数表示的应力(3.5.5)代入该方程得到

$$\Delta\Phi = -2 \tag{3.5.6}$$

也就是说，应力函数应该满足泊松(Poisson)方程(3.5.6)。这个方程是用应力函数表示的变形协调方程，也就是几何方程。

将应力表达式(3.5.5)代入侧面应力边界条件(3.5.4)，并考虑到在横截面的边界上成立(参考图 3.4)

$$n_x = \frac{\mathrm{d}y}{\mathrm{d}s}, \quad n_y = -\frac{\mathrm{d}x}{\mathrm{d}s}$$

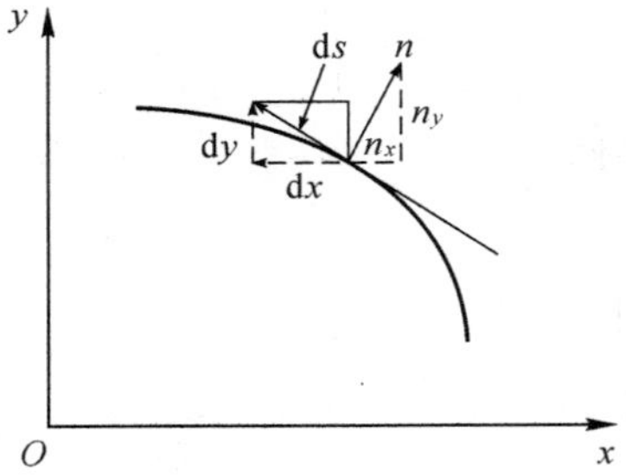

图 3.4　外法线分量的计算

那么沿横截面的边界有

$$\tau_{xz}n_x+\tau_{yz}n_y = G\alpha\frac{\partial\Phi}{\partial y}n_x - G\alpha\frac{\partial\Phi}{\partial x}n_y$$
$$= G\alpha\left(\frac{\partial\Phi}{\partial x}\frac{dx}{ds}+\frac{\partial\Phi}{\partial y}\frac{dy}{ds}\right)$$
$$= G\alpha\frac{d\Phi}{ds} = 0$$

由此可见,得到沿横截面边界的边界应力函数为一常数

$$\Phi = \text{const} \tag{3.5.7}$$

更进一步,由式(3.5.5)可知应力函数可以差一个任意常数而不影响应力值,所以如果横截面是单连通区域,可以令边界上

$$\Phi = 0 \tag{3.5.8}$$

而不影响分析结果。

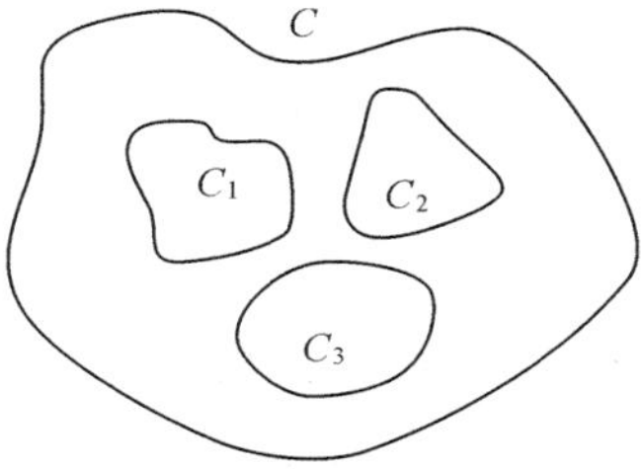

图 3.5　多连通区域

当横截面形状是多连通区域时(如图 3.5 所示),可以令应力函数在最外面边界 C 上为零,即有

$$\Phi = 0 \tag{3.5.9}$$

而在内部每个边界 C_i,$i=1,2,\cdots,n$ 上,应力函数必须都是常数,即

$$\Phi\,|_{C_i} = k_i = \text{const},\quad i=1,2,\cdots,n \tag{3.5.10}$$

可以根据翘曲函数的单值性要求或者**应力环量理论**(参考相关的弹性力学教材),来确定式(3.5.10)中 k_i 的值。

沿每个内边界 C_i 正向(注意,这里以顺时针方向为正向)的切应力为

$$\tau_{zs} = G\alpha\frac{\partial\Phi}{\partial n} = G\alpha\left(\frac{\partial\Phi}{\partial x}n_x+\frac{\partial\Phi}{\partial y}n_y\right)$$

从而每个 C_i 上有**应力环量公式**

$$\oint_{C_i}\tau_{zs}\,ds = G\alpha\oint_{C_i}\left(\frac{\partial\Phi}{\partial x}n_x+\frac{\partial\Phi}{\partial y}n_y\right)ds$$
$$= -G\alpha\iint_{A_i}\Delta\Phi\,dx\,dy = 2G\alpha A_i,\quad i=1,2,\cdots,n \tag{3.5.11}$$

式中 A_i 为内边界 C_i 所围成的面积(这里注意内边界上积分的走向)。

因此，在两个端面上的力等效边界条件为

$$T=\iint_S(x\tau_{yz}-y\tau_{xz})\mathrm{d}S=G\alpha\iint_S(-x\frac{\partial\Phi}{\partial x}-y\frac{\partial\Phi}{\partial y})\mathrm{d}S$$

$$=G\alpha\iint_S\left\{-\left[\frac{\partial(x\Phi)}{\partial x}+\frac{\partial(y\Phi)}{\partial y}\right]+2\Phi\right\}\mathrm{d}S$$

应用高斯公式可以得到

$$T=G\alpha\iint_S 2\Phi\mathrm{d}S-G\alpha\sum_{i=1}^{n}\oint_{C_i}(xn_x+yn_y)\Phi\mathrm{d}S$$

$$=G\alpha\iint_S 2\Phi\mathrm{d}S+G\alpha\sum_{i=1}^{n}2k_iA_i \tag{3.5.12}$$

式(3.5.12)还可以写成

$$T=J\alpha \tag{3.5.13}$$

其中

$$J=2G\iint_S\Phi\mathrm{d}S+2G\sum_{i=1}^{n}k_iA_i$$

我们称为杆的**扭转刚度**。

这样，对于横截面是多连通区域的杆扭转问题，式(3.5.6)、(3.5.9)、(3.5.10)、(3.5.11)和式(3.5.12)构成了关于应力函数 $\Phi(x,y)$ 的完整的定解问题。

3.5.4 杆扭转的最小余能定理

应力函数的引入使得柱体内的平衡方程能自动得以满足,如果再让应力函数在边界上取常数(外边界上为零、内边界上为待定参数 k_i)，则应力边界条件也能得以满足，按式(3.5.5)所定义的应力就符合定义3.2中静力可能应力的所有要求,所以可以用弹性力学最小余能原理来进行分析。

对于杆的扭转问题,对应的余应变能为

$$\Gamma_1=\int_0^l\mathrm{d}z\iint_S\frac{\tau^2}{2G}\mathrm{d}x\mathrm{d}y \tag{3.5.14}$$

用应力函数表示的余应变能为

$$\Gamma_1=\frac{l}{2G}\iint_S(\tau_{yz}^2+\tau_{xz}^2)\mathrm{d}S=\frac{l\alpha^2G}{2}\iint_S\left[\left(\frac{\partial\Phi}{\partial x}\right)^2+\left(\frac{\partial\Phi}{\partial y}\right)^2\right]\mathrm{d}S \tag{3.5.15}$$

端面上转动所对应的余能(余功)为

$$\Gamma_2=-T\alpha l=-2G\alpha^2l\iint_S\Phi\mathrm{d}S-2G\alpha^2l\sum_{i=1}^{n}k_iA_i \tag{3.5.16}$$

所以系统的总余能为

$$\Gamma = \frac{l\alpha^2 G}{2}\iint_S \left[\left(\frac{\partial \Phi}{\partial x}\right)^2 + \left(\frac{\partial \Phi}{\partial y}\right)^2\right]\mathrm{d}S - 2G\alpha^2 l\iint_S \Phi \mathrm{d}S - 2G\alpha^2 l\sum_{i=1}^{n} k_i A_i \tag{3.5.17}$$

根据最小余能定理，弹性力学的精确解要求总余能取最小值。现在总余能是关于应力函数 Φ 和参数 k_i 的泛函，从而总余能泛函的变分为

$$\begin{aligned}
\delta\Gamma &= G\alpha^2 l\iint_S \left[\frac{\partial \Phi}{\partial x}\delta\frac{\partial \Phi}{\partial x} + \frac{\partial \Phi}{\partial y}\delta\frac{\partial \Phi}{\partial y}\right]\mathrm{d}S - 2G\alpha^2 l\iint_S \delta\Phi \mathrm{d}S - 2G\alpha^2 l\sum_{i=1}^{n} A_i \delta k_i \\
&= G\alpha^2 l\iint_S \left[\frac{\partial}{\partial x}\left(\delta\Phi\frac{\partial \Phi}{\partial x}\right) + \frac{\partial}{\partial y}\left(\delta\Phi\frac{\partial \Phi}{\partial y}\right) - \delta\Phi\Delta\Phi\right]\mathrm{d}S \\
&\quad - 2G\alpha^2 l\iint_S \delta\Phi \mathrm{d}S - 2G\alpha^2 l\sum_{i=1}^{n} A_i \delta k_i \\
&= -G\alpha^2 l\iint_S (\Delta\Phi + 2)\delta\Phi \mathrm{d}S + G\alpha^2 l\sum_{i=1}^{n}\left(\oint_{C_i}\frac{\partial \Phi}{\partial n}\delta\Phi \mathrm{d}s - 2A_i\delta k_i\right) \\
&= -G\alpha^2 l\iint_S (\Delta\Phi + 2)\delta\Phi \mathrm{d}S + G\alpha^2 l\sum_{i=1}^{n}\left(\oint_{C_i}\frac{\partial \Phi}{\partial n}\mathrm{d}s - 2A_i\right)\delta k_i
\end{aligned}$$

由总余能泛函取极小值（$\delta\Gamma = 0$）可以得到用应力函数表示的方程

$$\Delta\Phi = -2$$

和补充条件

$$\oint_{C_i}\frac{\partial \Phi}{\partial n}\mathrm{d}s = 2A_i,\ i = 1,2,\cdots,n$$

这就是我们前面用变形协调条件得到的几何方程(3.5.6)和应力环量公式(3.5.11)。

例 3.3　求如图 3.6 所示的椭圆截面杆的扭转刚度。

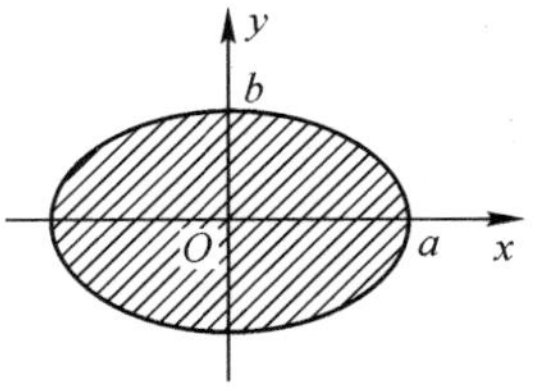

图 3.6　椭圆截面杆

解　设截面方程为

$$\frac{x^2}{a^2} + \frac{y^2}{b^2} = 1$$

则假定

$$\Phi = k\left(1 - \frac{x^2}{a^2} - \frac{y^2}{b^2}\right)$$

代入式(3.5.17)得

$$\Gamma = \frac{l\alpha^2 G}{2}\iint_S \left[\left(\frac{\partial \Phi}{\partial x}\right)^2 + \left(\frac{\partial \Phi}{\partial y}\right)^2\right]\mathrm{d}S - 2G\alpha^2 l\iint_S \Phi \mathrm{d}S$$

$$= \frac{l\alpha^2 G}{2}\iint_S 4k^2\left(\frac{x^2}{a^4}+\frac{y^2}{b^4}\right)\mathrm{d}S - 2G\alpha^2 l\iint_S k\left(1-\frac{x^2}{a^2}-\frac{y^2}{b^2}\right)\mathrm{d}S$$

$$\delta\Gamma = 0 \Rightarrow k = \frac{\displaystyle\iint_S\left(1-\frac{x^2}{a^2}-\frac{y^2}{b^2}\right)\mathrm{d}S}{\displaystyle 2\iint_S\left(\frac{x^2}{a^4}+\frac{y^2}{b^4}\right)\mathrm{d}S}$$

计算

$$\iint_S\left(1-\frac{x^2}{a^2}-\frac{y^2}{b^2}\right)\mathrm{d}S = \int_0^1\int_0^{2\pi}(1-r^2)abr\,\mathrm{d}r\mathrm{d}\theta = \frac{1}{2}\pi ab$$

$$\iint_S\left(\frac{x^2}{a^4}+\frac{y^2}{b^4}\right)\mathrm{d}S = \int_0^1\int_0^{2\pi}\left(\frac{\cos^2\theta}{a^2}+\frac{\sin^2\theta}{b^2}\right)abr^3\,\mathrm{d}r\mathrm{d}\theta = \frac{\pi(a^2+b^2)}{4ab}$$

得到

$$k = \frac{a^2b^2}{a^2+b^2}$$

椭圆截面杆的扭转刚度为

$$J = 2G\iint_S \Phi\,\mathrm{d}S$$

$$= 2Gk\iint_S\left(1-\frac{x^2}{a^2}-\frac{y^2}{b^2}\right)\mathrm{d}S = \frac{G\pi a^3b^3}{a^2+b^2}$$

3.6 弹性力学最小势能原理和最小余能原理的比较

对于弹性力学的精确解，根据前面的恒等式

$$\Pi + \Gamma = 0 \tag{3.6.1}$$

也就是说

$$\Pi = -\Gamma$$

从而由弹性力学最小势能原理和最小余能原理可得

$$-\Pi(\boldsymbol{u}^k) \leqslant -\Pi(\boldsymbol{u}) = \Gamma(\boldsymbol{\sigma}) \leqslant \Gamma(\boldsymbol{\sigma}^s) \tag{3.6.2}$$

式(3.6.2)有重要的力学意义：严格地按最小势能或余能原理求解的结果是相同的，但当根据最小势能原理求近似解时，实质上是在一个可能位移的子集合上求最小值。这个子集合意味着给了可能位移额外的约束，也就是使得结构变刚了；反之，根据最小余能原理求近似解时，使得结构变柔了。准确解(位移或应力)总体上介于分别用最小势能原理和最小余能原理所求出的两个近似解之间。

思考题

3.1　若取 $\boldsymbol{u}$ 为位移精确解，$\boldsymbol{\sigma}$ 为应力精确解，代入式(3.2.1)得

$$\iiint_{\Omega}\boldsymbol{\sigma}^{\mathrm{T}}\boldsymbol{\varepsilon}\mathrm{d}\Omega=\iint_{B}\boldsymbol{p}^{\mathrm{T}}\boldsymbol{u}\mathrm{d}B+\iiint_{\Omega}\boldsymbol{f}^{\mathrm{T}}\boldsymbol{u}\mathrm{d}\Omega$$

这个恒等式是否表示能量守恒，即外力在位移上所做的功等于应力在应变上所做的功？

3.2　对于非线性弹性材料来说，最小势能原理成立的必要条件是什么？它和物理上的什么定律相关？

3.3　最小余能原理是事先假定平衡方程和本构方程成立，然后通过该原理导出几何方程(包括位移边界条件)成立。是否可以理解为事先假定平衡方程和几何方程(包括位移边界条件)成立，然后通过原理导出本构方程成立？为什么？

3.4　对于线性弹性材料来说，应变能和余应变能在数值上是相同的。为什么由最小势能原理和最小余能原理得到的近似解刚好是准确解的上、下侧解(从能量角度考虑)？

第 4 章　弹性力学广义变分原理

上一章讨论了弹性力学最小势能原理和最小余能原理。这两个变分原理各自只有一类自变函数，而且每一类自变函数均要事先满足一定的约束条件，譬如最小势能原理要求位移函数满足几何关系和位移边界条件，最小余能原理要求应力函数满足平衡方程和应力边界条件，从而这些变分原理可以认为是泛函的条件极值问题。此外，这两个变分原理实际上还隐含着满足本构关系，从而使得应力和应变（位移）联系起来，这实际上也是一种条件。本章将用第 2 章中介绍的拉格朗日乘子法，消去这些约束，把原问题化为无条件（约束）的极值问题；然后通过取新泛函的驻值，导出拉格朗日乘子所要满足的方程和边界条件；通过与相应弹性力学基本方程和边界条件的对比，可以得到拉格朗日乘子所代表的力学量；最后用这些力学量来代替新泛函中的拉格朗日乘子，从而得到对应的广义变分原理。在得到每个新泛函后，我们将用驻值方法验证广义变分原理与原弹性力学定解问题的等价性。

4.1　两类变量的广义势能原理

根据前面的介绍，对于最小势能原理，我们可以有以下两种理解：

（1）自变函数为位移 $\boldsymbol{u}$，要求 $\boldsymbol{u}$ 事先满足位移边界条件

$$\boldsymbol{u} = \bar{\boldsymbol{u}}, \qquad B_u \text{ 上} \tag{4.1.1}$$

同时要求 $\boldsymbol{u}$ 在整个区域内具有足够的连续（可微）性，从而可以由下式求得应变

$$\boldsymbol{\varepsilon} = \boldsymbol{E}^{\mathrm{T}}(\nabla)\boldsymbol{u}, \qquad \Omega \text{ 内} \tag{4.1.2}$$

这样可得到用位移表示的应变能密度函数

$$U = U(\boldsymbol{\varepsilon}) = U[\boldsymbol{E}^{\mathrm{T}}(\nabla)\boldsymbol{u}]$$

和用位移表示的本构关系

$$\boldsymbol{\sigma} = \frac{\partial U(\boldsymbol{\varepsilon})}{\partial \boldsymbol{\varepsilon}} = \boldsymbol{\sigma}(\boldsymbol{u}) \tag{4.1.3}$$

在此条件下，弹性力学的精确解应该使下面的总势能泛函取到最小值

$$\Pi(\boldsymbol{u}) = \iiint_{\Omega} U(\boldsymbol{E}^{\mathrm{T}}(\nabla)\boldsymbol{u})\mathrm{d}\Omega - \iiint_{\Omega} \boldsymbol{f}^{\mathrm{T}}\boldsymbol{u}\mathrm{d} - \Omega\iint_{B_\sigma} \bar{\boldsymbol{p}}^{\mathrm{T}}\boldsymbol{u}\mathrm{d}S$$

这样,由最小势能原理可以得到应力表示的平衡方程和应力边界条件

$$\boldsymbol{E}(\nabla)\boldsymbol{\sigma}+\boldsymbol{f}=0,\qquad \Omega\text{ 内}$$

$$\boldsymbol{E}(\boldsymbol{n})\boldsymbol{\sigma}=\bar{\boldsymbol{p}},\qquad B_\sigma\text{ 上}$$

(2) 自变函数为位移 $\boldsymbol{u}$ 和应变 $\boldsymbol{\varepsilon}$,它们之间需要满足约束关系(4.1.2),同时位移 $\boldsymbol{u}$ 在边界 B_u 上要满足约束条件(4.1.1)。这样,可以把原问题视为在约束条件(4.1.1)和(4.1.2)下(本构方程(4.1.3)仍满足,用来求应力),使得下列总势能泛函

$$\Pi(\boldsymbol{\varepsilon},\boldsymbol{u})=\iiint_\Omega U(\boldsymbol{\varepsilon})\mathrm{d}\Omega-\iiint_\Omega \boldsymbol{f}^{\mathrm{T}}\boldsymbol{u}\mathrm{d}\Omega-\iint_{B_\sigma}\bar{\boldsymbol{p}}^{\mathrm{T}}\boldsymbol{u}\mathrm{d}S$$

最小的问题。注意这里总势能泛函的表达式 $\Pi(\boldsymbol{\varepsilon},\boldsymbol{u})$ 与最小势能原理中势能 $\Pi(\boldsymbol{u})$ 的差异。

为了解除最小势能原理中的约束条件(4.1.1)和(4.1.2),可以引进以下两个拉格朗日乘子函数(向量)

$$\boldsymbol{\lambda}(\boldsymbol{x})\in\mathbf{R}^6,\qquad \Omega\text{ 内}$$

$$\boldsymbol{\mu}(\boldsymbol{x})\in\mathbf{R}^3,\qquad B_u\text{ 上}$$

来构造一个新泛函

$$\begin{aligned}\Pi^*(\boldsymbol{\varepsilon},\boldsymbol{u},\boldsymbol{\lambda},\boldsymbol{\mu})=&\iiint_\Omega U(\boldsymbol{\varepsilon})\mathrm{d}\Omega-\iiint_\Omega \boldsymbol{f}^{\mathrm{T}}\boldsymbol{u}\mathrm{d}\Omega-\iint_{B_\sigma}\bar{\boldsymbol{p}}^{\mathrm{T}}\boldsymbol{u}\mathrm{d}S\\&-\iiint_\Omega\boldsymbol{\lambda}^{\mathrm{T}}[\boldsymbol{\varepsilon}-\boldsymbol{E}^{\mathrm{T}}(\nabla)\boldsymbol{u}]\mathrm{d}\Omega-\iint_{B_u}\mu^{\mathrm{T}}(\boldsymbol{u}-\bar{\boldsymbol{u}})\mathrm{d}S\end{aligned}\tag{4.1.4}$$

在新泛函(4.1.4)中,$\boldsymbol{u}$、$\boldsymbol{\varepsilon}$、$\boldsymbol{\lambda}$、$\boldsymbol{\mu}$ 可视为独立的自变函数。也就是说,位移 $\boldsymbol{u}$ 既不需要事先满足边界约束条件(4.1.1),也不需要满足与应变 $\boldsymbol{\varepsilon}$ 之间的几何关系(4.1.2)。

新泛函(4.1.4)所对应的变分为

$$\begin{aligned}\delta\Pi^*=&\iiint_\Omega\left\{\frac{\partial U(\boldsymbol{\varepsilon})}{\partial\boldsymbol{\varepsilon}}\cdot\delta\boldsymbol{\varepsilon}-\boldsymbol{f}^{\mathrm{T}}\delta\boldsymbol{u}-\delta\boldsymbol{\lambda}^{\mathrm{T}}[\boldsymbol{\varepsilon}-\boldsymbol{E}^{\mathrm{T}}(\nabla)\boldsymbol{u}]-\boldsymbol{\lambda}^{\mathrm{T}}[\delta\boldsymbol{\varepsilon}-\boldsymbol{E}^{\mathrm{T}}(\nabla)\delta\boldsymbol{u}]\right\}\mathrm{d}\Omega\\&-\iint_{B_\sigma}\bar{\boldsymbol{p}}^{\mathrm{T}}\delta\boldsymbol{u}\mathrm{d}S-\iint_{B_u}\delta\boldsymbol{\mu}^{\mathrm{T}}(\boldsymbol{u}-\bar{\boldsymbol{u}})\mathrm{d}S-\iint_{B_u}\boldsymbol{\mu}^{\mathrm{T}}\delta\boldsymbol{u}\mathrm{d}S\end{aligned}$$

对于推广的高斯公式(3.2.1),取 $\boldsymbol{\sigma}=\boldsymbol{\lambda}$,$\boldsymbol{u}=\delta\boldsymbol{u}$,得到

$$\iiint_\Omega\boldsymbol{\lambda}^{\mathrm{T}}\boldsymbol{E}^{\mathrm{T}}(\nabla)\delta\boldsymbol{u}\mathrm{d}\Omega=\iint_{\partial\Omega}[\boldsymbol{E}(\boldsymbol{n})\boldsymbol{\lambda}]^{\mathrm{T}}\delta\boldsymbol{u}\mathrm{d}S-\iiint_\Omega[\boldsymbol{E}(\nabla)\boldsymbol{\lambda}]^{\mathrm{T}}\delta\boldsymbol{u}\mathrm{d}\Omega$$

因此有

$$\begin{aligned}\delta\Pi^*=&\iiint_\Omega\left\{\frac{\partial U(\boldsymbol{\varepsilon})}{\partial\boldsymbol{\varepsilon}}\cdot\delta\boldsymbol{\varepsilon}-\boldsymbol{f}^{\mathrm{T}}\delta\boldsymbol{u}-\delta\boldsymbol{\lambda}^{\mathrm{T}}[\boldsymbol{\varepsilon}-\boldsymbol{E}^{\mathrm{T}}(\nabla)\boldsymbol{u}]-\boldsymbol{\lambda}^{\mathrm{T}}\delta\boldsymbol{\varepsilon}\right\}\mathrm{d}\Omega-\iint_{B_\sigma}\bar{\boldsymbol{p}}^{\mathrm{T}}\delta\boldsymbol{u}\mathrm{d}S\\&-\iint_{B_u}\delta\boldsymbol{\mu}^{\mathrm{T}}(\boldsymbol{u}-\bar{\boldsymbol{u}})\mathrm{d}S-\iint_{B_u}\boldsymbol{\mu}^{\mathrm{T}}\delta\boldsymbol{u}\mathrm{d}S+\iint_{\partial\Omega}[\boldsymbol{E}(\boldsymbol{n})\boldsymbol{\lambda}]^{\mathrm{T}}\delta\boldsymbol{u}\mathrm{d}S-\iiint_\Omega[\boldsymbol{E}(\nabla)\boldsymbol{\lambda}]^{\mathrm{T}}\delta\boldsymbol{u}\mathrm{d}\Omega\\=&\iiint_\Omega\left\{\left[\frac{\partial U(\boldsymbol{\varepsilon})}{\partial\boldsymbol{\varepsilon}}-\boldsymbol{\lambda}\right]^{\mathrm{T}}\delta\boldsymbol{\varepsilon}-[\boldsymbol{E}(\nabla)\boldsymbol{\lambda}+\boldsymbol{f}]^{\mathrm{T}}\delta\boldsymbol{u}-\delta\boldsymbol{\lambda}^{\mathrm{T}}[\boldsymbol{\varepsilon}-\boldsymbol{E}^{\mathrm{T}}(\nabla)\boldsymbol{u}]\right\}\mathrm{d}\Omega\\&+\iint_{B_\sigma}[\boldsymbol{E}(\boldsymbol{n})\boldsymbol{\lambda}-\bar{\boldsymbol{p}}]^{\mathrm{T}}\delta\boldsymbol{u}\mathrm{d}S-\iint_{B_u}[\delta\boldsymbol{\mu}^{\mathrm{T}}(\boldsymbol{u}-\bar{\boldsymbol{u}})+[\boldsymbol{\mu}-\boldsymbol{E}(\boldsymbol{n})\boldsymbol{\lambda}]^{\mathrm{T}}\delta\boldsymbol{u}]\mathrm{d}S\end{aligned}$$

由 $\delta\Pi^* = 0$ 可以得到

$$\frac{\partial U(\boldsymbol{\varepsilon})}{\partial \boldsymbol{\varepsilon}} - \boldsymbol{\lambda} = 0, \qquad \Omega \text{ 内}$$

$$\boldsymbol{E}(\nabla)\boldsymbol{\lambda} + \boldsymbol{f} = 0, \qquad \Omega \text{ 内}$$

$$\boldsymbol{\varepsilon} - \boldsymbol{E}^{\mathrm{T}}(\nabla)\boldsymbol{u} = 0, \qquad \Omega \text{ 内}$$

$$\boldsymbol{\mu} - \boldsymbol{E}(\boldsymbol{n})\boldsymbol{\lambda} = 0, \qquad B_u \text{ 上}$$

$$\boldsymbol{u} - \bar{\boldsymbol{u}} = 0, \qquad B_u \text{ 上}$$

$$\boldsymbol{E}(\boldsymbol{n})\boldsymbol{\lambda} - \bar{\boldsymbol{p}} = 0, \qquad B_\sigma \text{ 上}$$

由此得到拉格朗日乘子函数 $\boldsymbol{\lambda}$ 为

$$\boldsymbol{\lambda} = \frac{\partial U(\boldsymbol{\varepsilon})}{\partial \boldsymbol{\varepsilon}}, \qquad \Omega \text{ 内}$$

拉格朗日乘子函数 $\boldsymbol{\mu}$ 为

$$\boldsymbol{\mu} = \boldsymbol{E}(\boldsymbol{n})\boldsymbol{\lambda} = \boldsymbol{E}(\boldsymbol{n})\left[\frac{\partial U(\boldsymbol{\varepsilon})}{\partial \boldsymbol{\varepsilon}}\right], \qquad B_u \text{ 上}$$

在得到拉格朗日乘子函数后，把它们再代入新泛函的表达式(4.1.4)中，从而两类变量(指位移和应变)的广义势能为

$$\Pi_2(\boldsymbol{\varepsilon},\boldsymbol{u}) = \iiint_\Omega U(\boldsymbol{\varepsilon})\mathrm{d}\Omega - \iiint_\Omega \boldsymbol{f}^{\mathrm{T}}\boldsymbol{u}\mathrm{d}\Omega - \iiint_\Omega \frac{\partial U(\boldsymbol{\varepsilon})}{\partial \boldsymbol{\varepsilon}} \cdot [\boldsymbol{\varepsilon} - \boldsymbol{E}^{\mathrm{T}}(\nabla)\boldsymbol{u}]\mathrm{d}\Omega$$
$$- \iint_{B_\sigma} \bar{\boldsymbol{p}}^{\mathrm{T}}\boldsymbol{u}\mathrm{d}S - \iint_{B_u} \frac{\partial U(\boldsymbol{\varepsilon})}{\partial \boldsymbol{\varepsilon}} \cdot \boldsymbol{E}^{\mathrm{T}}(\boldsymbol{n})(\boldsymbol{u} - \bar{\boldsymbol{u}})\mathrm{d}S \qquad (4.1.5)$$

对于线弹性体

$$U(\boldsymbol{\varepsilon}) = \frac{1}{2}\boldsymbol{\varepsilon}^{\mathrm{T}}\boldsymbol{A}\boldsymbol{\varepsilon}$$

从而

$$\frac{\partial U(\boldsymbol{\varepsilon})}{\partial \boldsymbol{\varepsilon}} = \boldsymbol{A}\boldsymbol{\varepsilon}$$

代入广义势能表达式(4.1.5)

$$\Pi_2^*(\boldsymbol{\varepsilon},\boldsymbol{u}) = -\frac{1}{2}\iiint_\Omega \boldsymbol{\varepsilon}^{\mathrm{T}}\boldsymbol{A}\boldsymbol{\varepsilon}\mathrm{d}\Omega - \iiint_\Omega \boldsymbol{f}^{\mathrm{T}}\boldsymbol{u}\mathrm{d}\Omega + \iiint_\Omega \boldsymbol{\varepsilon}^{\mathrm{T}}\boldsymbol{A}\boldsymbol{E}^{\mathrm{T}}(\nabla)\boldsymbol{u}\mathrm{d}\Omega$$
$$- \iint_{B_\sigma} \bar{\boldsymbol{p}}^{\mathrm{T}}\boldsymbol{u}\mathrm{d}S - \iint_{B_u} [\boldsymbol{E}(\boldsymbol{n})\boldsymbol{A}\boldsymbol{\varepsilon}]^{\mathrm{T}}(\boldsymbol{u} - \bar{\boldsymbol{u}})\mathrm{d}S$$

这是关于位移和应变(两类变量)的**广义势能(泛函)**。在该泛函中位移和应变视为独立的自变函数,它们不需要事先满足位移的边界条件和变形几何关系,从而使得与变分原理相对应的数值计算在处理某些特殊问题的时候变得更加简单和有效。

定理 4.1(两类变量(位移和应变)的广义势能原理) 弹性力学的精确解使得用式(4.1.4)或式(4.1.5)表示的广义势能泛函 Π_2^*(Π_2)取驻值。

下面我们分析一下从该变分原理中能得到什么？

计算 $\Pi_2^*(\boldsymbol{\varepsilon},\boldsymbol{u})$ 的一阶变分

$$\delta\Pi_2^* = \iiint\limits_{\Omega}[\boldsymbol{E}^{\mathrm{T}}(\nabla)\boldsymbol{u}-\boldsymbol{\varepsilon}]^{\mathrm{T}}\boldsymbol{A}\delta\boldsymbol{\varepsilon}\mathrm{d}\Omega+\iiint\limits_{\Omega}[\boldsymbol{\varepsilon}^{\mathrm{T}}\boldsymbol{A}\boldsymbol{E}^{\mathrm{T}}(\nabla)\delta\boldsymbol{u}-\boldsymbol{f}^{\mathrm{T}}\delta\boldsymbol{u}]\mathrm{d}\Omega$$
$$-\iint\limits_{B_\sigma}\bar{\boldsymbol{p}}^{\mathrm{T}}\delta\boldsymbol{u}\mathrm{d}S-\iint\limits_{B_u}[\boldsymbol{E}(\boldsymbol{n})\boldsymbol{A}\boldsymbol{\varepsilon}]^{\mathrm{T}}\delta\boldsymbol{u}\mathrm{d}S-\iint\limits_{B_u}(\boldsymbol{u}-\bar{\boldsymbol{u}})^{\mathrm{T}}[\boldsymbol{E}(\boldsymbol{n})\boldsymbol{A}\delta\boldsymbol{\varepsilon}]\mathrm{d}S$$

应用推广的高斯积分公式(3.2.1)，取 $\boldsymbol{\sigma}=\boldsymbol{A}\boldsymbol{\varepsilon}$，$\boldsymbol{u}=\delta\boldsymbol{u}$，可以得到

$$\delta\Pi_2^* = \iiint\limits_{\Omega}[\boldsymbol{E}^{\mathrm{T}}(\nabla)\boldsymbol{u}-\boldsymbol{\varepsilon}]^{\mathrm{T}}\boldsymbol{A}\delta\boldsymbol{\varepsilon}\mathrm{d}\Omega-\iiint\limits_{\Omega}[\boldsymbol{E}(\nabla)\boldsymbol{A}\boldsymbol{\varepsilon}+\boldsymbol{f}]^{\mathrm{T}}\delta\boldsymbol{u}\mathrm{d}\Omega$$
$$-\iint\limits_{B_\sigma}\bar{\boldsymbol{p}}^{\mathrm{T}}\delta\boldsymbol{u}\mathrm{d}S-\iint\limits_{B_u}[\boldsymbol{E}(\boldsymbol{n})\boldsymbol{A}\boldsymbol{\varepsilon}]^{\mathrm{T}}\delta\boldsymbol{u}\mathrm{d}S-\iint\limits_{B_u}(\boldsymbol{u}-\bar{\boldsymbol{u}})^{\mathrm{T}}[\boldsymbol{E}(\boldsymbol{n})\boldsymbol{A}\delta\boldsymbol{\varepsilon}]\mathrm{d}S$$
$$+\iint\limits_{\partial\Omega}[\boldsymbol{E}(\boldsymbol{n})\boldsymbol{A}\boldsymbol{\varepsilon}]^{\mathrm{T}}\delta\boldsymbol{u}\mathrm{d}S$$
$$= \iiint\limits_{\Omega}[\boldsymbol{E}^{\mathrm{T}}(\nabla)\boldsymbol{u}-\boldsymbol{\varepsilon}]^{\mathrm{T}}\boldsymbol{A}\delta\boldsymbol{\varepsilon}\mathrm{d}\Omega-\iiint\limits_{\Omega}[\boldsymbol{E}(\nabla)\boldsymbol{A}\boldsymbol{\varepsilon}+\boldsymbol{f}]^{\mathrm{T}}\delta\boldsymbol{u}\mathrm{d}\Omega$$
$$-\iint\limits_{B_u}(\boldsymbol{u}-\bar{\boldsymbol{u}})^{\mathrm{T}}[\boldsymbol{E}(\boldsymbol{n})\boldsymbol{A}\delta\boldsymbol{\varepsilon}]\mathrm{d}S+\iint\limits_{B_\sigma}[\boldsymbol{E}(\boldsymbol{n})\boldsymbol{A}\boldsymbol{\varepsilon}-\bar{\boldsymbol{p}}]^{\mathrm{T}}\delta\boldsymbol{u}\mathrm{d}S$$

令 $\delta\Pi_2^*=0$，根据变分引理得到

$$\boldsymbol{\varepsilon}=\boldsymbol{E}^{\mathrm{T}}(\nabla)\boldsymbol{u},\qquad \Omega\ \text{内}$$
$$\boldsymbol{E}(\nabla)\boldsymbol{A}\boldsymbol{\varepsilon}+\boldsymbol{f}=\boldsymbol{E}(\nabla)\boldsymbol{\sigma}+\boldsymbol{f}=0,\qquad \Omega\ \text{内}$$
$$\boldsymbol{u}=\bar{\boldsymbol{u}},\qquad B_u\ \text{上}$$
$$\boldsymbol{E}(\boldsymbol{n})\boldsymbol{A}\boldsymbol{\varepsilon}=\boldsymbol{E}(\boldsymbol{n})\boldsymbol{\sigma}=\bar{\boldsymbol{p}},\qquad B_\sigma\ \text{上}$$

这里，本构关系 $\boldsymbol{\sigma}=\left[\dfrac{\partial U(\boldsymbol{\varepsilon})}{\partial\boldsymbol{\varepsilon}}\right]^{\mathrm{T}}=\boldsymbol{A}\boldsymbol{\varepsilon}$ 假定预先成立。也就是说，从定理4.1的两类变量广义势能原理可以得到变形几何关系、平衡方程和所有的边界条件。再加上预先假设成立的本构关系，就是一个完备的弹性力学定解问题。

如果用应力 $\boldsymbol{\sigma}=\left[\dfrac{\partial U(\boldsymbol{\varepsilon})}{\partial\boldsymbol{\varepsilon}}\right]^{\mathrm{T}}=\boldsymbol{A}\boldsymbol{\varepsilon}$ 来替换泛函(4.1.5)中的自变函数 $\boldsymbol{\varepsilon}(\boldsymbol{\varepsilon}=\boldsymbol{a}\boldsymbol{\sigma})$，得到

$$\tilde{\Pi}_2^*(\boldsymbol{u},\boldsymbol{\sigma})=\frac{1}{2}\iiint\limits_{\Omega}\boldsymbol{\sigma}^{\mathrm{T}}\boldsymbol{a}\boldsymbol{\sigma}\mathrm{d}\Omega-\iiint\limits_{\Omega}\boldsymbol{f}^{\mathrm{T}}\boldsymbol{u}\mathrm{d}\Omega-\iiint\limits_{\Omega}\boldsymbol{\sigma}^{\mathrm{T}}[\boldsymbol{a}\boldsymbol{\sigma}-\boldsymbol{E}^{\mathrm{T}}(\nabla)\boldsymbol{u}]\mathrm{d}\Omega$$
$$-\iint\limits_{B_\sigma}\bar{\boldsymbol{p}}^{\mathrm{T}}\boldsymbol{u}\mathrm{d}S-\iint\limits_{B_u}[\boldsymbol{E}(\boldsymbol{n})\boldsymbol{\sigma}]^{\mathrm{T}}(\boldsymbol{u}-\bar{\boldsymbol{u}})\mathrm{d}S$$
$$=\iiint\limits_{\Omega}\left[\boldsymbol{\sigma}^{\mathrm{T}}\boldsymbol{E}^{\mathrm{T}}(\nabla)\boldsymbol{u}-\frac{1}{2}\boldsymbol{\sigma}^{\mathrm{T}}\boldsymbol{a}\boldsymbol{\sigma}-\boldsymbol{f}^{\mathrm{T}}\boldsymbol{u}\right]\mathrm{d}\Omega$$
$$-\iint\limits_{B_\sigma}\bar{\boldsymbol{p}}^{\mathrm{T}}\boldsymbol{u}\mathrm{d}S-\iint\limits_{B_u}[\boldsymbol{E}(\boldsymbol{n})\boldsymbol{\sigma}]^{\mathrm{T}}(\boldsymbol{u}-\bar{\boldsymbol{u}})\mathrm{d}S \tag{4.1.6}$$

式(4.1.6)是关于位移和应力的两类变量广义势能泛函。上述泛函称为**赫林格—赖斯纳**(Hellinger-Reissner)**泛函**，是海林格和赖斯纳分别于1941年和1954年提出来的。

定理4.2(两类变量(位移和应力)的广义势能原理(H-R变分原理))　弹性力学的精确

解，应使广义势能泛函(4.1.6)取驻值。

下面我们分析一下从该变分原理中能得到什么

$$\begin{aligned}\delta\widetilde{\Pi}_2^* &= \iiint_{\Omega}[\boldsymbol{\sigma}^{\mathrm{T}}\boldsymbol{E}^{\mathrm{T}}(\nabla)\delta\boldsymbol{u}+\delta\boldsymbol{\sigma}^{\mathrm{T}}\boldsymbol{E}^{\mathrm{T}}(\nabla)\boldsymbol{u}-\delta\boldsymbol{\sigma}^{\mathrm{T}}\boldsymbol{a}\boldsymbol{\sigma}-\boldsymbol{f}^{\mathrm{T}}\delta\boldsymbol{u}]\mathrm{d}\Omega \\ &\quad -\iint_{B_\sigma}\bar{\boldsymbol{p}}^{\mathrm{T}}\delta\boldsymbol{u}\mathrm{d}S-\iint_{B_u}[\boldsymbol{E}(\boldsymbol{n})\boldsymbol{\sigma}]^{\mathrm{T}}\delta\boldsymbol{u}\mathrm{d}S-\iint_{B_u}[\boldsymbol{E}(\boldsymbol{n})\delta\boldsymbol{\sigma}]^{\mathrm{T}}(\boldsymbol{u}-\bar{\boldsymbol{u}})\mathrm{d}S \\ &= \iiint_{\Omega}\{-[\boldsymbol{E}(\nabla)\boldsymbol{\sigma}+\boldsymbol{f}]^{\mathrm{T}}\delta\boldsymbol{u}+\delta\boldsymbol{\sigma}^{\mathrm{T}}[\boldsymbol{E}^{\mathrm{T}}(\nabla)\boldsymbol{u}-\boldsymbol{a}\boldsymbol{\sigma}]\}\mathrm{d}\Omega \\ &\quad -\iint_{B_u}[\boldsymbol{E}(\boldsymbol{n})\delta\boldsymbol{\sigma}]^{\mathrm{T}}(\boldsymbol{u}-\bar{\boldsymbol{u}})\mathrm{d}S+\iint_{B_\sigma}[\boldsymbol{E}(\boldsymbol{n})\boldsymbol{\sigma}-\bar{\boldsymbol{p}}]^{\mathrm{T}}\delta\boldsymbol{u}\mathrm{d}S\end{aligned}$$

这里已用了推广的高斯公式(3.2.1)将位移变分的导数转化为位移的变分。

令 $\delta\widetilde{\Pi}_2^*=0$，根据变分引理得到

$$\begin{aligned}&\boldsymbol{a}\boldsymbol{\sigma}=\boldsymbol{E}^{\mathrm{T}}(\nabla)\boldsymbol{u}, &&\Omega\text{ 内}\\ &\boldsymbol{E}(\nabla)\boldsymbol{\sigma}+\boldsymbol{f}=0, &&\Omega\text{ 内}\\ &\boldsymbol{u}=\bar{\boldsymbol{u}}, &&B_u\text{ 上}\\ &\boldsymbol{E}(\boldsymbol{n})\boldsymbol{\sigma}=\bar{\boldsymbol{p}}, &&B_\sigma\text{ 上}\end{aligned}$$

也就是说得到的是变形协调条件、平衡方程和所有边界条件，再结合本构关系，就是弹性力学的所有方程和边界条件。

这两个广义势能原理，尽管它们的自变函数不同，一个是$(\boldsymbol{u},\boldsymbol{\varepsilon})$，另一个是$(\boldsymbol{u},\boldsymbol{\sigma})$，但由于本构关系 $\boldsymbol{\sigma}=\boldsymbol{A}\boldsymbol{\varepsilon}(\boldsymbol{\varepsilon}=\boldsymbol{a}\boldsymbol{\sigma})$ 要预先成立，两者之间无非是变量代换，所以本质上是一样的。

4.2 两类变量的广义余能原理

从第3章的介绍中我们知道，最小余能原理要求自变函数 $\boldsymbol{\sigma}$ 事先满足平衡方程和应力边界条件

$$\begin{aligned}&\boldsymbol{E}(\nabla)\boldsymbol{\sigma}+\boldsymbol{f}=0, &&\Omega\text{ 内}\\ &\boldsymbol{E}(\boldsymbol{n})\boldsymbol{\sigma}=\bar{\boldsymbol{p}}, &&B_\sigma\text{ 上}\end{aligned}$$

在此条件下，弹性力学的精确解使得下面的总余能取极小值

$$\Gamma(\boldsymbol{\sigma})=\iiint_{\Omega}V(\boldsymbol{\sigma})\mathrm{d}\Omega-\iint_{B_u}[\boldsymbol{E}(\boldsymbol{n})\boldsymbol{\sigma}]^{\mathrm{T}}\bar{\boldsymbol{u}}\mathrm{d}S$$

因为要寻找满足平衡方程和应力边界条件的自变函数存在一定困难，对自变函数 $\boldsymbol{\sigma}$ 的约束条件使得与之相对应的数值计算变得十分麻烦。为了消除最小余能定义中应力约束条件的影响，我们引入拉格朗日乘子函数

$$\begin{aligned}&\boldsymbol{\alpha}(\boldsymbol{x})\in\mathbf{R}^3, &&\Omega\text{ 内}\\ &\boldsymbol{\beta}(\boldsymbol{x})\in\mathbf{R}^3, &&B_\sigma\text{ 上}\end{aligned}$$

来构造一个新的泛函 Γ^*

$$\Gamma^*(\boldsymbol{\sigma},\boldsymbol{\alpha},\boldsymbol{\beta}) = \iiint_{\Omega} V(\boldsymbol{\sigma})\mathrm{d}\Omega - \iint_{B_u}[\boldsymbol{E}(\boldsymbol{n})\boldsymbol{\sigma}]^{\mathrm{T}}\bar{\boldsymbol{u}}\mathrm{d}S + \iiint_{\Omega}[\boldsymbol{E}(\nabla)\boldsymbol{\sigma}+\boldsymbol{f}]^{\mathrm{T}}\boldsymbol{\alpha}\mathrm{d}\Omega - \iint_{B_\sigma}[\boldsymbol{E}(\boldsymbol{n})\boldsymbol{\sigma}-\bar{\boldsymbol{p}}]^{\mathrm{T}}\boldsymbol{\beta}\mathrm{d}S$$

在泛函 Γ^* 中，$\boldsymbol{\sigma}$、$\boldsymbol{\alpha}$、$\boldsymbol{\beta}$ 可以看成是独立的自变函数，其变分为

$$\begin{aligned}\delta\Gamma^* = &\iiint_{\Omega}\frac{\partial V(\boldsymbol{\sigma})}{\partial\boldsymbol{\sigma}}\cdot\delta\boldsymbol{\sigma}\mathrm{d}\Omega - \iint_{B_u}[\boldsymbol{E}(\boldsymbol{n})\delta\boldsymbol{\sigma}]^{\mathrm{T}}\bar{\boldsymbol{u}}\mathrm{d}S\\ &+\iiint_{\Omega}[\boldsymbol{E}(\nabla)\delta\boldsymbol{\sigma}]^{\mathrm{T}}\boldsymbol{\alpha}\mathrm{d}\Omega - \iint_{B_\sigma}[\boldsymbol{E}(\boldsymbol{n})\delta\boldsymbol{\sigma}]^{\mathrm{T}}\boldsymbol{\beta}\mathrm{d}S\\ &+\iiint_{\Omega}[\boldsymbol{E}(\nabla)\boldsymbol{\sigma}+\boldsymbol{f}]^{\mathrm{T}}\delta\boldsymbol{\alpha}\mathrm{d}\Omega - \iint_{B_\sigma}[\boldsymbol{E}(\boldsymbol{n})\boldsymbol{\sigma}-\bar{\boldsymbol{p}}]^{\mathrm{T}}\delta\boldsymbol{\beta}\mathrm{d}S\end{aligned}$$

对含 $\boldsymbol{E}(\nabla)\delta\boldsymbol{\sigma}$ 的项用推广的高斯积分公式(3.2.1)，得到

$$\begin{aligned}\delta\Gamma^* = &\iiint_{\Omega}\frac{\partial V(\boldsymbol{\sigma})}{\partial\boldsymbol{\sigma}}\cdot\delta\boldsymbol{\sigma}\mathrm{d}\Omega - \iint_{B_u}[\boldsymbol{E}(\boldsymbol{n})\delta\boldsymbol{\sigma}]^{\mathrm{T}}\bar{\boldsymbol{u}}\mathrm{d}S - \iiint_{\Omega}(\delta\boldsymbol{\sigma})^{\mathrm{T}}\boldsymbol{E}^{\mathrm{T}}(\nabla)\boldsymbol{\alpha}\mathrm{d}\Omega\\ &+\iint_{\partial\Omega}[\boldsymbol{E}(\boldsymbol{n})\delta\boldsymbol{\sigma}]^{\mathrm{T}}\boldsymbol{\alpha}\mathrm{d}S - \iint_{B_\sigma}[\boldsymbol{E}(\boldsymbol{n})\delta\boldsymbol{\sigma}]^{\mathrm{T}}\boldsymbol{\beta}\mathrm{d}S\\ &+\iiint_{\Omega}[\boldsymbol{E}(\nabla)\boldsymbol{\sigma}+\boldsymbol{f}]^{\mathrm{T}}\delta\boldsymbol{\alpha}\mathrm{d}\Omega - \iint_{B_\sigma}[\boldsymbol{E}(\boldsymbol{n})\boldsymbol{\sigma}-\bar{\boldsymbol{p}}]^{\mathrm{T}}\delta\boldsymbol{\beta}\mathrm{d}S\\ = &\iiint_{\Omega}\left[\frac{\partial V(\boldsymbol{\sigma})}{\partial\boldsymbol{\sigma}}-\boldsymbol{E}^{\mathrm{T}}(\nabla)\boldsymbol{\alpha}\right]^{\mathrm{T}}\delta\boldsymbol{\sigma}\mathrm{d}\Omega + \iiint_{\Omega}[\boldsymbol{E}(\nabla)\boldsymbol{\sigma}+\boldsymbol{f}]^{\mathrm{T}}\delta\boldsymbol{\alpha}\mathrm{d}\Omega\\ &+\iint_{B_u}[\boldsymbol{E}(\boldsymbol{n})\delta\boldsymbol{\sigma}]^{\mathrm{T}}(\boldsymbol{\alpha}-\bar{\boldsymbol{u}})\mathrm{d}S + \iint_{B_\sigma}[\boldsymbol{E}(\boldsymbol{n})\delta\boldsymbol{\sigma}]^{\mathrm{T}}(\boldsymbol{\alpha}-\boldsymbol{\beta})\mathrm{d}S\\ &-\iint_{B_\sigma}[\boldsymbol{E}(\boldsymbol{n})\boldsymbol{\sigma}-\bar{\boldsymbol{p}}]^{\mathrm{T}}\delta\boldsymbol{\beta}\mathrm{d}S\end{aligned}$$

根据变分引理，可以得到

$$\begin{aligned}&\frac{\partial V(\boldsymbol{\sigma})}{\partial\boldsymbol{\sigma}}-\boldsymbol{E}^{\mathrm{T}}(\nabla)\boldsymbol{\alpha}=0, &&\Omega\ \text{内}\\ &\boldsymbol{E}(\nabla)\boldsymbol{\sigma}+\boldsymbol{f}=0, &&\Omega\ \text{内}\\ &\boldsymbol{\alpha}=\bar{\boldsymbol{u}}, &&B_u\ \text{上}\\ &\boldsymbol{\beta}=\boldsymbol{\alpha}, &&B_\sigma\ \text{上}\\ &\boldsymbol{E}(\boldsymbol{n})\boldsymbol{\sigma}=\bar{\boldsymbol{p}}, &&B_\sigma\ \text{上}\end{aligned}$$

如果 $\boldsymbol{\sigma}$ 是精确解的话，那么

$$\begin{aligned}&\boldsymbol{E}^{\mathrm{T}}(\nabla)\boldsymbol{\alpha}=\frac{\partial V(\boldsymbol{\sigma})}{\partial\boldsymbol{\sigma}}=\boldsymbol{\varepsilon}, &&\Omega\ \text{内}\\ &\boldsymbol{\beta}=\boldsymbol{\alpha}, &&B_\sigma\ \text{上}\end{aligned}$$

因此，$\boldsymbol{\alpha}$ 可以选择为位移 $\boldsymbol{u}$，从而定义在 B_σ 上的 $\boldsymbol{\beta}$ 也应该是位移 $\boldsymbol{u}$。

这样，我们可以把拉格朗日乘子函数 $\boldsymbol{\alpha}$ 和 $\boldsymbol{\beta}$ 用位移 $\boldsymbol{u}$ 代入泛函 Γ^* 的表达式中，得到两类变量的广义余能表达式

$$\Gamma_2(\boldsymbol{\sigma},\boldsymbol{u}) = \iiint_\Omega V(\boldsymbol{\sigma})\mathrm{d}\Omega + \iiint_\Omega [\boldsymbol{E}(\nabla)\boldsymbol{\sigma}+\boldsymbol{f}]^{\mathrm{T}}\boldsymbol{u}\mathrm{d}\Omega - \iint_{B_u}[\boldsymbol{E}(\boldsymbol{n})\boldsymbol{\sigma}]^{\mathrm{T}}\bar{\boldsymbol{u}}\mathrm{d}S - \iint_{B_\sigma}[\boldsymbol{E}(\boldsymbol{n})\boldsymbol{\sigma}-\bar{\boldsymbol{p}}]^{\mathrm{T}}\boldsymbol{u}\mathrm{d}S \tag{4.2.1}$$

对于线弹性体有

$$\Gamma_2^*(\boldsymbol{\sigma},\boldsymbol{u}) = \Gamma_2 = \frac{1}{2}\iiint_\Omega \boldsymbol{\sigma}^{\mathrm{T}}\boldsymbol{a}\boldsymbol{\sigma}\mathrm{d}\Omega + \iiint_\Omega [\boldsymbol{E}(\nabla)\boldsymbol{\sigma}+\boldsymbol{f}]^{\mathrm{T}}\boldsymbol{u}\mathrm{d}\Omega - \iint_{B_u}[\boldsymbol{E}(\boldsymbol{n})\boldsymbol{\sigma}]^{\mathrm{T}}\bar{\boldsymbol{u}}\mathrm{d}S - \iint_{B_\sigma}[\boldsymbol{E}(\boldsymbol{n})\boldsymbol{\sigma}-\bar{\boldsymbol{p}}]^{\mathrm{T}}\boldsymbol{u}\mathrm{d}S \tag{4.2.2}$$

注意：比较一下式(4.2.2)与两类变量的广义势能表达式(4.1.6)，尽管自变函数都是 $(\boldsymbol{\sigma},\boldsymbol{u})$，但本质上是不同的。

在两类变量的广义余能表达式(4.2.1)中，$\boldsymbol{u}$ 和 $\boldsymbol{\sigma}$ 是独立的自变函数，它们之间事先不需要满足任何约束条件。两类变量广义余能泛函(4.2.1)比第 3 章总余能泛函(3.4.1)多了一类自变函数：式(3.4.1)中自变函数只有应力 $\boldsymbol{\sigma}$；而在两类变量广义余能(4.2.1)中，自变函数为应力 $\boldsymbol{\sigma}$ 和位移 $\boldsymbol{u}$。这样，通过引进拉格朗日函数，我们把有约束的最小余能定理转化成了一个没有约束的自由变分问题，也就是两类变量广义余能原理。

定理 4.3(两类变量的广义余能原理) 弹性力学的精确解应该使得两类变量的广义余能(4.2.1)取驻值。

下面我们来看，从两类变量广义余能定理中，能得到些什么样的方程和什么样的边界条件？广义余能(4.2.1)的一阶变分为

$$\begin{aligned}\delta\Gamma_2^* = &\iiint_\Omega \boldsymbol{\sigma}^{\mathrm{T}}\boldsymbol{a}\delta\boldsymbol{\sigma}\mathrm{d}\Omega + \iiint_\Omega [\boldsymbol{E}(\nabla)\boldsymbol{\sigma}+\boldsymbol{f}]^{\mathrm{T}}\delta\boldsymbol{u}\mathrm{d}\Omega + \iiint_\Omega [\boldsymbol{E}(\nabla)\delta\boldsymbol{\sigma}]^{\mathrm{T}}\boldsymbol{u}\mathrm{d}\Omega \\ &- \iint_{B_u}[\boldsymbol{E}(\boldsymbol{n})\delta\boldsymbol{\sigma}]^{\mathrm{T}}\bar{\boldsymbol{u}}\mathrm{d}S - \iint_{B_\sigma}[\boldsymbol{E}(\boldsymbol{n})\boldsymbol{\sigma}-\bar{\boldsymbol{p}}]^{\mathrm{T}}\delta\boldsymbol{u}\mathrm{d}S - \iint_{B_\sigma}[\boldsymbol{E}(\boldsymbol{n})\delta\boldsymbol{\sigma}]^{\mathrm{T}}\boldsymbol{u}\mathrm{d}S\end{aligned}$$

利用推广的高斯公式(3.2.1)，得到

$$\begin{aligned}\delta\Gamma_2^* = &\iiint_\Omega \boldsymbol{\sigma}^{\mathrm{T}}\boldsymbol{a}\delta\boldsymbol{\sigma}\mathrm{d}\Omega + \iiint_\Omega [\boldsymbol{E}(\nabla)\boldsymbol{\sigma}+\boldsymbol{f}]^{\mathrm{T}}\delta\boldsymbol{u}\mathrm{d}\Omega - \iiint_\Omega (\delta\boldsymbol{\sigma})^{\mathrm{T}}\boldsymbol{E}^{\mathrm{T}}(\nabla)\boldsymbol{u}\mathrm{d}\Omega \\ &- \iint_{B_u}[\boldsymbol{E}(\boldsymbol{n})\delta\boldsymbol{\sigma}]^{\mathrm{T}}\bar{\boldsymbol{u}}\mathrm{d}S - \iint_{B_\sigma}[\boldsymbol{E}(\boldsymbol{n})\boldsymbol{\sigma}-\bar{\boldsymbol{p}}]^{\mathrm{T}}\delta\boldsymbol{u}\mathrm{d}S \\ &- \iint_{B_\sigma}[\boldsymbol{E}(\boldsymbol{n})\delta\boldsymbol{\sigma}]^{\mathrm{T}}\boldsymbol{u}\mathrm{d}S + \iint_{\partial\Omega}[\boldsymbol{E}(\boldsymbol{n})\delta\boldsymbol{\sigma}]^{\mathrm{T}}\boldsymbol{u}\mathrm{d}S \\ = &\iiint_\Omega \delta\boldsymbol{\sigma}^{\mathrm{T}}[-\boldsymbol{E}^{\mathrm{T}}(\nabla)\boldsymbol{u}+\boldsymbol{a}\boldsymbol{\sigma}]\mathrm{d}\Omega + \iiint_\Omega [\boldsymbol{E}(\nabla)\boldsymbol{\sigma}+\boldsymbol{f}]^{\mathrm{T}}\delta\boldsymbol{u}\mathrm{d}\Omega \\ &+ \iint_{B_u}[\boldsymbol{E}(\boldsymbol{n})\delta\boldsymbol{\sigma}]^{\mathrm{T}}(\boldsymbol{u}-\bar{\boldsymbol{u}})\mathrm{d}S - \iint_{B_\sigma}[\boldsymbol{E}(\boldsymbol{n})\boldsymbol{\sigma}-\bar{\boldsymbol{p}}]^{\mathrm{T}}\delta\boldsymbol{u}\mathrm{d}S\end{aligned}$$

根据 $\delta\Gamma_2^* = 0$ 我们有

$$\boldsymbol{E}^{\mathrm{T}}(\nabla)\boldsymbol{u} = \boldsymbol{a\sigma} = \boldsymbol{\varepsilon}, \quad \Omega \text{ 内}$$

$$\boldsymbol{E}(\nabla)\boldsymbol{\sigma} + \boldsymbol{f} = 0, \quad \Omega \text{ 内}$$

$$\boldsymbol{u} = \bar{\boldsymbol{u}}, \quad B_u \text{ 上}$$

$$\boldsymbol{E}(\boldsymbol{n})\boldsymbol{\sigma} = \bar{\boldsymbol{p}}, \quad B_\sigma \text{ 上}$$

也就是说，从二类变量广义余能定理中我们能够得到几何方程、平衡方程、位移边界条件和应力边界条件。

上面第一个方程也可视为预先假定 $\boldsymbol{E}^{\mathrm{T}}(\nabla)\boldsymbol{u} = \boldsymbol{\varepsilon}$ 成立，然后根据 $\delta\Gamma_2^* = 0$ 导出 $\boldsymbol{a\sigma} = \boldsymbol{\varepsilon}$，这样，从二类变量广义余能定理中我们能够得到本构方程、平衡方程、位移边界条件和应力边界条件。

4.3　两类变量广义变分原理的驻值性质

两类变量广义势能原理和两类变量广义余能原理统称为两类变量广义变分原理，它们分别是最小势能原理和最小余能原理的推广，通过引进拉格朗日乘子函数，分别把最小势能原理和最小余能原理中有约束的泛函极值问题化为无约束的泛函驻值问题。反过来讲，如果两类变量广义势能原理中的位移事先满足几何关系和位移边界条件，那么它将退化成经典的最小势能原理；如果两类变量广义余能原理中的应力事先满足平衡方程和应力边界条件，那么它将退化成经典的最小余能原理。

在两类变量广义势能原理和两类变量广义余能原理中，由于泛函不再是自变函数的正定二次型形式，因此将不再具有极值性质，而只能是驻值。下面将就其驻值性质进一步分析。

在广义势能

$$\begin{aligned}\widetilde{\Pi}_2^*(\boldsymbol{u},\boldsymbol{\sigma}) = &\iiint_{\Omega}\left[\boldsymbol{\sigma}^{\mathrm{T}}\boldsymbol{E}^{\mathrm{T}}(\nabla)\boldsymbol{u} - \frac{1}{2}\boldsymbol{\sigma}^{\mathrm{T}}\boldsymbol{a\sigma} - \boldsymbol{f}^{\mathrm{T}}\boldsymbol{u}\right]\mathrm{d}\Omega \\ &- \iint_{B_\sigma}\bar{\boldsymbol{p}}^{\mathrm{T}}\boldsymbol{u}\mathrm{d}S - \iint_{B_u}[\boldsymbol{E}(\boldsymbol{n})\boldsymbol{\sigma}]^{\mathrm{T}}(\boldsymbol{u}-\bar{\boldsymbol{u}})\mathrm{d}S\end{aligned} \tag{4.3.1}$$

中，先固定满足位移边界条件的 $\boldsymbol{u}(B_u:\boldsymbol{u}=\bar{\boldsymbol{u}})$，由于存在 $-\dfrac{1}{2}\iiint_{\Omega}\boldsymbol{\sigma}^{\mathrm{T}}\boldsymbol{a\sigma}\mathrm{d}\Omega$ 项，调整 $\boldsymbol{\sigma}$ 可以使得 $\widetilde{\Pi}_2^*$ 尽可能大，得到 $\boldsymbol{\sigma} = \boldsymbol{a}^{-1}\boldsymbol{E}^{\mathrm{T}}(\nabla)\boldsymbol{u} = \boldsymbol{AE}^{\mathrm{T}}(\nabla)\boldsymbol{u}$，代入式(4.3.1)

$$\begin{aligned}\max_{\boldsymbol{\sigma},B_u:\boldsymbol{u}=\bar{\boldsymbol{u}}}\widetilde{\Pi}_2^*(\boldsymbol{u},\boldsymbol{\sigma}) &= \iiint_{\Omega}\left\{\frac{1}{2}[\boldsymbol{E}^{\mathrm{T}}(\nabla)\boldsymbol{u}]^{\mathrm{T}}\boldsymbol{AE}^{\mathrm{T}}(\nabla)\boldsymbol{u} - \boldsymbol{f}^{\mathrm{T}}\boldsymbol{u}\right\}\mathrm{d}V - \iint_{B_\sigma}\bar{\boldsymbol{p}}^{\mathrm{T}}\boldsymbol{u}\mathrm{d}S \\ &= \Pi(\boldsymbol{u})\end{aligned}$$

这样得到了总势能 $\Pi(\boldsymbol{u})$，然后再利用最小势能原理调整 $\boldsymbol{u}$，可以得到真实的解，使得广义势能 $\widetilde{\Pi}_2^*$ 取极大—极小值，即

$$\Pi(\boldsymbol{u}) = \max_{\boldsymbol{\sigma}, B_u: \boldsymbol{u}=\bar{\boldsymbol{u}}} \widetilde{\Pi}_2^*(\boldsymbol{u},\boldsymbol{\sigma})$$
$$\min_{\boldsymbol{u}} \Pi(\boldsymbol{u}) = \min_{\boldsymbol{u}} \max_{\boldsymbol{\sigma}, B_u: \boldsymbol{u}=\bar{\boldsymbol{u}}} \widetilde{\Pi}_2^*(\boldsymbol{u},\boldsymbol{\sigma}) \tag{4.3.2}$$

在广义余能

$$\Gamma_2(\boldsymbol{\sigma},\boldsymbol{u}) = \iiint_\Omega V(\boldsymbol{\sigma})\mathrm{d}\Omega + \iiint_\Omega [\boldsymbol{E}(\nabla)\boldsymbol{\sigma} + \boldsymbol{f}]^{\mathrm{T}}\boldsymbol{u}\mathrm{d}\Omega - \iint_{B_u}[\boldsymbol{E}(\boldsymbol{n})\boldsymbol{\sigma}]^{\mathrm{T}}\bar{\boldsymbol{u}}\mathrm{d}S - \iint_{B_\sigma}[\boldsymbol{E}(\boldsymbol{n})\boldsymbol{\sigma} - \bar{\boldsymbol{p}}]^{\mathrm{T}}\boldsymbol{u}\mathrm{d}S \tag{4.3.3}$$

中先固定 $\boldsymbol{u}$，则式(4.3.3)中除 $\iiint_\Omega V(\boldsymbol{\sigma})\mathrm{d}\Omega$ 外都是关于 $\boldsymbol{\sigma}$ 的线性项，那么 Γ_2 可以对 $\boldsymbol{\sigma}$ 取极小值(这里假定本构关系事先满足，即 $\boldsymbol{\varepsilon} = \dfrac{\partial V(\boldsymbol{\sigma})}{\partial \boldsymbol{\sigma}}$)。计算变分(固定 $\boldsymbol{u}$)

$$\begin{aligned}\delta\Gamma_2 &= \iiint_\Omega \frac{\partial V(\boldsymbol{\sigma})}{\partial \boldsymbol{\sigma}} \cdot \delta\boldsymbol{\sigma}\mathrm{d}\Omega + \iiint_\Omega [\boldsymbol{E}(\nabla)\delta\boldsymbol{\sigma}]^{\mathrm{T}}\boldsymbol{u}\mathrm{d}\Omega \\ &\quad - \iint_{B_u}[\boldsymbol{E}(\boldsymbol{n})\delta\boldsymbol{\sigma}]^{\mathrm{T}}\bar{\boldsymbol{u}}\mathrm{d}S - \iint_{B_\sigma}[\boldsymbol{E}(\boldsymbol{n})\delta\boldsymbol{\sigma}]^{\mathrm{T}}\boldsymbol{u}\mathrm{d}S \\ &= \iiint_\Omega \left[\frac{\partial V(\boldsymbol{\sigma})}{\partial \boldsymbol{\sigma}} - \boldsymbol{E}^{\mathrm{T}}(\nabla)\boldsymbol{u}\right] \cdot \delta\boldsymbol{\sigma}\mathrm{d}\Omega + \iint_{B_u}(\boldsymbol{u} - \bar{\boldsymbol{u}})^{\mathrm{T}}\boldsymbol{E}(\boldsymbol{n})\delta\boldsymbol{\sigma}\mathrm{d}S \\ &= 0\end{aligned} \tag{4.3.4}$$

可得

$$\begin{aligned}&\boldsymbol{\varepsilon} = \boldsymbol{E}^{\mathrm{T}}(\nabla)\boldsymbol{u}, && \Omega \text{ 内} \\ &\boldsymbol{u} = \bar{\boldsymbol{u}}, && B_u \text{ 上}\end{aligned} \tag{4.3.5}$$

代入式(4.3.3)

$$\begin{aligned}\Gamma_2(\boldsymbol{\sigma},\boldsymbol{u}) &= \iiint_\Omega [\boldsymbol{\varepsilon}^{\mathrm{T}}\boldsymbol{\sigma} - U(\boldsymbol{\varepsilon})]\mathrm{d}\Omega + \iiint_\Omega [\boldsymbol{E}(\nabla)\boldsymbol{\sigma} + \boldsymbol{f}]^{\mathrm{T}}\boldsymbol{u}\mathrm{d}\Omega \\ &\quad - \iint_{B_u}[\boldsymbol{E}(\boldsymbol{n})\boldsymbol{\sigma}]^{\mathrm{T}}\bar{\boldsymbol{u}}\mathrm{d}S - \iint_{B_\sigma}[\boldsymbol{E}(\boldsymbol{n})\boldsymbol{\sigma} - \bar{\boldsymbol{p}}]^{\mathrm{T}}\boldsymbol{u}\mathrm{d}S \\ &= \iiint_\Omega [\boldsymbol{f}^{\mathrm{T}}\boldsymbol{u} - U(\boldsymbol{\varepsilon})]\mathrm{d}\Omega + \iint_{B_\sigma} \bar{\boldsymbol{p}}^{\mathrm{T}}\boldsymbol{u}\mathrm{d}S \\ &= -\Pi(\boldsymbol{u})\end{aligned} \tag{4.3.6}$$

即

$$\min_{\boldsymbol{\sigma}} \Gamma_2(\boldsymbol{u},\boldsymbol{\sigma}) = -\Pi(\boldsymbol{u})$$
$$\max_{\boldsymbol{u}} -\Pi(\boldsymbol{u}) = \max_{\boldsymbol{u}} \min_{\sigma} \Gamma_2(\boldsymbol{u},\boldsymbol{\sigma}) \tag{4.3.7}$$

而先固定 $\boldsymbol{\sigma}$，Γ_2 对 $\boldsymbol{u}$ 没有极小性质。

此外，对于弹性力学的精确解，可以证明

$$\Pi_2 + \Gamma_2 = 0 \tag{4.3.8}$$

4.4　三类变量的广义变分原理

4.4.1　三类变量的广义势能原理

最小势能原理中的总势能泛函

$$\Pi(\boldsymbol{u}) = \iiint_{\Omega}[U(\boldsymbol{\varepsilon}) - \boldsymbol{f}^T\boldsymbol{u}]\mathrm{d}\Omega - \iint_{B_\sigma}\bar{\boldsymbol{p}}^T\boldsymbol{u}\mathrm{d}S$$

要求自变函数(位移) 事先满足

$$\boldsymbol{\varepsilon} = \boldsymbol{E}^{\mathrm{T}}(\nabla)\boldsymbol{u},\qquad \Omega\text{ 内}$$

$$\boldsymbol{u} = \bar{\boldsymbol{u}},\qquad B_u\text{ 上}$$

此外,最小势能原理还隐含着应力 $\boldsymbol{\sigma}$,可以由本构关系得到

$$\boldsymbol{\sigma} = \frac{\partial U(\boldsymbol{\varepsilon})}{\partial \boldsymbol{\varepsilon}}$$

如果在最小势能原理中引进拉格朗日乘子函数

$$\boldsymbol{\alpha}(\boldsymbol{x}) \in \mathbf{R}^6,\qquad \Omega\text{ 内}$$

$$\boldsymbol{\beta}(\boldsymbol{x}) \in \mathbf{R}^3,\qquad B_u\text{ 上}$$

消除对位移的约束条件,得到一个新的泛函

$$\begin{aligned}\Pi^* = &\iiint_{\Omega}[U(\boldsymbol{\varepsilon}) - \boldsymbol{f}^T\boldsymbol{u}]\mathrm{d}\Omega - \iint_{B_\sigma}\bar{\boldsymbol{p}}^T\boldsymbol{u}\mathrm{d}S\\ &- \iiint_{\Omega}\boldsymbol{\alpha}^{\mathrm{T}}[\boldsymbol{\varepsilon} - \boldsymbol{E}^{\mathrm{T}}(\nabla)\boldsymbol{u}]\mathrm{d}\Omega - \iint_{B_u}\boldsymbol{\beta}^{\mathrm{T}}(\boldsymbol{u} - \bar{\boldsymbol{u}})\mathrm{d}S\end{aligned}$$

其对应的变分为

$$\begin{aligned}\delta\Pi^* = &\iiint_{\Omega}\left[\frac{\partial U(\boldsymbol{\varepsilon})}{\partial \boldsymbol{\varepsilon}}\cdot\delta\boldsymbol{\varepsilon} - \boldsymbol{f}^{\mathrm{T}}\delta\boldsymbol{u}\right]\mathrm{d}\Omega - \iint_{B_\sigma}\bar{\boldsymbol{p}}^{\mathrm{T}}\delta\boldsymbol{u}\mathrm{d}S - \iiint_{\Omega}\boldsymbol{\alpha}^{\mathrm{T}}[\delta\boldsymbol{\varepsilon} - \boldsymbol{E}^{\mathrm{T}}(\nabla)\delta\boldsymbol{u}]\mathrm{d}\Omega\\ &- \iint_{B_u}\boldsymbol{\beta}^{\mathrm{T}}\delta\boldsymbol{u}\mathrm{d}S - \iiint_{\Omega}\delta\boldsymbol{\alpha}^{\mathrm{T}}[\boldsymbol{\varepsilon} - \boldsymbol{E}^{\mathrm{T}}(\nabla)\boldsymbol{u}]\mathrm{d}\Omega - \iint_{B_u}\delta\boldsymbol{\beta}^{\mathrm{T}}(\boldsymbol{u} - \bar{\boldsymbol{u}})\mathrm{d}S = 0\end{aligned}$$

利用推广的高斯公式(3.2.1),可以化为

$$\begin{aligned}\delta\Pi^* = &\iiint_{\Omega}\left\{\frac{\partial U(\boldsymbol{\varepsilon})}{\partial \boldsymbol{\varepsilon}}\cdot\delta\boldsymbol{\varepsilon} - \boldsymbol{f}^{\mathrm{T}}\delta\boldsymbol{u} - \delta\boldsymbol{\alpha}^{\mathrm{T}}[\boldsymbol{\varepsilon} - \boldsymbol{E}^{\mathrm{T}}(\nabla)\boldsymbol{u}] - \boldsymbol{\alpha}^{\mathrm{T}}\delta\boldsymbol{\varepsilon}\right\}\mathrm{d}\Omega - \iint_{B_\sigma}\bar{\boldsymbol{p}}^{\mathrm{T}}\delta\boldsymbol{u}\mathrm{d}S\\ &- \iint_{B_u}\delta\boldsymbol{\beta}^{\mathrm{T}}(\boldsymbol{u} - \bar{\boldsymbol{u}})\mathrm{d}S - \iint_{B_u}\boldsymbol{\beta}^{\mathrm{T}}\delta\boldsymbol{u}\mathrm{d}S + \iint_{\partial\Omega}[\boldsymbol{E}(\boldsymbol{n})\boldsymbol{\alpha}]^{\mathrm{T}}\delta\boldsymbol{u}\mathrm{d}S - \iiint_{\Omega}[\boldsymbol{E}(\nabla)\boldsymbol{\alpha}]^{\mathrm{T}}\delta\boldsymbol{u}\mathrm{d}\Omega\\ = &\iiint_{\Omega}\left\{\left[\frac{\partial U(\boldsymbol{\varepsilon})}{\partial \boldsymbol{\varepsilon}} - \boldsymbol{\alpha}\right]\cdot\delta\boldsymbol{\varepsilon} - [\boldsymbol{E}(\nabla)\boldsymbol{\alpha} + \boldsymbol{f}]^{\mathrm{T}}\delta\boldsymbol{u} - \delta\boldsymbol{\alpha}^{\mathrm{T}}[\boldsymbol{\varepsilon} - \boldsymbol{E}^{\mathrm{T}}(\nabla)\boldsymbol{u}]\right\}\mathrm{d}\Omega\end{aligned}$$

$$+\iint_{B_\sigma}[\boldsymbol{E}(\boldsymbol{n})\boldsymbol{\alpha}-\bar{\boldsymbol{p}}]^{\mathrm{T}}\delta\boldsymbol{u}\mathrm{d}S-\iint_{B_u}[\delta\boldsymbol{\beta}^{\mathrm{T}}(\boldsymbol{u}-\bar{\boldsymbol{u}})+[\boldsymbol{\beta}-\boldsymbol{E}(\boldsymbol{n})\boldsymbol{\alpha}]^{\mathrm{T}}\delta\boldsymbol{u}]\mathrm{d}S$$

由 $\delta\Pi^* = 0$ 得到

$$\boldsymbol{E}(\nabla)\boldsymbol{\alpha}+\boldsymbol{f}=0,\quad \Omega\text{ 内}$$

$$\boldsymbol{\varepsilon}-\boldsymbol{E}^{\mathrm{T}}(\nabla)\boldsymbol{u}=0,\quad \Omega\text{ 内}$$

$$\frac{\partial U(\boldsymbol{\varepsilon})}{\partial\boldsymbol{\varepsilon}}-\boldsymbol{\alpha}=0,\quad \Omega\text{ 内}$$

$$\boldsymbol{u}-\bar{\boldsymbol{u}}=0,\quad B_u\text{ 上}$$

$$\boldsymbol{\beta}-\boldsymbol{E}(\boldsymbol{n})\boldsymbol{\alpha}=0,\quad B_u\text{ 上}$$

$$\boldsymbol{E}(\boldsymbol{n})\boldsymbol{\alpha}-\bar{\boldsymbol{p}}=0,\quad B_\sigma\text{ 上}$$

对弹性力学的精确解来说，这里引进的拉格朗日乘子函数有明确的力学意义

$$\boldsymbol{\alpha}=\boldsymbol{\sigma},\quad \Omega\text{ 内}$$

$$\boldsymbol{\beta}=\boldsymbol{E}(\boldsymbol{n})\boldsymbol{\sigma},\quad B_\sigma\text{ 上}$$

因此泛函 Π^* 可写成

$$\begin{aligned}\Pi_3(\boldsymbol{u},\boldsymbol{\varepsilon},\boldsymbol{\sigma})&=\Pi^*(\boldsymbol{u},\boldsymbol{\varepsilon},\boldsymbol{\sigma})\\&=\iiint_\Omega\{U(\boldsymbol{\varepsilon})-\boldsymbol{f}^{\mathrm{T}}\boldsymbol{u}-\boldsymbol{\sigma}^{\mathrm{T}}[\boldsymbol{\varepsilon}-\boldsymbol{E}^{\mathrm{T}}(\nabla)\boldsymbol{u}]\}\mathrm{d}\Omega-\iint_{B_\sigma}\bar{\boldsymbol{p}}^{\mathrm{T}}\boldsymbol{u}\mathrm{d}S\\&\quad-\iint_{B_u}[\boldsymbol{E}(\boldsymbol{n})\boldsymbol{\sigma}]^{\mathrm{T}}(\boldsymbol{u}-\bar{\boldsymbol{u}})\mathrm{d}S\end{aligned}\tag{4.4.1}$$

我们称新泛函(4.4.1)为**三类变量的广义势能**，也称为**H-Z 泛函**，它是胡海昌于 1954 年和鹫津久一郎于 1955 年分别独立提出来。在三类变量的广义势能(4.4.1)中，有三类自变函数，分别是 $\boldsymbol{\sigma}$、$\boldsymbol{\varepsilon}$、$\boldsymbol{u}$，它们可以看成是独立的。由此可以得到以下定理。

定理 4.4(三类变量的广义势能原理(胡-鹫津变分原理)) 弹性力学的精确解应使用式(4.4.1)表示的三类变量的广义势能 Π_3(4.4.1)取驻值。

由三类变量的广义势能原理可以得到

$$\boldsymbol{E}(\nabla)\boldsymbol{\sigma}+\boldsymbol{f}=0,\quad \Omega\text{ 内}$$

$$\boldsymbol{\varepsilon}-\boldsymbol{E}^{\mathrm{T}}(\nabla)\boldsymbol{u}=0,\quad \Omega\text{ 内}$$

$$\boldsymbol{\sigma}^{\mathrm{T}}=\frac{\partial U(\boldsymbol{\varepsilon})}{\partial\boldsymbol{\varepsilon}},\quad \Omega\text{ 内}$$

$$\boldsymbol{E}(\boldsymbol{n})\boldsymbol{\sigma}-\bar{\boldsymbol{p}}=0,\quad B_\sigma\text{ 上}$$

$$\boldsymbol{u}-\bar{\boldsymbol{u}}=0,\quad B_u\text{ 上}$$

它们是弹性力学的所有方程和边界条件(当然也包括本构关系)。

如果 H-Z 泛函中 $\boldsymbol{\sigma}$ 和 $\boldsymbol{\varepsilon}$ 并非独立，它们之间由本构关系确定，譬如说满足

$$\boldsymbol{\varepsilon}=\boldsymbol{a}\boldsymbol{\sigma},U(\boldsymbol{\varepsilon})=\frac{1}{2}\boldsymbol{\sigma}^{\mathrm{T}}\boldsymbol{a}\boldsymbol{\sigma}=V(\boldsymbol{\sigma})$$

那么代入的表达式

$$\begin{aligned}\Pi_3 &= \iiint_{\Omega} V(\boldsymbol{\sigma})\mathrm{d}\Omega - \iiint_{\Omega} \boldsymbol{f}^{\mathrm{T}}\boldsymbol{u}\mathrm{d}\Omega - \iiint_{\Omega} \boldsymbol{\sigma}^{\mathrm{T}}[\boldsymbol{a\sigma} - \boldsymbol{E}^{\mathrm{T}}(\nabla)\boldsymbol{u}]\mathrm{d}\Omega \\ &\quad - \iint_{B_\sigma} \bar{\boldsymbol{p}}^{\mathrm{T}}\boldsymbol{u}\mathrm{d}S - \iint_{B_u}[\boldsymbol{E}(\boldsymbol{n})\boldsymbol{\sigma}]^{\mathrm{T}}(\boldsymbol{u}-\bar{\boldsymbol{u}})\mathrm{d}S \\ &= \iiint_{\Omega}\left[\boldsymbol{\sigma}^{\mathrm{T}}\boldsymbol{E}^{\mathrm{T}}(\nabla)\boldsymbol{u} - \frac{1}{2}\boldsymbol{\sigma}^{\mathrm{T}}\boldsymbol{a\sigma} - \boldsymbol{f}^{\mathrm{T}}\boldsymbol{u}\right]\mathrm{d}\Omega \\ &\quad - \iint_{B_\sigma} \bar{\boldsymbol{p}}^{\mathrm{T}}\boldsymbol{u}\mathrm{d}S - \iint_{B_u}[\boldsymbol{E}(\boldsymbol{n})\boldsymbol{\sigma}]^{\mathrm{T}}(\boldsymbol{u}-\bar{\boldsymbol{u}})\mathrm{d}S \\ &= \tilde{\Pi}_2^*\end{aligned}$$

此即为 H-R 变分原理中的泛函(4.1.6)。

如果 H-Z 泛函中 $\boldsymbol{\sigma}$ 事先满足平衡方程应力边界条件，同时 $\boldsymbol{\sigma}$ 和 $\boldsymbol{\varepsilon}$ 之间满足本构方程，也就是说

$$\boldsymbol{E}(\nabla)\boldsymbol{\sigma} + \boldsymbol{f} = 0, \qquad \Omega \text{ 内}$$

$$\boldsymbol{\sigma} = \frac{\partial U(\boldsymbol{\varepsilon})}{\partial \boldsymbol{\varepsilon}}, \qquad \Omega \text{ 内}$$

$$\boldsymbol{E}(\boldsymbol{n})\boldsymbol{\sigma} - \bar{\boldsymbol{p}} = 0, \qquad B_\sigma \text{ 上}$$

或者用余应变能来表示本构关系

$$\boldsymbol{\varepsilon} = \frac{\partial V(\boldsymbol{\sigma})}{\partial \boldsymbol{\sigma}}, V(\boldsymbol{\sigma}) = \boldsymbol{\sigma}^{\mathrm{T}}\boldsymbol{\varepsilon} - U(\boldsymbol{\varepsilon}), \qquad \Omega \text{ 内}$$

同样，把这些关系代入的表达式，可以得到

$$\begin{aligned}\Pi_3 &= \iiint_{\Omega}[\boldsymbol{\sigma}^{\mathrm{T}}\boldsymbol{E}^{\mathrm{T}}(\nabla)\boldsymbol{u} - V(\boldsymbol{\sigma}) - \boldsymbol{f}^{\mathrm{T}}\boldsymbol{u}]\mathrm{d}\Omega - \iint_{B_\sigma}\bar{\boldsymbol{p}}^{\mathrm{T}}\boldsymbol{u}\mathrm{d}S - \iint_{B_u}[\boldsymbol{E}(\boldsymbol{n})\boldsymbol{\sigma}]^{\mathrm{T}}(\boldsymbol{u}-\bar{\boldsymbol{u}})\mathrm{d}S \\ &= \iiint_{\Omega}[-[\boldsymbol{E}(\nabla)\boldsymbol{\sigma} + \boldsymbol{f}]^{\mathrm{T}}\boldsymbol{u} - V(\boldsymbol{\sigma})]\mathrm{d}\Omega - \iint_{B_\sigma}\bar{\boldsymbol{p}}^{\mathrm{T}}\boldsymbol{u}\mathrm{d}S - \iint_{B_u}[\boldsymbol{E}(\boldsymbol{n})\boldsymbol{\sigma}]^{\mathrm{T}}(\boldsymbol{u}-\bar{\boldsymbol{u}})\mathrm{d}S \\ &\quad + \iint_{\partial\Omega}[\boldsymbol{E}(\boldsymbol{n})\boldsymbol{\sigma}]^{\mathrm{T}}\boldsymbol{u}\mathrm{d}S \\ &= -\iiint_{\Omega}V(\boldsymbol{\sigma})\mathrm{d}\Omega + \iint_{B_u}[\boldsymbol{E}(\boldsymbol{n})\boldsymbol{\sigma}]^{\mathrm{T}}\bar{\boldsymbol{u}}\mathrm{d}S \\ &= -\Gamma\end{aligned}$$

此即为最小余能原理中的余应变能泛函(差一个符号)。

广义变分原理的建立为数值计算带来了方便，但是有一点需要注意：在各种广义变分原理中，能量的表达方式不能随意，其中应变能密度函数要用应变(或者是用位移)来表示，而余应变能密度函数则需要用应力来表示，否则可能会给数值计算带来麻烦，甚至得到错误的结果。下面我们举一个简单的例子加以说明。

例 4.1　如图 4.1 所示，等截面杆的长度为 l，横截面的面积为 A，材料的杨氏模量为 E，杆的一端固定，另一端受轴向集中力 F 的作用。

如果用最小势能原理来求解，根据对位移的约束条件，取位移的近似解为

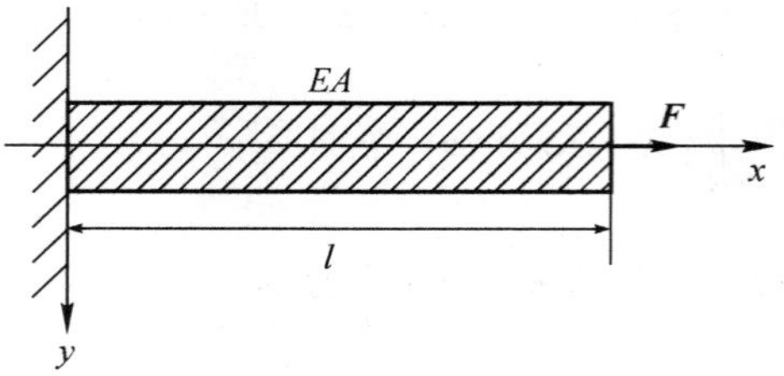

图 4.1　等截面杆的拉伸

$$u(x) = ax$$

那么

$$\varepsilon = a, \quad \sigma = Ea$$

代入总势能表达式得

$$\Pi = \frac{1}{2}\int_0^l Ea^2 A\mathrm{d}x - Fal$$

根据最小势能原理

$$\delta\Pi = EalA\,\delta a - F\delta al = 0$$

从而得到

$$a = \frac{F}{EA}, \quad u = ax = \frac{Fx}{EA}$$

实际上这也是杆问题的精确解。

如果用三类变量广义变分原理来求解,假设位移、应变和应力的试函数分别为

$$u(x) = ax + b, \quad \varepsilon(x) = cx + d, \quad \sigma(x) = ex + f$$

而应变能密度函数为 $U = \dfrac{1}{2}E\varepsilon^2$,那么

$$\begin{aligned}
\Pi_3(u,\varepsilon,\sigma) &= \iiint_\Omega [U(\varepsilon) - f^{\mathrm{T}}u - \sigma^{\mathrm{T}}(\varepsilon - E^{\mathrm{T}}(\nabla)u)]\mathrm{d}\Omega \\
&\quad - \iint_{B_\sigma} \bar{p}^{\mathrm{T}}u\mathrm{d}B - \iint_{B_u} [E(n)\sigma]^{\mathrm{T}}(u - \bar{u})\mathrm{d}B \\
&= \iiint_\Omega \left[\frac{1}{2}E\varepsilon^2 - \sigma^{\mathrm{T}}(\varepsilon - E^{\mathrm{T}}(\nabla)u)\right]\mathrm{d}\Omega - \iint_{B_\sigma}\bar{p}^{\mathrm{T}}u\mathrm{d}B - \iint_{B_u}[E(n)\sigma]^{\mathrm{T}}u\mathrm{d}B \\
&= \int_0^l \left[\frac{1}{2}E(cx+d)^2 - (ex+f)(cx+d-a)\right]A\mathrm{d}x - F(al+b) + fbA
\end{aligned}$$

根据三类变量广义变分原理

$$\delta\Pi_3 = 0$$

得到六个方程,求解后得到

$$a = \frac{F}{EA}, \quad d = \frac{F}{EA}, \quad f = \frac{F}{A}, \quad b = c = e = 0$$

因此

$$u = \frac{Fx}{EA}, \quad \varepsilon = \frac{F}{EA}, \quad \sigma = \frac{F}{A}$$

是问题的精确解。

如果将应变能密度函数表示为应力和应变的混合形式，即 $U = \frac{1}{2}\varepsilon\sigma$，那么

$$\Pi_3 = \int_0^l \left[\frac{1}{2}(cx+d)(ex+f) - (ex+f)(cx+d-a)\right]A\mathrm{d}x - F(al+b) + fbA$$

此时，根据三类变量广义变分原理

$$\delta\Pi_3 = 0$$

将得到一组相互矛盾的线性代数方程组，从而无法从中确定一个合适的近似解。

4.4.2 三类变量的广义余能原理

在两类变量的广义余能原理中，广义余能的泛函为

$$\Gamma_2 = \iiint_\Omega V(\boldsymbol{\sigma})\mathrm{d}\Omega + \iiint_\Omega [\boldsymbol{E}(\nabla)\boldsymbol{\sigma} + \boldsymbol{f}]^{\mathrm{T}}\boldsymbol{u}\mathrm{d}\Omega - \iint_{B_u} [\boldsymbol{E}(\boldsymbol{n})\boldsymbol{\sigma}]^{\mathrm{T}}\bar{\boldsymbol{u}}\mathrm{d}S - \iint_{B_\sigma} [\boldsymbol{E}(\boldsymbol{n})\boldsymbol{\sigma} - \bar{\boldsymbol{p}}]^{\mathrm{T}}\boldsymbol{u}\mathrm{d}S$$

需要由本构关系来确定应变 $\boldsymbol{\varepsilon}$

$$\boldsymbol{\varepsilon} = \frac{\partial V(\boldsymbol{\sigma})}{\partial \boldsymbol{\sigma}}$$

或者由几何关系来确定应变 $\boldsymbol{\varepsilon}$

$$\boldsymbol{\varepsilon} = \boldsymbol{E}^{\mathrm{T}}(\nabla)\boldsymbol{u}$$

如果解除上述对应变 $\boldsymbol{\varepsilon}$ 的约束条件（可以从两类变量的广义余能原理得到，也可以直接从最小余能原理推广得到），就可以得到**三类变量广义余能泛函**

$$\Gamma_3 = \iiint_\Omega [\boldsymbol{\sigma}^{\mathrm{T}}\boldsymbol{\varepsilon} - U(\boldsymbol{\varepsilon})]\mathrm{d}\Omega + \iiint_\Omega [\boldsymbol{E}(\nabla)\boldsymbol{\sigma} + \boldsymbol{f}]^{\mathrm{T}}\boldsymbol{u}\mathrm{d}\Omega - \iint_{B_u} [\boldsymbol{E}(\boldsymbol{n})\boldsymbol{\sigma}]^{\mathrm{T}}\bar{\boldsymbol{u}}\mathrm{d}S - \iint_{B_\sigma} [\boldsymbol{E}(\boldsymbol{n})\boldsymbol{\sigma} - \bar{\boldsymbol{p}}]^{\mathrm{T}}\boldsymbol{u}\mathrm{d}S \tag{4.4.2}$$

在三类变量广义余能(4.4.2)中，分别有三类自变函数 $\boldsymbol{\sigma}$、$\boldsymbol{\varepsilon}$ 和 $\boldsymbol{u}$，它们可以看成是相互独立的。由此可以得到

定理 4.5(三类变量的广义余能原理) 弹性力学的精确解应使上述三类变量广义余能泛函(4.4.2)取驻值。

由三类变量的广义余能原理也可以得到弹性力学的所有方程和边界条件。

下面我们来讨论三类变量广义势能泛函(4.4.1)和三类变量广义余能泛函(4.4.2)之间的关系。把式(4.4.1)和式(4.4.2)相加

$$
\begin{aligned}
\Pi_3+\Gamma_3 &= \iiint_{\Omega}[\boldsymbol{E}(\nabla)\boldsymbol{\sigma}]^{\mathrm{T}}\boldsymbol{u}\mathrm{d}\Omega-\iint_{B_\sigma}[\boldsymbol{E}(\boldsymbol{n})\boldsymbol{\sigma}]^{\mathrm{T}}\boldsymbol{u}\mathrm{d}S \\
&\quad -\iiint_{\Omega}\boldsymbol{\sigma}^{\mathrm{T}}\boldsymbol{E}^{\mathrm{T}}(\nabla)\boldsymbol{u}\mathrm{d}\Omega-\iint_{B_u}[\boldsymbol{E}(\boldsymbol{n})\boldsymbol{\sigma}]^{\mathrm{T}}\boldsymbol{u}\mathrm{d}S \\
&= \iiint_{\Omega}[\boldsymbol{E}(\nabla)\boldsymbol{\sigma}]^{\mathrm{T}}\boldsymbol{u}\mathrm{d}\Omega-\iint_{\partial\Omega}[\boldsymbol{E}(\boldsymbol{n})\boldsymbol{\sigma}]^{\mathrm{T}}\boldsymbol{u}\mathrm{d}S-\iiint_{\Omega}\boldsymbol{\sigma}^{\mathrm{T}}\boldsymbol{E}^{\mathrm{T}}(\nabla)\boldsymbol{u}\mathrm{d}\Omega \\
&= 0
\end{aligned}
$$

其中最后的等式应用了推广的高斯公式(3.2.1)。

这意味着三类变量的广义势能原理和广义余能原理是等价的。

在经典变分原理及两类变量的广义变分原理中，当自变函数为弹性力学的精确解时，泛函之间满足关系 $\Pi+\Gamma=0$ 和 $\Pi_2+\Gamma_2=0$；而对于一般的自变函数，$\Pi+\Gamma=0$ 和 $\Pi_2+\Gamma_2=0$ 并非总是成立，因此，最小势能原理和最小余能原理并不等价，而两类变量的广义势能原理和两类变量的广义余能原理也并非等价。这一点和三类变量的广义变分原理是不同的。

表 4.1 总结归纳了各种变分原理。

表 4.1　各种变分原理综述

变分原理	连续条件	应力 — 应变关系		平衡条件
		应变能形式	余应变能形式	
最小势能原理	约束	约束		欧拉
最小余能原理	欧拉		约束	约束
两类变量广义势能原理($\boldsymbol{u}$,$\boldsymbol{\varepsilon}$)	欧拉(补)	补(欧拉)		欧拉
两类变量广义势能原理($\boldsymbol{u}$,$\boldsymbol{\sigma}$)	欧拉(补)		补(欧拉)	欧拉
两类变量广义余能原理	欧拉(补)		补(欧拉)	欧拉
三类变量广义变分原理(势能)	欧拉	欧拉		欧拉

注：表中“约束”指自变函数的约束条件，“欧拉”指由变分原理导出的欧拉方程；两类变量变分原理中“欧拉(补)”和“补(欧拉)”指可以互为约束条件和欧拉方程的一对关系。这里连续条件是指满足几何条件和位移边界条件，应力 — 应变关系即本构关系，平衡条件是指满足平衡方程和应力边界条件。

4.5　广义变分原理历史简介

弹性力学问题中有三类变量：位移、应变和应力。最小势能原理和最小余能原理分别以位移和应力作为泛函的自变函数，换言之，各自只涉及一类函数。以后有学者提出了涉及两类及更多类变量作为自变函数的变分原理，统称为广义变分原理。

在寻找广义变分原理的过程中，有两个重要成果值得提及：

一是赫林格(Hellinger)和赖斯纳(Reissner)在 1914 年和 1950 年分别独立提出的两类变量广义势能原理($\delta\Pi_2(\boldsymbol{u},\boldsymbol{\sigma})=0$),也就是 H-R 广义变分原理;

二是胡海昌和鹫津久一郎(Washizu)分别于 1954 年和 1955 年分别独立提出的三类变量广义变分原理,也就是胡—鹫津广义变分原理。

鹫津久一郎(于 1968 年)和卞学鐄(于 1969 年)分别从最小势能原理和最小余能原理出发,用拉格朗日乘子法推导得到了广义变分原理。这些工作推动了变形体力学中广义变分原理的研究,为后来发展起来的杂交(hybrid)有限元和其他各种有限元方法提供了理论依据。

除静力学的变分原理外,科廷(Gurtin)还建立了弹性动力学初值问题的变分原理和广义变分原理。

思考题

4.1　在推导 $\Pi_2(\boldsymbol{\varepsilon},\boldsymbol{u})$ 时,我们用到精确解 $\boldsymbol{\lambda}=\dfrac{\partial U(\boldsymbol{\varepsilon})}{\partial\boldsymbol{\varepsilon}}$ Ω 内和 $\boldsymbol{\mu}=\boldsymbol{E}(\boldsymbol{n})\left[\dfrac{\partial U(\boldsymbol{\varepsilon})}{\partial\boldsymbol{\varepsilon}}\right]$ B_u 上代入 $\Pi^*(\boldsymbol{\varepsilon},\boldsymbol{u},\boldsymbol{\lambda},\boldsymbol{\mu})$ 的表达式,这样得到的 Π_2 和 Π^* 是否是一致的?两者的关系如何?

4.2　由式(4.3.2)和式(4.3.7)可得到 $\max\limits_{\boldsymbol{\sigma}}\widetilde{\Pi}_2^*+\min\limits_{\boldsymbol{\sigma}}\Gamma_2=0$,这意味着什么?

4.3　仿式(4.3.2)和式(4.3.7)的推导,对于三类变量的广义变分原理(Π_3,Γ_3),写成对每类变量取极小或极大的表达式。

第5章　变分原理在结构力学中应用

在第3、4两章中，我们给出了弹性力学问题的一种新的提法——泛函的极(驻)值问题，它们是用某种能量泛函在给定自变函数定义域中取极(驻)值得到的，这与从微分方程定解问题得到的解是一致(等价)的。如果我们用上述定义域中的一个子集代替原自变函数的集合(定义域)，则可以从上述变分原理得到近似解，其近似解的精确度将决定所选的子集离原问题准确解的距离，特别当该子集包含原问题的准确解时，所得到的(近似)解刚好就是准确解。

对于某些特殊问题，可以对自变函数的定义域作一些合理的假设或者近似，从而把原来变分问题的定义域局限在一个特定的子集中，然后在该子集中寻找使得泛函取极(驻)值的近似解。选择自变函数子集的方法可以分为两种：一种是降低解的维数或者选择具有某种特殊分布规律的解析函数集合，从而可以简化相应的欧拉方程(这和材料力学处理方法类似)；另一种是选择数值(插值)函数，最终得到的是原问题的数值解。在本章中，将讨论如何用第一种方法来处理结构力学中梁和板的弯曲变形问题，至于第二种方法将在第7章再来展开讨论。对于梁和板结构，根据结构特点对位移和应力分别引进一些假定，应用三维弹性力学问题的广义变分原理，推导得到梁问题的一维欧拉方程和板问题的二维欧拉方程，最后再建立与简化后的欧拉方程相对应的变分原理。推导过程比较冗长，但思路并不复杂，时间比较紧张的读者不妨先略去推导的细节，待后面有空时再回过头来琢磨。

5.1　梁弯曲的基本方程

在这一节中，我们将介绍如何根据变分原理，由梁弯曲的基本假定导出梁的基本方程和边界条件。为简单起见，本节仅考虑直梁，且梁的横截面形心的连线，即轴线与 x 轴重合，y、z 为截面的主轴方向，截面坐标系的原点为截面的中心，$Oxyz$ 构成右手坐标系。由于小挠度、小变形的假定，可以把梁(杆件)的弯曲变形分解成 xy 平面和 xz 平面内的弯曲，分别求解后再把相应的结果叠加，所以下面只考虑 xy 平面内的弯曲，而 xz 平面内的弯曲可以仿照处理。

5.1.1　梁的弯曲假定

以下我们分三部分来叙述梁的弯曲假定。

1. 平面假定

平面假定:梁的横截面在变形后仍保持平面。

在弯矩 M_z 的作用下,横截面将发生(绕形心的)相对转动,记其转动的角度为 θ_z(很小的一个角度),如图 5.1 所示,那么该横截面上与中心轴距离为 y 处的轴向位移为

$$u = -y\theta_z \tag{5.1.1}$$

从而沿轴向的正应变为

$$\varepsilon_x = \frac{\partial u}{\partial x} = -\frac{y}{\rho_z} \tag{5.1.2}$$

式中 $\rho_z = \dfrac{\mathrm{d}x}{\mathrm{d}\theta_z}$ 为梁轴线在 xy 坐标面内弯曲的曲率半径。

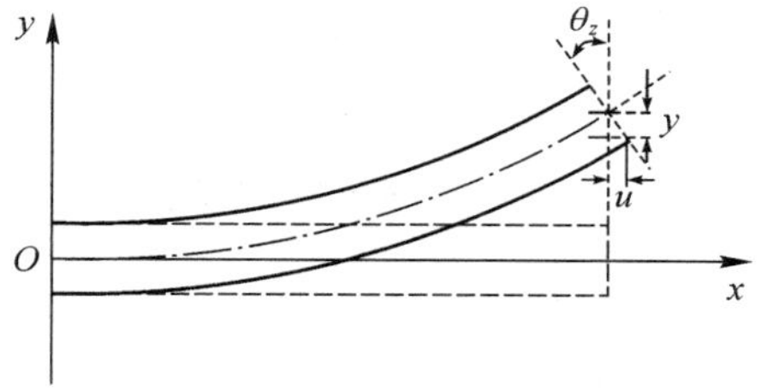

图 5.1　梁的平面假定:xy 平面上的弯曲

注意,在轴线上 $\varepsilon_x = 0$,这是由于我们只考虑弯曲变形而没有考虑拉伸变形,从而假定截面只绕形心转动,而没有轴向平动,各截面的形心所连成的线称为**中性线**(也就是梁轴线)。

2. 横向挤压应力为零假定

横向挤压应力为零假定:假定 $\boldsymbol{\sigma}_y$ 和 $\boldsymbol{\sigma}_z$ 可以忽略。

这个假定使得我们可以利用单向拉伸(压缩)的胡克定律

$$\sigma_x = E\varepsilon_x = -\frac{E}{\rho_z}y \tag{5.1.3}$$

由此可以计算相关的内力

$$F_{Nx} = \iint_A \sigma_x \mathrm{d}S = -ES_z\frac{1}{\rho_z} \tag{5.1.4}$$

$$M_y = \iint_A \sigma_x z\,\mathrm{d}S = -EI_{yz}\frac{1}{\rho_z} \tag{5.1.5}$$

$$M_z = -\iint_A \sigma_x y\,\mathrm{d}S = EI_z\frac{1}{\rho_z} \tag{5.1.6}$$

式中

$$S_z = \iint_A y\,\mathrm{d}S, \quad I_z = \iint_A y^2\,\mathrm{d}S, \quad I_{yz} = \iint_A yzS$$

分别是横截面 A 对 z 轴的静矩，对 z 轴的惯性矩和对 y、z 轴的惯性积。对于确定的截面，这些量均为已知。

按前面假定，截面上的坐标轴取形心主轴（即坐标原点在形心、坐标轴为惯性主轴），则

$$S_z = 0, \qquad I_{yz} = 0$$

从而

$$F_{Nx} = 0, \qquad M_y = 0$$

当轴力 $F_{Nx} \neq 0$ 时，横截面转动中心将不再与形心重合，限于篇幅，这里将不展开讨论。

从式 (5.1.6) 直接得

$$\frac{1}{\rho_z} = \frac{M_z}{EI_z} \tag{5.1.7}$$

代入式(5.1.3) 得

$$\sigma_x = -\frac{M_z y}{I_z} \tag{5.1.8}$$

这样，当弯矩 M_z 给定后，轴向应力 σ_x 的分布就给定了。

上述各式中的 EI_z 称为梁在 xy 平面内的**抗弯刚度**。

3. 直法线假定

现在我们来研究曲率半径 ρ_z 与形心位移之间的关系。

轴线由各截面的形心连接而成，轴线上的横向位移在坐标系（以后我们均取形心主轴坐标系）上的分量为 $v_0(x)$。显然，轴线上的位移仅仅是一个变量 x 的函数，现在的问题是：如何将轴线外的点的位移用轴线（形心）上的位移函数来表示？

直法线假定：梁的轴线上任一法线，在变形后仍是变形后轴线的法线，而且法线不产生任何的伸缩。

考虑 xy 平面内的弯曲变形。这里有两个位移函数 $u(x,y)$ 和 $v(x,y)$。由于法线不伸缩，所以 $\varepsilon_y = 0$，即

$$v(x,y) = v(x,0) = v_0(x)$$

此外，由于 $v_0(x)$ 的存在使法线产生了 $\theta_z \approx \dfrac{\mathrm{d}v_0}{\mathrm{d}x}$ 的转动（小挠度假设），从而

$$u(x,y) = -y\frac{\mathrm{d}v_0}{\mathrm{d}x}$$

这样，梁上任意一点的位移可以写成

$$u(x,y,z) = -y\frac{\mathrm{d}v_0}{\mathrm{d}x}, \qquad v(x,y,z) = v_0(x) \tag{5.1.9}$$

从而

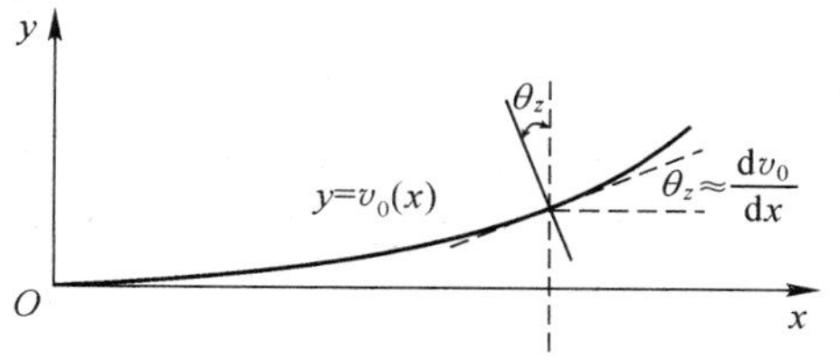

图 5.2　法线在 xy 平面内的转动

$$\varepsilon_x=\frac{\partial u}{\partial x}=-y\frac{d^2v_0}{dx^2} \tag{5.1.10}$$

将此式与式(5.1.2) 比较得

$$\frac{1}{\rho_z}=\frac{d^2v_0}{dx^2} \tag{5.1.11}$$

如果用微分几何来准确计算曲率

$$\frac{1}{\rho_z}=\frac{v_0''}{(1+v_0'^2)^{\frac{3}{2}}}$$

当 $|v_0'|\ll 1$ 时，化为(5.1.11) 式。

这样，引入直法线假定后，我们可以把整个梁内的位移问题(从而求应变、应力问题) 归结为求轴线上的函数 $v_0(x)$。这里函数只与横向位移有关，称为梁的**挠度**，梁的挠度是由弯曲变形引起的。

至此，梁弯曲的三条假定已介绍完，但尚有三个问题需要说明：

(1) 假定1实际上已包含在假定3之中，因为曲线上任一点的法线全体构成一平面(法平面)，所以按假定 3 变形前轴线的法平面(即横截面) 在变形后仍是法平面，自动满足假定 1。反过来却不一定成立，因为按假定 3，横截面变形后仍是轴线的法平面，但按假定 1 变形后尽管仍是平面，但不一定是法平面。一组完备的梁的弯曲假定，只须保留 2 和 3 两个假定，称为**欧拉 — 伯努利梁**。

(2) 在上述假定下，将式(5.1.9) 代入应变表达式得

$$\gamma_{xy}=\frac{\partial u}{\partial y}+\frac{\partial v}{\partial x}=-\frac{dv_0}{dx}+\frac{dv_0}{dx}=0$$

再由广义胡克定律可得 $\tau_{xy}=0$，从而横向剪力和扭矩均为零

$$F_{Qy}=\iint_A\tau_{xy}\,dS=0,\quad M_x=-\iint_A z\tau_{xy}\,dS=0$$

(3) 以上假定是否符合实际情况?更精确的弹性力学计算证明，在均匀直梁且只有纯弯矩(横向剪力为零) 作用下，由上述假定得到的解与弹性力学的准确解完全一致。当然，这里要求外加力矩是按式(5.1.8) 分布的集度作用到梁的端面上去。如果外力分布与式(5.1.8) 不一致，则可以引用圣维南原理：除加力截面附近外，其余梁中的应力分布(从而是位移) 和准确解基本一致。

事实上，上述假定可以应用到更广泛的范围。对在横力作用下的细长梁来说，除 M_z 外还有剪力 F_{Qy}，但上述诸式仍适用。这是由于梁的剪切应变能远小于弯曲应变能，从而其对挠度的贡献也远小于弯曲的贡献。当然这里也有一个矛盾：按上述假定，切应变为零，从而根据胡克定律切应力亦为零，这与剪力存在相矛盾。后面我们将另找途径解决。

5.1.2 梁弯曲的基本方程

我们用一般的弹性力学变分原理加上前面的假定，可以导出梁弯曲的基本方程和边界条件。

由基本假定可得

$$\begin{aligned} &\sigma_y = \sigma_z = 0 \\ &u(x,y,z) = -y\frac{\mathrm{d}v_0}{\mathrm{d}x}, \quad v(x,y,z) = v_0(x), \quad w(x,y,z) = 0 \end{aligned} \tag{5.1.12}$$

由于假定中同时含有应力假定（横向挤压应力为零）和位移假定（直法线假定），所以选用以应力和位移作为变量的二类变量广义变分原理。现选用二类变量广义余能原理（4.2.1）

$$\begin{aligned} \delta\Gamma_2(\boldsymbol{\sigma},\boldsymbol{u}) &= \iiint_{\Omega}\left\{\left[\frac{\partial V}{\partial\boldsymbol{\sigma}} - \boldsymbol{E}^{\mathrm{T}}(\nabla)\boldsymbol{u}\right]^{\mathrm{T}}\delta\boldsymbol{\sigma} + [\boldsymbol{E}(\nabla)\boldsymbol{\sigma} + \boldsymbol{f}]^{\mathrm{T}}\delta\boldsymbol{u}\right\}\mathrm{d}\Omega \\ &\quad + \iint_{B_u}(\boldsymbol{u} - \bar{\boldsymbol{u}})^{\mathrm{T}}\boldsymbol{E}(\boldsymbol{n})\delta\boldsymbol{\sigma}\mathrm{d}S - \iint_{B_\sigma}[\boldsymbol{E}(\boldsymbol{n})\boldsymbol{\sigma} - \bar{\boldsymbol{p}}]^{\mathrm{T}}\delta\boldsymbol{u}\mathrm{d}S \\ &= 0 \end{aligned} \tag{5.1.13}$$

由 $\dfrac{\partial V}{\partial\boldsymbol{\sigma}} - \boldsymbol{E}^{\mathrm{T}}(\nabla)\boldsymbol{u} = 0$ 可得

$$\sigma_x = E\varepsilon_x, \quad \tau_{xy} = \tau_{yz} = \tau_{zx} = 0, \quad \Omega\text{ 内} \tag{5.1.14}$$

这里表明，在 Ω 内应力需要满足式(5.1.14)，这给下面进一步推导带来了便利。但这并不意味着 $\delta\tau_{xy} = \delta\tau_{yz} = \delta\tau_{zx} = 0$，因为自变函数的变分是否为零只能由泛函的定义域来确定的，由式(5.1.12) 只可得到 $\delta\sigma_y = \delta\sigma_z = 0, \delta\omega = 0$。

下面用上标“s”表示梁的侧面，“e”表示梁的端面。考虑到实际中梁的侧面都是力边界，从而有 $B_u = B_u^e$。进一步假定 Ω 内 $\boldsymbol{f} = 0$，B_σ^s 上 $\bar{p}_x = 0$。

现在计算式(5.1.13) 中剩余各项的具体形式。对于体内和侧面项，有

$$\begin{aligned} &\iiint_{\Omega}[\boldsymbol{E}(\nabla)\boldsymbol{\sigma}]^{\mathrm{T}}\delta\boldsymbol{u}\mathrm{d}\Omega - \iint_{B_\sigma^s}[\boldsymbol{E}(\boldsymbol{n})\boldsymbol{\sigma} - \bar{\boldsymbol{p}}]^{\mathrm{T}}\delta\boldsymbol{u}\mathrm{d}S \\ &\quad = \int_0^l \mathrm{d}x\iint_A\left[\frac{\partial\sigma_x}{\partial x}\left(-y\frac{\mathrm{d}\delta v_0}{\mathrm{d}x}\right)\right]\mathrm{d}S + \int_0^l \mathrm{d}x\oint_{\partial A}\bar{\boldsymbol{p}}^{\mathrm{T}}\delta\boldsymbol{u}\mathrm{d}s \\ &\quad = \int_0^l \frac{\mathrm{d}M_z}{\mathrm{d}x}\frac{\mathrm{d}\delta v_0}{\mathrm{d}x}\mathrm{d}x + \int_0^l q_y\delta v_0\mathrm{d}x \\ &\quad = \int_0^l\left(-\frac{\mathrm{d}^2M_z}{\mathrm{d}x^2} + q_y\right)\delta v_0\mathrm{d}x + \frac{\mathrm{d}M_z}{\mathrm{d}x}\delta v_0\Big|_0^l \end{aligned}$$

式中

$$M_z = -\iint_A y\sigma_x \mathrm{d}S,\quad q_y = \oint_{\partial A} \bar{p}_y \mathrm{d}s$$

其中 A 表示横截面。而端面上的项为

$$\begin{aligned}
&\iint_{B_u^e} (\boldsymbol{u} - \bar{\boldsymbol{u}})^{\mathrm{T}} \boldsymbol{E}(\boldsymbol{n}) \delta\boldsymbol{\sigma} \mathrm{d}S \\
&= \iint_{B_u^e} \left[\left(-y\frac{\mathrm{d}v_0}{\mathrm{d}x} + y\frac{\mathrm{d}\bar{v}_0}{\mathrm{d}x}\right)\delta\sigma_x + (v_0 - \bar{v}_0)\delta\tau_{xy}\right] n_x \mathrm{d}S \\
&= \left[\left(\frac{\mathrm{d}v_0}{\mathrm{d}x} - \frac{\mathrm{d}\bar{v}_0}{\mathrm{d}x}\right)\delta M_z + (v_0 - \bar{v}_0)\delta F_{Qy}\right] n_x
\end{aligned}$$

$$\begin{aligned}
\iint_{B_\sigma^e} [\boldsymbol{E}(\boldsymbol{n})\boldsymbol{\sigma} - \bar{\boldsymbol{p}}]^{\mathrm{T}} \delta\boldsymbol{u} \mathrm{d}S &= \iint_{B_\sigma^e} \left[(\sigma_x n_x - \bar{p}_x)\delta\left(-y\frac{\mathrm{d}v_0}{\mathrm{d}x}\right) + (-\bar{p}_y)\delta v_0\right] \mathrm{d}S \\
&= (M_z n_x - \bar{M}_z)\frac{\mathrm{d}\delta v_0}{\mathrm{d}x} - \bar{F}_y \delta v_0
\end{aligned}$$

式中

$$\bar{M}_z = -\iint_{B_\sigma^e} y\bar{p}_x \mathrm{d}S,\quad \bar{F}_y = \iint_{B_\sigma^e} \bar{p}_y \mathrm{d}S$$

$$n_x = \begin{cases} -1, & x = 0 \\ 1, & x = l \end{cases}$$

以上各式代入式(5.1.13) 即得

$$-\frac{\mathrm{d}^2 M_z}{\mathrm{d}x^2} + q_y = 0,\qquad \Omega \text{ 内} \tag{5.1.15}$$

$$\left.\begin{aligned}
&\frac{\mathrm{d}v_0}{\mathrm{d}x} = \frac{\mathrm{d}\bar{v}_0}{\mathrm{d}x},\quad v_0 = \bar{v}_0,\qquad B_u^e \text{ 上} \\
&M_z n_x = \bar{M}_z,\quad \frac{\mathrm{d}M_z}{\mathrm{d}x} n_x = -\bar{F}_y,\qquad B_\sigma^e \text{ 上}
\end{aligned}\right\} \tag{5.1.16}$$

此外，根据直法线假定，在横截面上切应力为零，从而剪力

$$F_{Qy} = \iint_A \tau_{xy} \mathrm{d}S = 0$$

这给有横力作用下梁弯曲的分析带来不方便。为了弥补这一缺陷，根据式(5.1.16) 后一式定义**剪力**，有

$$F_{Qy} = -\frac{\mathrm{d}M_z}{\mathrm{d}x},\qquad \Omega \text{ 内} \tag{5.1.17}$$

这一定义的合理性也可以从梁的平衡方程得到。式(5.1.17) 将在 5.3 节的更精确的理论中得到验证(见式(5.3.4))。将式(5.1.11) 代入式(5.1.7)，得到内力形式的本构关系

$$M_z = EI_z\frac{\mathrm{d}^2 v_0}{\mathrm{d}x^2},\quad F_{Qy}(x) = -\frac{\mathrm{d}}{\mathrm{d}x}\left(EI_z\frac{\mathrm{d}^2 v_0}{\mathrm{d}x^2}\right)\qquad \Omega \text{ 内} \tag{5.1.18}$$

为方便计，我们在下文中将省略挠度函数的下标“0”。

将式(5.1.18)代入式(5.1.15)得

$$\frac{\mathrm{d}^2}{\mathrm{d}x^2}\left(EI_z\frac{\mathrm{d}^2 v}{\mathrm{d}x^2}\right)=q_y(x) \tag{5.1.19}$$

此外，梁端面上的转角 θ_z 为

$$\theta_z(x)=\frac{\mathrm{d}v}{\mathrm{d}x} \tag{5.1.20}$$

这样，问题转化为求解微分方程(5.1.19)的问题。

边界条件：由于方程(5.1.19)是四阶常微分方程，所以需要补充四个边界条件(即定解条件)，以确定方程通解中的四个积分常数。在梁的弯曲问题中，需要每端给定两个(边界)条件。这样，方程加上边界条件称为梁弯曲的定解问题。

梁的每一端的边界条件可以分为两类：广义力边界条件(F_{Qy}，M_z)和广义位移边界条件(v，θ_z)。由于 F_{Qy} 和 v 是对偶的①、M_z 和 θ_z 是对偶的，所以我们不能要求同一组对偶量都满足事先给定的边界条件。这样，每一端可能发生的边界条件只有下面四种可能：

(1) 给定 $F_{Qy}\left(=-\frac{\mathrm{d}}{\mathrm{d}x}\left(EI_z\frac{\mathrm{d}^2 v}{\mathrm{d}x^2}\right)\right)$ 和 $M_z\left(=EI_z\frac{\mathrm{d}^2 v}{\mathrm{d}x^2}\right)$；

(2) 给定 v 和 M_z；

(3) 给定 F_{Qy} 和 $\theta_z\left(=\frac{\mathrm{d}v}{\mathrm{d}x}\right)$；

(4) 给定 v 和 θ_z。

但随意取上述两组作为两端的边界条件有可能使得梁含有刚体位移，从而成为几何可变的。譬如两端都取(1)作为边界条件，则该梁整体可以在平面中沿 y 方向平动或绕一端自由转动(见图5.3(a))。再如两端各取(1)、(2)作为边界条件(一端自由、一端简支)，则梁可以绕简支端自由转动(见图5.3(b))。在这种情况下，我们称梁的定解问题是不适定的。为了避免出现刚体位移，要求梁的四个边界条件中至少有两个与挠度(v)或转角(θ_z)有关，其中至少有一个是挠度的边界条件。这样，四阶方程(5.1.19)加上这四个边界条件构成一组完整的梁弯曲的微分方程定解问题。

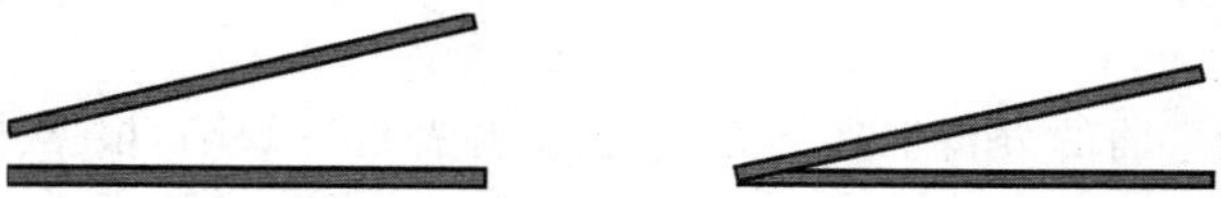

(a)　　　　(b)

图5.3　梁的两种刚体位移

① 广义力和对应的广义位移称为是**对偶的**，它们的乘积刚好是该广义力在广义位移上所做的功。“对偶的”有时也称为“共轭的”。

5.2　梁弯曲的变分原理

5.2.1　梁弯曲的最小势能原理

对于欧拉—伯努利梁来说，通过 5.1.1 节的假定，给出了应力和位移的近似表达式(5.1.12)，然后用二类变量的广义余能原理得到梁弯曲问题的全部方程和边界条件。能否对梁弯曲问题给出相应的最小势(余)能原理?答案是肯定的，只要将弹性力学最小势能原理中的总势(余)能写成梁弯曲假定下的总势(余)能，同时对可能位移(静力可能应力)的要求根据方程和边界条件作适当修改就可以了。

1. 应变能

梁弯曲所对应的应变能为

$$U_b = \frac{1}{2}\int_0^l \mathrm{d}x \iint_A E\varepsilon^2 \mathrm{d}S = \frac{E}{2}\int_0^l \left(\frac{\mathrm{d}^2 v}{\mathrm{d}x^2}\right)^2 \mathrm{d}x \iint_A y^2 \mathrm{d}S$$

$$= \frac{1}{2}\int_0^l EI_z \left(\frac{\mathrm{d}^2 v}{\mathrm{d}x^2}\right)^2 \mathrm{d}x \tag{5.2.1}$$

2. 一个恒等式(虚功原理)

用分部积分容易得到，对于任意的 $M(x)$ 和 $v(x)$ 恒成立

$$\int_0^l \frac{\mathrm{d}^2 M}{\mathrm{d}x^2} v \mathrm{d}x - \left(\frac{\mathrm{d}M}{\mathrm{d}x} v - M\frac{\mathrm{d}v}{\mathrm{d}x}\right)\Big|_0^l = \int_0^l M \frac{\mathrm{d}^2 v}{\mathrm{d}x^2} \mathrm{d}x \tag{5.2.2}$$

如果代入可能内力 M^s 与虚位移 δv，由于可能内力(M^s，F_Q^s) 满足平衡方程

$$F_Q^s = -\frac{\mathrm{d}M^s}{\mathrm{d}x}, \quad q = -\frac{\mathrm{d}F_Q^s}{\mathrm{d}x} = \frac{\mathrm{d}^2 M^s}{\mathrm{d}^2 x}$$

那么恒等式为

$$\int_0^l q\delta v \mathrm{d}x + \left(F_Q^s \delta v + M^s \frac{\mathrm{d}\delta v}{\mathrm{d}x}\right)\Big|_0^l = \int_0^l M^s \frac{\mathrm{d}^2 \delta v}{\mathrm{d}x^2} \mathrm{d}x \tag{5.2.3}$$

方程(5.2.3)左边为外力在虚位移上所做的功，右边为可能内力在虚应变(弯矩×虚位移所对应的虚曲率)上所做的功，也就是说外力在虚位移上做的功等于对应内力在虚应变上做的功，这就是梁的**虚功原理**。

3. 几何可能挠度

由于几何方程中有二阶导数，所以这里的**几何可能挠度** v 是指满足梁内 v 和 v' 连续、同时满足位移边界条件

$$v = \bar{v}, \quad \frac{\mathrm{d}v}{\mathrm{d}x} = \bar{\theta}(\text{固支端}) \tag{5.2.4}$$

$$v = \bar{v}(\text{简支端}) \tag{5.2.5}$$

的挠度。

这样可以得到下列梁弯曲的最小势能原理。

定理 5.1(梁弯曲的最小势能原理) 在所有几何可能挠度 v 中，真实的挠度使得总势能

$$\Pi = \frac{1}{2}\int_0^l EI_z\left(\frac{\mathrm{d}^2 v}{\mathrm{d}x^2}\right)^2 \mathrm{d}x - \int_0^l qv\mathrm{d}x - (\bar{F}_{Qy}v + \bar{M}_z v')_{B_\sigma} = \min \tag{5.2.6}$$

式(5.2.6)中与边界力对应的势能为

$$-(\bar{F}_{Qy}v + \bar{M}_z v')_{B_u} = \begin{cases} -\bar{M}_z v'(\text{简支端}) \\ -\bar{F}_{Qy}v - \bar{M}_z v'(\text{自由端}) \end{cases}$$

弯曲应变能(5.2.1)还可以和其他应变能结合起来，譬如将轴向拉伸应变能

$$\Pi_t = \frac{1}{2}\int_0^l EA\left(\frac{\mathrm{d}u}{\mathrm{d}x}\right)^2 \mathrm{d}x$$

叠加到弯曲应变能 Π_b 上去。不过这两个应变能不耦合，从而可以作为两个独立的问题进行处理。

下面的例子考虑了在轴向载荷作用下因横向位移(挠度)引起杆端位移所产生的应变能。由于它和弯曲应变能耦合在一起，所以不能作为独立问题处理，事实上它还导致了一个以轴力为参量的特征值问题(当参量为某些特殊值时，解的唯一性被破坏了)。

例 5.1 用最小势能原理求解图 5.4 的问题。

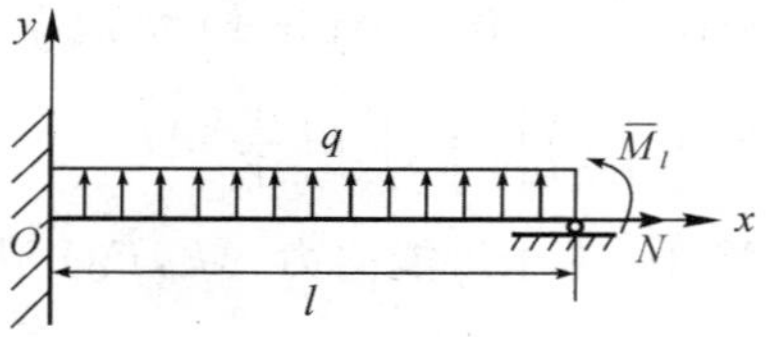

图 5.4 一端固支、一端简支的梁

考虑一端固支($x=0$)、一端简支($x=l$)梁，梁右端作用的力矩为$\bar{M}_l$，承受的轴向拉力为 N，横向分布载荷为 $q(x)$，那么位移和力的边界条件为

$$v(0) = \bar{v}_0 = 0, \quad \frac{\mathrm{d}v}{\mathrm{d}x}(0) = \bar{\theta}_0 = 0$$

$$v(l) = \bar{v}_l = 0, \quad M(l) = \bar{M}_l$$

由于存在轴向拉力 N，所以这里是弯曲和拉伸的组合变形。一般来说，轴力作用下轴向变形的应变能远小于弯曲变形的应变能，在大部分情况中可以忽略轴向拉压应变能的影响，从而我们只考虑因横向位移(挠度)所引起的拉伸应变能。总的势能为

$$\Pi = \Pi_1 + \Pi_2 + \Pi_3$$

这里 Π_1、Π_2、Π_3 分别为梁的弯曲应变能、拉伸应变能和外力势能，即

$$\Pi_1 = \frac{1}{2}\int_0^l EI\left(\frac{\mathrm{d}^2 v}{\mathrm{d}x^2}\right)^2 \mathrm{d}x$$

$$\Pi_2 = -\frac{1}{2}\int_0^l N\left(\frac{\mathrm{d}v}{\mathrm{d}x}\right)^2 \mathrm{d}x$$

$$\Pi_3 = -\int_0^l qv\mathrm{d}x - \overline{M}_l \frac{\mathrm{d}v(l)}{\mathrm{d}x} = -\int_0^l qv\mathrm{d}x - \overline{M}_l v'(l)$$

其中在拉力 N 作用下、因横向位移引起的应变能为

$$\Pi_2 = \int_0^l N\mathrm{d}\Delta = -\int_0^l N\left(\sqrt{1+\left(\frac{\mathrm{d}v}{\mathrm{d}x}\right)^2} - 1\right)\mathrm{d}x \approx -\int_0^l N\left(1+\frac{1}{2}\left(\frac{\mathrm{d}v}{\mathrm{d}x}\right)^2 - 1\right)\mathrm{d}x$$

$$= -\frac{1}{2}\int_0^l N\left(\frac{\mathrm{d}v}{\mathrm{d}x}\right)^2 \mathrm{d}x$$

根据最小势能原理

$$\begin{aligned}
\delta\Pi &= \int_0^l EI\frac{\mathrm{d}^2 v}{\mathrm{d}x^2}\delta\frac{\mathrm{d}^2 v}{\mathrm{d}x^2}\mathrm{d}x - \int_0^l N\frac{\mathrm{d}v}{\mathrm{d}x}\delta\frac{\mathrm{d}v}{\mathrm{d}x}\mathrm{d}x - \int_0^l q\delta v\mathrm{d}x - \overline{M}_l\delta v'(l) \\
&= \int_0^l \frac{\mathrm{d}^2}{\mathrm{d}x^2}\left(EI\frac{\mathrm{d}^2 v}{\mathrm{d}x^2}\right)\delta v\mathrm{d}x + \int_0^l N\frac{\mathrm{d}^2 v}{\mathrm{d}x^2}\delta v\mathrm{d}x - \int_0^l q\delta v\mathrm{d}x - \overline{M}_l\delta v'(l) \\
&\quad + \left[\left(EI\frac{\mathrm{d}^2 v}{\mathrm{d}x^2}\right)\delta v' - \frac{\mathrm{d}}{\mathrm{d}x}\left(EI\frac{\mathrm{d}^2 v}{\mathrm{d}x^2}\right)\delta v\right]\Bigg|_0^l - \left(N\frac{\mathrm{d}v}{\mathrm{d}x}\delta v\right)\Bigg|_0^l \\
&= \int_0^l \left[\frac{\mathrm{d}^2}{\mathrm{d}x^2}\left(EI\frac{\mathrm{d}^2 v}{\mathrm{d}x^2}\right) + N\frac{\mathrm{d}^2 v}{\mathrm{d}x^2} - q\right]\delta v\mathrm{d}x + \left[EI\frac{\mathrm{d}^2 v}{\mathrm{d}x^2}(l) - \overline{M}_l\right]\delta v'(l) = 0
\end{aligned}$$

从而得到用位移表示的平衡方程

$$\frac{\mathrm{d}^2}{\mathrm{d}x^2}\left(EI\frac{\mathrm{d}^2 v}{\mathrm{d}x^2}\right) + N\frac{\mathrm{d}^2 v}{\mathrm{d}x^2} - q = 0$$

和力的边界条件

$$EI\frac{\mathrm{d}^2 v}{\mathrm{d}x^2}(l) - \overline{M}_l = 0$$

当 $N=0$ 时，即为方程(5.1.19)。

5.2.2　梁弯曲的最小余能原理

余应变能为

$$V_b = \frac{1}{2}\int_0^l \frac{M_z^2}{EI_z}\mathrm{d}x \tag{5.2.7}$$

静力可能内力(M_z, F_{Qy})指满足平衡方程

$$F_Q = -\frac{\mathrm{d}M_z}{\mathrm{d}x},\quad q = -\frac{\mathrm{d}F_{Qy}}{\mathrm{d}x} \tag{5.2.8}$$

同时满足内力边界条件

$$M_z = \overline{M},\quad F_Q = \overline{F}_Q\text{（自由端）} \tag{5.2.9}$$

$$M_z = \overline{M}(\text{简支端}) \tag{5.2.10}$$

的内力。

类似地，可以得到下列**梁弯曲的最小余能原理**。

定理 5.2 在所有静力可能内力中，真实的内力使得总余能

$$\Gamma = \frac{1}{2}\int_0^l \frac{M_z^2}{EI_z}\mathrm{d}x - (F_{Qy}\bar{v} + M_z\bar{v}')_{B_u} n_x = \min \tag{5.2.11}$$

这里边界上给定挠度和转角的余能为

$$-(F_{Qy}\bar{v} + M_z\bar{v}')_{B_u} = \begin{cases} -F_{Qy}\bar{v}(\text{简支端}) \\ -F_{Qy}\bar{v} - M_z\bar{v}'(\text{固支端}) \end{cases}$$

例 5.2 用最小余能原理求解图 5.4 的问题。

为简单起见，假设轴力 $N = 0$，那么总的余能为

$$\Gamma = \frac{1}{2}\int_0^l \frac{M_z^2}{EI_z}\mathrm{d}x - \bar{v}_l F_{Qy}(l) + \bar{v}_0 F_{Qy}(0) + \bar{v}_0' M_z(0)$$

这里 $x = 0$ 为固支端（挠度和转角同时给定），$x = l$ 为简支端（挠度给定），这样可能内力 M 需满足平衡方程

$$\frac{\mathrm{d}^2 M_z}{\mathrm{d}x^2} = q$$

和力的边界条件

$$M_z(l) = \overline{M}_l$$

根据最小余能定理

$$\delta\Gamma = \int_0^l \frac{M_z}{EI_z}\delta M_z \mathrm{d}x - \bar{v}_l \delta F_{Qy}(l) + \bar{v}_0 \delta F_{Qy}(0) + \bar{v}_0' \delta M_z(0) = 0 \tag{a}$$

在梁的恒等式(5.2.4)中取 M 为 δM_z，v 为挠度函数，得

$$\int_0^l \frac{\mathrm{d}^2 \delta M_z}{\mathrm{d}x^2} v \mathrm{d}x + \left(\delta F_{Qy} v + \delta M_z \frac{\mathrm{d}v}{\mathrm{d}x}\right)\bigg|_0^l = \int_0^l \delta M_z \frac{\mathrm{d}^2 v}{\mathrm{d}x^2}\mathrm{d}x$$

由于 M_z 需要满足式(5.2.8)和式(5.2.10)，也就是 $\frac{\mathrm{d}^2 \delta M_z}{\mathrm{d}x^2} = 0, x \in (0, l)$ 和 $\delta M_z(l) = 0$，从而上式变成

$$\int_0^l \frac{\mathrm{d}^2 v}{\mathrm{d}x^2}\delta M_z \mathrm{d}x = v(l)\delta F_{Qy}(l) - v(0)\delta F_{Qy}(0) - v'(0)\delta M_z(0) \tag{b}$$

从式(a)和式(b)可以得到

$$\int_0^l \left(\frac{\mathrm{d}^2 v}{\mathrm{d}x^2} - \frac{M_z}{EI_z}\right)\delta M_z \mathrm{d}x = (v(l) - \bar{v}_l)\delta F_{Qy}(l) - (v(0) - \bar{v}_0)\delta F_{Qy}(0) - (v'(0) - \bar{v}_0')\delta M_z(0)$$

根据变分引理，可以得到用弯矩表示的挠曲线方程

$$M_z = EI_z \frac{\mathrm{d}^2 v}{\mathrm{d}x^2} \tag{c}$$

和位移边界条件

$$v(0)=\bar{v}_0,\quad v'(0)=\bar{v}'_0,\quad v(l)=\bar{v}_l \tag{d}$$

式(c) 也可以视为几何方程。

5.3　两个广义位移的梁

第 5.1.1 节中的假定导致弯曲平面上只有一个独立的广义位移，即 $v_0(x)$。如果将直法线假定改为直线的假定(即梁在轴线上任一法线，变形后仍保持直线但不一定是法线)，这样弯曲平面上将有 2 个独立变量，则梁的基本假定(5.1.12) 变成

$$\begin{aligned}&\sigma_y=\sigma_z=0\\&u(x,y,z)=-y\psi_z(x),\quad v(x,y,z)=v_0(x),\quad w(x,y,z)=0\end{aligned} \tag{5.3.1}$$

这里 $\psi_z(x)$ 是横截面在弯曲平面内的转角。

考虑两类变量广义变分原理。因为

$$\begin{aligned}\delta\Gamma_2(\boldsymbol{\sigma},\boldsymbol{u})&=\iiint_\Omega\left\{\left[\frac{\partial V}{\partial\boldsymbol{\sigma}}-(\boldsymbol{E}^{\mathrm{T}}(\nabla)\boldsymbol{u})^{\mathrm{T}}\right]\delta\boldsymbol{\sigma}+[\boldsymbol{E}(\nabla)\boldsymbol{\sigma}+\boldsymbol{f}]^{\mathrm{T}}\delta\boldsymbol{u}\right\}\mathrm{d}\Omega\\&\quad+\iint_{B_u}(\boldsymbol{u}-\bar{\boldsymbol{u}})^{\mathrm{T}}\boldsymbol{E}(\boldsymbol{n})\delta\boldsymbol{\sigma}\mathrm{d}B-\iint_{B_\sigma}[\boldsymbol{E}(\boldsymbol{n})\boldsymbol{\sigma}-\bar{\boldsymbol{p}}]^{\mathrm{T}}\delta\boldsymbol{u}\mathrm{d}B\\&=0\end{aligned} \tag{5.3.2}$$

由 $\dfrac{\partial V}{\partial\boldsymbol{\sigma}}-[\boldsymbol{E}^{\mathrm{T}}(\nabla)\boldsymbol{u}]^{\mathrm{T}}=0$ 可得

$$\sigma_x=-Ey\frac{\mathrm{d}\psi_z}{\mathrm{d}x},\quad \tau_{xy}=G\left(\frac{\mathrm{d}v_0}{\mathrm{d}x}-\psi_z\right),\quad \tau_{yz}=\tau_{zx}=0 \tag{5.3.3}$$

计算式(5.3.2) 中梁内和侧面项

$$\begin{aligned}&\iiint_\Omega[\boldsymbol{E}(\nabla)\boldsymbol{\sigma}]^{\mathrm{T}}\delta\boldsymbol{u}\mathrm{d}\Omega-\iint_{B_\sigma^s}[\boldsymbol{E}(\boldsymbol{n})\boldsymbol{\sigma}-\bar{\boldsymbol{p}}]^{\mathrm{T}}\delta\boldsymbol{u}\mathrm{d}S\\&=\int_0^l\mathrm{d}x\iint_A\left\{\left(\frac{\partial\sigma_x}{\partial x}+\frac{\partial\tau_{xy}}{\partial y}\right)(-y\delta\psi_z)+\frac{\partial\tau_{xy}}{\partial x}\delta v_0\right\}\mathrm{d}S\\&\quad-\int_0^l\mathrm{d}x\oint_{\partial A}\tau_{xy}n_y(-y\delta\psi_z)\mathrm{d}S+\int_0^l\mathrm{d}x\oint_{\partial A}\bar{\boldsymbol{p}}^{\mathrm{T}}\delta\boldsymbol{u}\mathrm{d}S\\&=\int_0^l\mathrm{d}x\iint_A\left\{-\frac{\partial\sigma_x}{\partial x}y\delta\psi_z-\frac{\partial}{\partial y}(\tau_{xy}y\delta\psi_z)+\tau_{xy}\delta\psi_z+\frac{\partial\tau_{xy}}{\partial x}\delta v_0\right\}\mathrm{d}S\\&\quad-\int_0^l\mathrm{d}x\oint_{\partial A}\tau_{xy}n_y(-y\delta\psi_z)\mathrm{d}S+\int_0^l\mathrm{d}x\oint_{\partial A}\bar{\boldsymbol{p}}^{\mathrm{T}}\delta\boldsymbol{u}\mathrm{d}S\\&=\int_0^l\left\{\left(\frac{\mathrm{d}M_z}{\mathrm{d}x}+F_{Qy}\right)\delta\psi_z+\left(\frac{\mathrm{d}F_{Qy}}{\mathrm{d}x}+q_y\right)\delta v_0\right\}\mathrm{d}x\end{aligned}$$

式中

$$M_z = -\iint_A \sigma_x y \mathrm{d}S, \quad F_{Qy} = \iint_A \tau_{xy} \mathrm{d}S, \quad q_y = \oint_{\partial A} \bar{p}_y \mathrm{d}S$$

此外端部的位移和应力边界项分别为

$$\iint_{B_u^e} (\boldsymbol{u} - \bar{\boldsymbol{u}}) \boldsymbol{E}(\boldsymbol{n}) \delta\boldsymbol{\sigma} \mathrm{d}S = \iint_{B_u^e} \{-y(\psi_z - \bar{\psi}_z)\delta\sigma_x + (v_0 - \bar{v}_0)\delta\tau_{xy}\} n_x \mathrm{d}S$$

$$= \{(\psi_z - \bar{\psi}_z)\delta M_z + (v_0 - \bar{v}_0)\delta F_{Qy}\} n_x$$

$$\iint_{B_\sigma^e} [\boldsymbol{E}(\boldsymbol{n})\boldsymbol{\sigma} - \bar{\boldsymbol{p}}]^{\mathrm{T}} \delta\boldsymbol{u} \mathrm{d}S = \iint_{B_\sigma^e} [(\sigma_x n_x - \bar{p}_x)\delta(-y\psi_z) + (\tau_{xy} n_x - \bar{p}_y)\delta v_0] \mathrm{d}S$$

$$= (M_z n_x - \overline{M}_z)\delta\psi_z + (F_{Qy} n_x - \overline{F}_y)\delta v_0$$

式中

$$\overline{M}_z = -\iint_{B_\sigma^e} y \bar{p}_x \mathrm{d}S, \quad \overline{F}_y = \iint_{B_\sigma^e} \bar{p}_y \mathrm{d}S$$

将以上各式代入式(5.3.2)可得

$$\frac{\mathrm{d}M_z}{\mathrm{d}x} + F_{Qy} = 0, \quad \frac{\mathrm{d}F_{Qy}}{\mathrm{d}x} + q_y = 0 \qquad \Omega \text{ 内} \tag{5.3.4}$$

$$\psi_z = \bar{\psi}_z, \quad v_0 = \bar{v}_0 \qquad B_u^e \text{ 上} \tag{5.3.5}$$

$$M_z n_x = \overline{M}_z, \quad F_{Qy} n_x = \overline{F}_y \qquad B_\sigma^e \text{ 上} \tag{5.3.6}$$

将式(5.3.3)写成内力形式

$$M_y = -EI_y \frac{\mathrm{d}\psi_z}{\mathrm{d}x}, \quad F_{Qy} = GA\left(\frac{\mathrm{d}v_0}{\mathrm{d}x} - \psi_z\right) \tag{5.3.7}$$

这样，式(5.3.4)到式(5.3.7)给出了修正梁(考虑剪切效应的梁)的全部方程和边界条件。

这样的梁称为**铁摩辛柯(Timoshenko)梁**。当直线假定退化为直法线假定，即

$$\psi_z = \frac{\mathrm{d}v_0}{\mathrm{d}x}$$

时，则退化为欧拉—伯努利梁。

与欧拉—伯努利梁相比，铁摩辛柯梁考虑了梁的剪切效应，所以它的适用范围更广。在同一个弯曲平面 Oxy 内，铁摩辛柯梁有两个未知函数 v_0、ψ_z，而欧拉—贝努利梁只有一个未知函数 v_0。不过从求解的角度，前者是两个二阶方程，后者是一个四阶方程，所以难易程度相仿。

铁摩辛柯梁的直线假定意味着在横截面上切应变(从而切应力)处处相等，也就只给出了截面上平均切应力而不是真实的切应力分布。由于实际上往往梁的上下表面切应力为零，而中心处切应力最大，所以对于中心位置对称的截面，我们可以假定切应变(力)沿着坐标轴呈抛物线分布，即

$$\gamma_{xy} = \frac{\partial u}{\partial y} + \frac{\partial v}{\partial x} = \alpha(x)\left(\frac{h_y^2}{4} - y^2\right) \tag{5.3.8}$$

这里 h_y 是沿着 y 方向的梁高。考虑到 $v = v_0(x)$，$u\big|_{y=0} = 0$，从而

$$u = \alpha(x)\left(\frac{h_y^2}{4} - \frac{y^2}{3}\right)y - v'_0(x)y$$

这样,代替铁摩辛柯梁假定(5.3.1) 为

$$\left.\begin{aligned}&\sigma_y = \sigma_z = 0\\&u(x,y,z) = \alpha(x)\left(\frac{h_y^2}{4} - \frac{y^2}{3}\right)y - v'_0(x)y\\&v(x,y,z) = v_0(x), w(x,y,z) = 0\end{aligned}\right\} \tag{5.3.9}$$

对于中心位置不对称的截面,我们可以用

$$\gamma_{xy} = \frac{\partial u}{\partial y} + \frac{\partial v}{\partial x} = \alpha(x)(h_{\max} - y)(y - h_{\min})$$

代替式(5.3.8),这里 $h_{\max} \geqslant y \geqslant h_{\min}$,$y = 0$ 是截面中心位置。

5.4　薄板弯曲问题

薄板小挠度弯曲问题如图 5.5 所示。

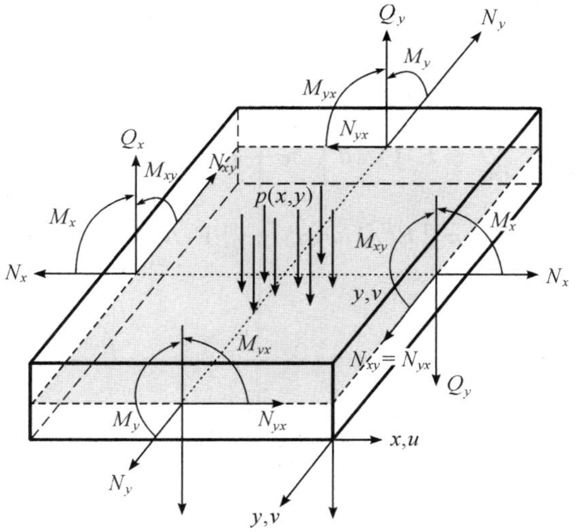

图 5.5　薄板的弯曲

5.4.1　薄板弯曲的基本假设

薄板弯曲问题的经典理论是 Kirchhoff 和 Love 建立的,主要假定为

(1) 薄板的厚度 h 比薄板的跨度要小得多;

(2) 薄板中面的挠度 w 是小挠度，其与薄板的厚度 h 之比小于或等于$\frac{1}{5}$。

由此可以得到如下的假设。

1. 直法线假设

变形前位于中面法线上各点，变形后仍位于变形后中面的同一法线上，且法线上各点之间的距离不变，也就是说沿厚度的变化可以忽略不计。

$$
\begin{aligned}
u(x,y,z) &= -z\frac{\partial w_0}{\partial x} \\
v(x,y,z) &= -z\frac{\partial w_0}{\partial y} \\
w(x,y,z) &= w_0(x,y)
\end{aligned}
\tag{5.4.1}
$$

2. 应力假设

与其他应力相比，沿厚度方向的正应力可以忽略，也就是说

$$
\sigma_z = 0 \tag{5.4.2}
$$

很明显，这两个假定与 5.1.1 节的欧拉 — 伯努利梁的假定完全类似。

5.4.2 薄板弯曲的基本方程

和梁弯曲类似，我们选择二类变量广义余能原理(4.2.1) 来推导基本方程

$$
\begin{aligned}
\delta\Gamma_2(\boldsymbol{\sigma},\boldsymbol{u}) = & \iiint_{\Omega}\left\{\left[\frac{\partial V}{\partial\boldsymbol{\sigma}} - \boldsymbol{E}^{\mathrm{T}}(\nabla)\boldsymbol{u}\right]^{\mathrm{T}}\delta\boldsymbol{\sigma} + [\boldsymbol{E}(\nabla)\boldsymbol{\sigma} + \boldsymbol{f}]^{\mathrm{T}}\delta\boldsymbol{u}\right\}\mathrm{d}\Omega \\
& + \iint_{B_u}[\boldsymbol{u} - \bar{\boldsymbol{u}}]^{\mathrm{T}}\boldsymbol{E}(\boldsymbol{n})\delta\boldsymbol{\sigma}\mathrm{d}B - \iint_{B_\sigma}[\boldsymbol{E}(\boldsymbol{n})\boldsymbol{\sigma} - \bar{\boldsymbol{p}}]^{\mathrm{T}}\delta\boldsymbol{u}\mathrm{d}B \\
= & \ 0
\end{aligned}
\tag{5.4.3}
$$

由$\frac{\partial V}{\partial\boldsymbol{\sigma}} - (\boldsymbol{E}^{\mathrm{T}}(\nabla)\boldsymbol{u})^{\mathrm{T}} = 0$ 可得

$$
\left.
\begin{aligned}
&\sigma_x = \frac{E}{1-\nu^2}(\varepsilon_x + \nu\varepsilon_y) = -\frac{Ez}{1-\nu^2}\left(\frac{\partial^2 w_0}{\partial x^2} + \nu\frac{\partial^2 w_0}{\partial y^2}\right) \\
&\sigma_y = -\frac{Ez}{1-\nu^2}\left(\frac{\partial^2 w_0}{\partial y^2} + \nu\frac{\partial^2 w_0}{\partial x^2}\right), \tau_{xy} = -2Gz\frac{\partial^2 w_0}{\partial x\partial y} \\
&\tau_{yz} = \tau_{zx} = 0
\end{aligned}
\right\}, \quad \Omega \text{ 内} \tag{5.4.4}
$$

用上标"s"记板的上下表面，"e"记板的侧边，考虑到实际中板的上下表面都是力的边界条件，从而 $B_u = B_u^e$。假定在板 Ω 内 $\boldsymbol{f} = 0$，在板的上下表面只有横向截荷，即在 B_σ^s 上，$\bar{p}_x = \bar{p}_y = 0$。此外，记 S 是板的中面区域。

下面计算式(5.4.3) 中剩余各项。首先计算体内和上下表面项：

$$
\iiint_{\Omega}[\boldsymbol{E}(\nabla)\boldsymbol{\sigma}]^{\mathrm{T}}\delta\boldsymbol{u}\mathrm{d}\Omega - \iint_{B_\sigma^s}[\boldsymbol{E}(\boldsymbol{n})\boldsymbol{\sigma} - \bar{\boldsymbol{p}}]^{\mathrm{T}}\delta\boldsymbol{u}\mathrm{d}x\mathrm{d}y
$$

$$
\begin{aligned}
&=\iint_S \mathrm{d}x\mathrm{d}y\int_{-\frac{h}{2}}^{\frac{h}{2}}\left[\left(\frac{\partial\sigma_x}{\partial x}+\frac{\partial\tau_{xy}}{\partial y}\right)\left(-z\frac{\partial\delta w_0}{\partial x}\right)+\left(\frac{\partial\tau_{xy}}{\partial x}+\frac{\partial\sigma_y}{\partial y}\right)\left(-z\frac{\partial\delta w_0}{\partial y}\right)\right]\mathrm{d}z+\iint_{B_\sigma^s}\bar{p}_z\delta w_0\mathrm{d}x\mathrm{d}y\\
&=\iint_S \mathrm{d}x\mathrm{d}y\left[\left(\frac{\partial M_x}{\partial x}+\frac{\partial M_{xy}}{\partial y}\right)\left(-\frac{\partial\delta w_0}{\partial x}\right)+\left(\frac{\partial M_{xy}}{\partial x}+\frac{\partial M_y}{\partial y}\right)\left(-\frac{\partial\delta w_0}{\partial y}\right)+q\delta w_0\right]\\
&=\iint_S\left[\frac{\partial^2 M_x}{\partial x^2}+2\frac{\partial^2 M_{xy}}{\partial x\partial y}+\frac{\partial^2 M_y}{\partial y^2}+q\right]\delta w_0\mathrm{d}x\mathrm{d}y\\
&\quad-\oint_{\partial S}\left[\left(\frac{\partial M_x}{\partial x}+\frac{\partial M_{xy}}{\partial y}\right)n_x+\left(\frac{\partial M_{xy}}{\partial x}+\frac{\partial M_y}{\partial y}\right)n_y\right]\delta w_0\mathrm{d}S
\end{aligned}
\tag{5.4.5}
$$

式中

$$
M_x=\int_{-\frac{h}{2}}^{\frac{h}{2}}\sigma_x z\mathrm{d}z,\quad M_y=\int_{-\frac{h}{2}}^{\frac{h}{2}}\sigma_y z\mathrm{d}z,\quad M_{xy}=\int_{-\frac{h}{2}}^{\frac{h}{2}}\tau_{xy}z\mathrm{d}z,\quad q=\bar{p}_z^u+\bar{p}_z^d
$$

$\bar{p}_z^u$、$\bar{p}_z^d$ 分别是上、下表面外力的密度，n_x、n_y 是板中面边界上的外法线方向。注意，板中的 M_x、M_y、M_{xy} 和梁中内力矩(5.3.4)有很大不同：板中的力矩是沿侧边的线密度，而且方向是按对应的应力而不是力矩实际方向标记的；而梁的力矩是整个截面上的总力矩，且方向是按力矩实际方向标记的，譬如 M_y 的实际指向是 y 方向。

计算侧边的位移边界条件项

$$
\begin{aligned}
&\iint_{B_u^e}(\boldsymbol{u}-\bar{\boldsymbol{u}})^{\mathrm{T}}\boldsymbol{E}(\boldsymbol{n})\delta\boldsymbol{\sigma}\mathrm{d}B\\
&\quad=\int_{B_u^e}\mathrm{d}s\int_{-\frac{h}{2}}^{\frac{h}{2}}\left[\left(-z\frac{\partial w_0}{\partial x}+z\frac{\partial\bar{w}_0}{\partial x}\right)(n_x\delta\sigma_x+n_y\delta\tau_{xy})\right.\\
&\qquad\left.+\left(-z\frac{\partial w_0}{\partial y}+z\frac{\partial\bar{w}_0}{\partial y}\right)(n_x\delta\tau_{xy}+n_y\delta\sigma_y)+(w_0-\bar{w}_0)(n_x\delta\tau_{zx}+n_y\delta\tau_{zy})\right]\mathrm{d}z\\
&\quad=\int_{B_u^e}\mathrm{d}s\left[\left(-\frac{\partial w_0}{\partial x}+\frac{\partial\bar{w}_0}{\partial x}\right)(n_x\delta M_x+n_y\delta M_{xy})\right.\\
&\qquad\left.+\left(-\frac{\partial w_0}{\partial y}+\frac{\partial\bar{w}_0}{\partial y}\right)(n_x\delta M_{xy}+n_y\delta M_y)+(w_0-\bar{w}_0)(n_x\delta Q_{xz}+n_y\delta Q_{yz})\right]
\end{aligned}
$$

式中

$$
Q_{xz}=\int_{-\frac{h}{2}}^{\frac{h}{2}}\tau_{zx}\mathrm{d}z,\quad Q_{yz}=\int_{-\frac{h}{2}}^{\frac{h}{2}}\tau_{zy}\mathrm{d}z
\tag{5.4.6}
$$

为**横向剪力**。

计算侧边的应力边界条件项

$$
\begin{aligned}
&\iint_{B_\sigma^e}[\boldsymbol{E}(\boldsymbol{n})\boldsymbol{\sigma}-\bar{\boldsymbol{p}}]^{\mathrm{T}}\delta\boldsymbol{u}\mathrm{d}B\\
&\quad=\iint_{B_\sigma^e}\left[(\sigma_x n_x+\tau_{xy}n_y-\bar{p}_x)\delta\left(-z\frac{\partial w_0}{\partial x}\right)+(\tau_{xy}n_x+\sigma_y n_y-\bar{p}_y)\delta\left(-z\frac{\partial w_0}{\partial y}\right)-\bar{p}_z\delta w_0\right]\mathrm{d}B\\
&\quad=\int_{B_\sigma^e}\left[-(M_x n_x+M_{xy}n_y-\bar{M}_{nx})\delta\frac{\partial w_0}{\partial x}-(M_{xy}n_x+M_y n_y-\bar{M}_{ny})\delta\frac{\partial w_0}{\partial y}-\bar{Q}_{nz}\delta w_0\right]\mathrm{d}S
\end{aligned}
$$

式中

$$\overline{M}_{nx}=\int_{-\frac{h}{2}}^{\frac{h}{2}}\overline{p}_x z\,\mathrm{d}z,\quad \overline{M}_{ny}=\int_{-\frac{h}{2}}^{\frac{h}{2}}\overline{p}_y z\,\mathrm{d}z,\quad \overline{Q}_{nz}=\int_{-\frac{h}{2}}^{\frac{h}{2}}\overline{p}_z\,\mathrm{d}z$$

将以上诸式代入式(5.4.3)

$$\begin{aligned}&\iint_S\left(\frac{\partial^2 M_x}{\partial x^2}+2\frac{\partial^2 M_{xy}}{\partial x\partial y}+\frac{\partial^2 M_y}{\partial y^2}+q\right)\delta w_0\,\mathrm{d}x\mathrm{d}y+\\&\int_{B_u^e}\left[\left(-\frac{\partial w_0}{\partial x}+\frac{\partial \overline{w}_0}{\partial x}\right)(n_x\delta M_x+n_y\delta M_{xy})\right.\\&\left.+\left(-\frac{\partial w_0}{\partial y}+\frac{\partial \overline{w}_0}{\partial y}\right)(n_x\delta M_{xy}+n_y\delta M_y)+(w_0-\overline{w}_0)(n_x\delta Q_{xz}+n_y\delta Q_{yz})\right]\mathrm{d}S\\&+\int_{B_\sigma^e}\left\{(M_xn_x+M_{xy}n_y-\overline{M}_{nx})\delta\frac{\partial w_0}{\partial x}+(M_{xy}n_x+M_yn_y-\overline{M}_{ny})\delta\frac{\partial w_0}{\partial y}\right.\\&\left.-\left[\left(\frac{\partial M_x}{\partial x}+\frac{\partial M_{xy}}{\partial y}\right)n_x+\left(\frac{\partial M_{xy}}{\partial x}+\frac{\partial M_y}{\partial y}\right)n_y-\overline{Q}_{nz}\right]\delta w_0\right\}\mathrm{d}S\\&=0\end{aligned}\tag{5.4.7}$$

可得

$$\frac{\partial^2 M_x}{\partial x^2}+2\frac{\partial^2 M_{xy}}{\partial x\partial y}+\frac{\partial^2 M_y}{\partial y^2}+q=0,\quad \Omega\text{ 内}\tag{5.4.8}$$

而边界条件项需要进一步化简。

5.4.3 薄板弯曲的边界条件

下面讨论式(5.4.7)中边界条件项。

设板侧边上的局部坐标系方向为 $\boldsymbol{n}$、$\boldsymbol{s}$、$\boldsymbol{z}$，其中 $\boldsymbol{n}$ 是侧边的外法线方向，$\boldsymbol{s}$ 是切线方向，$\boldsymbol{z}$ 仍是板中面的法向，它们构成一右手坐标系。

$$\boldsymbol{n}=(n_x,n_y,0)^{\mathrm{T}},\quad \boldsymbol{s}=(-n_y,n_x,0)^{\mathrm{T}},\quad \boldsymbol{z}=(0,0,1)^{\mathrm{T}}$$

构造坐标变换矩阵

$$\boldsymbol{T}=\begin{bmatrix}n_x & -n_y & 0\\ n_y & n_x & 0\\ 0 & 0 & 1\end{bmatrix}$$

则应力分量变换公式为

$$\begin{aligned}\begin{bmatrix}\sigma_x & \tau_{xy} & \tau_{xz}\\ \tau_{xy} & \sigma_y & \tau_{yz}\\ \tau_{xz} & \tau_{yz} & 0\end{bmatrix}&=\boldsymbol{T}\begin{bmatrix}\sigma_n & \tau_{ns} & \tau_{nz}\\ \tau_{ns} & \sigma_s & \tau_{sz}\\ \tau_{nz} & \tau_{sz} & 0\end{bmatrix}\boldsymbol{T}^{-1}\\&=\begin{bmatrix}\sigma_n n_x^2-2\tau_{ns}n_yn_x+\sigma_s n_y^2 & (\sigma_n-\sigma_s)n_xn_y+\tau_{ns}(n_x^2-n_y^2) & \tau_{nz}n_x-\tau_{sz}n_y\\ (\sigma_n-\sigma_s)n_xn_y+\tau_{ns}(n_x^2-n_y^2) & \sigma_n n_y^2+2\tau_{ns}n_yn_x+\sigma_s n_x^2 & \tau_{nz}n_y+\tau_{sz}n_x\\ \tau_{nz}n_x-\tau_{sz}n_y & \tau_{nz}n_y+\tau_{sz}n_x & 0\end{bmatrix}\end{aligned}$$

从而

$$
\left.\begin{aligned}
M_x &= M_n n_x^2 - 2M_{ns} n_y n_x + M_s n_y^2 \\
M_y &= M_n n_y^2 + 2M_{ns} n_y n_x + M_s n_x^2 \\
M_{xy} &= (M_n - M_s) n_x n_y + M_{ns}(n_x^2 - n_y^2)
\end{aligned}\right\} \tag{5.4.9}
$$

和

$$
Q_{xz} = Q_{nz} n_x - Q_{sz} n_y, Q_{yz} = Q_{nz} n_y + Q_{sz} n_x \tag{5.4.10}
$$

现在来化简式式(5.4.7)中和边界有关的各项。由已知位移边界项

$$
\begin{aligned}
&\int_{B_u^e} \Big[\Big(-\frac{\partial w_0}{\partial x} + \frac{\partial \overline{w}_0}{\partial x} \Big)(n_x \delta M_x + n_y \delta M_{xy}) \\
&\quad + \Big(-\frac{\partial w_0}{\partial y} + \frac{\partial \overline{w}_0}{\partial y} \Big)(n_x \delta M_{xy} + n_y \delta M_y) + (w_0 - \overline{w}_0)(n_x \delta Q_{zx} + n_y \delta Q_{zy}) \Big] ds \\
&= \int_{B_u^e} \Big[\Big(-\frac{\partial w_0}{\partial n} + \frac{\partial \overline{w}_0}{\partial n} \Big) \delta M_n + \Big(-\frac{\partial w_0}{\partial s} + \frac{\partial \overline{w}_0}{\partial s} \Big) \delta M_{ns} + (w_0 - \overline{w}_0) \delta Q_{nz} \Big] ds \\
&= \int_{B_u^e} \Big[\Big(-\frac{\partial w_0}{\partial n} + \frac{\partial \overline{w}_0}{\partial n} \Big) \delta M_n + (w_0 - \overline{w}_0) \delta \Big(\frac{\partial M_{ns}}{\partial s} + Q_{nz} \Big) \Big] ds - (w_0 - \overline{w}_0) \delta M_{ns} \Big|_a^b \\
&= \int_{B_u^e} \Big[\Big(-\frac{\partial w_0}{\partial n} + \frac{\partial \overline{w}_0}{\partial n} \Big) \delta M_n + (w_0 - \overline{w}_0) \delta \Big(\frac{\partial M_{ns}}{\partial s} + Q_{nz} \Big) \Big] ds
\end{aligned}
$$

式中 a、b 是 B_u^e 的端点。当 $B_u^e = B^e$ 时，由连续(周期)性得 $(w_0 - \overline{w}_0)\delta M_{ns}\Big|_a^b = 0$；当 $B_u^e \neq B^e$ 时，则 a、b 是 B_u^e 和 B_σ^e 的交点，此时 $\delta M_{ns}\Big|_a = \delta M_{ns}\Big|_b = 0$；总之，$(w_0 - \overline{w}_0)\delta M_{ns}\Big|_a^b = 0$。

为了简化应力边界项，先建立 M_x、M_{xy}、M_y 和 Q_{xz}、Q_{yz} 间的关系。由平衡方程

$$
\frac{\partial \sigma_x}{\partial x} + \frac{\partial \tau_{xy}}{\partial y} + \frac{\partial \tau_{xz}}{\partial z} = 0 \Rightarrow \int_{-\frac{h}{2}}^{\frac{h}{2}} \Big(\frac{\partial \sigma_x}{\partial x} + \frac{\partial \tau_{xy}}{\partial y} + \frac{\partial \tau_{xz}}{\partial z} \Big) z \, dz = 0
$$

可导出

$$
Q_{xz} = \frac{\partial M_x}{\partial x} + \frac{\partial M_{xy}}{\partial y}, \quad Q_{yz} = \frac{\partial M_{xy}}{\partial x} + \frac{\partial M_y}{\partial y} \tag{5.4.11}
$$

这实际上是原假定的一次修正，因为按假定得到式(5.4.4)中 $\tau_{yz} = \tau_{zx} = 0$，从而 $Q_{yz} = Q_{xz} = 0$。

对已知力的边界项，这里假定板的侧边不是光滑的，存在角点 A，即

$$
\begin{aligned}
&\int_{B_\sigma^e} \Big\{ (M_x n_x + M_{xy} n_y - \overline{M}_{nx}) \delta \frac{\partial w_0}{\partial x} + (M_{xy} n_x + M_y n_y - \overline{M}_{ny}) \delta \frac{\partial w_0}{\partial y} \\
&\quad - \Big[\Big(\frac{\partial M_x}{\partial x} + \frac{\partial M_{xy}}{\partial y} \Big) n_x + \Big(\frac{\partial M_{xy}}{\partial x} + \frac{\partial M_y}{\partial y} \Big) n_y - \overline{Q}_{nz} \Big] \delta w_0 \Big\} ds \\
&= \int_{B_\sigma^e} \Big[(M_n - \overline{M}_n) \delta \frac{\partial w_0}{\partial n} + (M_{ns} - \overline{M}_{ns}) \delta \frac{\partial w_0}{\partial s} - (Q_{nz} - \overline{Q}_{nz}) \delta w_0 \Big] ds \\
&= \int_{B_\sigma^e} \Big[(M_n - \overline{M}_n) \delta \frac{\partial w_0}{\partial n} - \Big(Q_{nz} + \frac{\partial M_{ns}}{\partial s} - \overline{Q}_{nz} - \frac{\partial \overline{M}_{ns}}{\partial s} \Big) \delta w_0 \Big] ds
\end{aligned}
$$

$$+(M_{ns}-\overline{M}_{ns})\Big|_{A-}^{A+}\delta w_0$$

由于σ_x、σ_y、τ_{xy}是连续的，所以M_x、M_y和M_{xy}总是连续的。但如果边界不是光滑的，则在角点A处有

$$M_{ns}=(M_y-M_x)n_xn_y+M_{xy}(n_x^2-n_y^2) \tag{5.4.12}$$

因为n_x、n_y突变，将会出现跳跃，从而

$$\int_{B_\sigma^e}(M_{ns}-\overline{M}_{ns})\delta\frac{\partial w_0}{\partial s}\mathrm{d}s=-\int_{B_\sigma^e}\left(\frac{\partial M_{ns}}{\partial s}-\frac{\partial \overline{M}_{ns}}{\partial s}\right)\delta w_0\,\mathrm{d}s+(M_{ns}-\overline{M}_{ns})\Big|_{A-}^{A+}\delta w_0$$

这样，从前面推导可得到如下边界条件

$$w_0=\overline{w}_0,\qquad \frac{\partial w_0}{\partial n}=\frac{\partial \overline{w}_0}{\partial n},\qquad B_u^e\ \text{上} \tag{5.4.13}$$

$$M_n=\overline{M}_n,\qquad Q_{nz}+\frac{\partial M_{ns}}{\partial s}=\overline{Q}_{nz}+\frac{\partial \overline{M}_{ns}}{\partial s},\qquad B_\sigma^e\ \text{上} \tag{5.4.14}$$

$$M_{ns}\Big|_{A-}^{A+}=\overline{M}_{ns}\Big|_{A-}^{A+}\qquad \text{在}\ A\ \text{点} \tag{5.4.15}$$

从式(5.4.14)可以定义**广义剪力**(见板壳理论书籍，扭矩M_{ns}可以用分布剪力$\frac{\partial M_{ns}}{\partial s}$来代替)

$$V_n=Q_{nz}+\frac{\partial M_{ns}}{\partial s},\quad V_x=Q_{xz}+\frac{\partial M_{xy}}{\partial y},\quad V_y=Q_{yz}-\frac{\partial M_{yx}}{\partial x} \tag{5.4.16}$$

从而式(5.4.14)可写成

$$M_n=\overline{M}_n,\qquad V_n=\overline{V}_n,\qquad B_\sigma^e\ \text{上} \tag{5.4.17}$$

为方便起见，以后将w_0用w代替。对于常见的边界，有

(1) 简支边界

$$w=0,\quad M_n=0 \tag{5.4.18}$$

(2) 固支边界

$$w=0,\quad \frac{\partial w}{\partial n}=0 \tag{5.4.19}$$

(3) 自由边界

$$M_n=0,\quad V_n=0 \tag{5.4.20}$$

(4) 对于自由边界上的角点，则需补充条件(5.4.15)。这样，假定角点上没有集中力和分布扭矩，则

$$M_{ns}\Big|_{A-}^{A+}=0 \tag{5.4.21}$$

设角点交汇处两边界的外法线方向为

$$\boldsymbol{n}_{A+}=(\cos\alpha,\sin\alpha)^{\mathrm{T}},\quad \boldsymbol{n}_{A-}=(\cos\beta,\sin\beta)^{\mathrm{T}},\qquad \alpha\neq\beta$$

由式(5.4.21)和式(5.4.12)得

$$(M_y-M_x)\sin 2\alpha+2M_{xy}\cos 2\alpha=(M_y-M_x)\sin 2\beta+2M_{xy}\cos 2\beta$$

即 M_{ns} 在角点上是连续的。进一步整理得

$$(M_y - M_x)\cos(\alpha+\beta) = 2M_{xy}\sin(\alpha+\beta)$$

则角点条件(5.4.21)可写成挠度形式

$$\left(\frac{\partial^2 w}{\partial y^2} - \frac{\partial^2 w}{\partial x^2}\right)\cos(\alpha+\beta) = 2\,\frac{\partial^2 w}{\partial x \partial y}\sin(\alpha+\beta) \tag{5.4.22}$$

特别当角点是 90° 拐角，并且一个边界法向刚好平行某一坐标轴时，譬如 $\alpha = 0$、$\beta = \pm\frac{1}{2}\pi$ 时，可以得到 $\frac{\partial^2 w}{\partial x \partial y} = 0$。一般来说，在 90° 拐角处，补充条件为 $\frac{\partial^2 w}{\partial n_{A+} \partial n_{A-}} = 0$，而不是 $\frac{\partial^2 w}{\partial x \partial y} = 0$。这表明，并非对一般的角点补充条件都是 $\frac{\partial^2 w}{\partial x \partial y} = 0$，这一点要引起注意。

5.4.4　薄板弯曲问题的基本理论

至此，我们已经得到薄板弯曲问题的全部方程和边界条件，现整理如下。

将式(5.4.4)代入到式(5.4.5)和式(5.4.8)，就得到用挠度表示的平衡方程

$$D\,\nabla^2\nabla^2 w = q$$

或者

$$\nabla^2\nabla^2 w = \frac{q}{D} \tag{5.4.23}$$

和本构关系

$$\begin{aligned}
M_x &= \int_{-\frac{h}{2}}^{\frac{h}{2}} z\sigma_x \,\mathrm{d}z = -D\left(\frac{\partial^2 w}{\partial x^2} + \nu\frac{\partial^2 w}{\partial y^2}\right) \\
M_y &= \int_{-\frac{h}{2}}^{\frac{h}{2}} z\sigma_y \,\mathrm{d}z = -D\left(\frac{\partial^2 w}{\partial y^2} + \nu\frac{\partial^2 w}{\partial x^2}\right) \\
M_{xy} &= \int_{-\frac{h}{2}}^{\frac{h}{2}} z\tau_{xy} \,\mathrm{d}z = -D(1-\nu)\frac{\partial^2 w}{\partial x \partial y} \\
Q_{xz} &= -D\frac{\partial}{\partial x}(\nabla^2 w), \quad Q_{yz} = -D\frac{\partial}{\partial y}(\nabla^2 w)
\end{aligned} \tag{5.4.24}$$

式中 D 称为**板的弯曲刚度**，有

$$D = \frac{Eh^3}{12(1-\nu^2)}$$

再加上边界条件(5.4.13)、(5.4.14)、(5.4.15)或(5.4.22)，构成完整的薄板弯曲基本理论。这个理论完全是根据应力和变形假定(5.4.1)、(5.4.2)，利用广义余能原理(5.4.3)推演得到的。特别需要强调的是，用直观的力平衡分析方法很容易漏掉应力边界条件(5.4.14)中的 $\frac{\partial M_{ns}}{\partial s}$ 项和角点条件(5.4.15)。

也可以用三类变量的广义变分原理来推导薄板假定的结构合理性。[11]

5.5 薄板弯曲的最小势能原理

将上一节薄板弯曲问题中位移和应(内)力的表达式代入弹性力学最小势能原理中去，可以导出相应的方程和边界条件。

5.5.1 应变能和外力势能

线弹性体的应变能为

$$U = \frac{1}{2}\iiint_{\Omega}(\sigma_x\varepsilon_x + \sigma_y\varepsilon_y + \sigma_z\varepsilon_z + \tau_{yz}\gamma_{yz} + \tau_{zx}\gamma_{zx} + \tau_{xy}\gamma_{xy})\mathrm{d}V$$

对于薄板弯曲来说应变能为

$$U = \frac{1}{2}\iiint_{\Omega}(\sigma_x\varepsilon_x + \sigma_y\varepsilon_y + \tau_{xy}\gamma_{xy})\mathrm{d}V \tag{5.5.1}$$

在小挠度假设下，板内无薄膜应力，只有弯曲应力。根据前面的推导有

$$\sigma_x = -\frac{Ez}{1-v^2}\left(\frac{\partial^2 w}{\partial x^2} + v\frac{\partial^2 w}{\partial y^2}\right), \quad \sigma_y = -\frac{Ez}{1-v^2}\left(\frac{\partial^2 w}{\partial y^2} + v\frac{\partial^2 w}{\partial x^2}\right)$$

$$\tau_{xy} = -\frac{Ez}{1+v}\frac{\partial^2 w}{\partial x\partial y}$$

$$\varepsilon_x = -z\frac{\partial^2 w}{\partial x^2}, \quad \varepsilon_y = -z\frac{\partial^2 w}{\partial y^2}, \quad \gamma_{xy} = -2z\frac{\partial^2 w}{\partial x\partial y}$$

因此应变能表达式为

$$\begin{aligned}U &= \frac{D}{2}\iint_{S}\left[\left(\frac{\partial^2 w}{\partial x^2}\right)^2 + \left(\frac{\partial^2 w}{\partial y^2}\right)^2 + 2v\frac{\partial^2 w}{\partial x^2}\frac{\partial^2 w}{\partial y^2} + 2(1-v)\left(\frac{\partial^2 w}{\partial x\partial y}\right)^2\right]\mathrm{d}x\mathrm{d}y \\ &= \frac{D}{2}\iint_{S}\left\{\left(\frac{\partial^2 w}{\partial x^2} + \frac{\partial^2 w}{\partial y^2}\right)^2 + 2(1-v)\left[\left(\frac{\partial^2 w}{\partial x\partial y}\right)^2 - \frac{\partial^2 w}{\partial x^2}\frac{\partial^2 w}{\partial y^2}\right]\right\}\mathrm{d}x\mathrm{d}y\end{aligned} \tag{5.5.2}$$

横向分布载荷做功所对应的势能为

$$\Pi_1 = -\iint_{S} qw\,\mathrm{d}x\mathrm{d}y \tag{5.5.3}$$

把整个板的边界分成两部分 $\partial S = B_u^e + B_\sigma^e$，其中 B_u^e 上给定位移边界条件

$$w = \bar{w}, \quad \frac{\partial w}{\partial n} = \frac{\partial \bar{w}}{\partial n}$$

B_σ^e 上给定力的边界条件

$$M_n = \bar{M}_n, \quad V_n = \bar{V}_n$$

那么在 B_σ^e 边界上，弯矩做功所对应的势能为

$$\Pi_2 = \int_{B_\sigma^e}\bar{M}_n\frac{\partial w}{\partial n}\mathrm{d}s\text{（因为正的 } M_n \text{ 与正的}\frac{\partial w}{\partial n}\text{ 方向相反）} \tag{5.5.4}$$

广义剪力做功所对应的势能为

$$\Pi_3 = -\int_{B_\sigma^e} \overline{V}_n w \,\mathrm{d}s = -\int_{B_\sigma^e} \left(\overline{Q}_n + \frac{\partial \overline{M}_{ns}}{\partial s}\right) w \,\mathrm{d}s \tag{5.5.5}$$

至于应力边界 B_σ^e 上的角点 A 上存在集中力的情形，可以用 δ 函数方法归并到式(5.5.5) 中去。

5.5.2 薄板弯曲的最小势能原理

根据最小势能原理可得

定理 5.3 薄板弯曲的最小势能原理　薄板弯曲的精确解应使下列总势能取极小值

$$\Pi = U + \Pi_1 + \Pi_2 + \Pi_3 \tag{5.5.6}$$

如果利用式(5.4.23)

$$M_x = -D\left(\frac{\partial^2 w}{\partial x^2} + v\frac{\partial^2 w}{\partial y^2}\right), \quad M_y = -D\left(\frac{\partial^2 w}{\partial y^2} + v\frac{\partial^2 w}{\partial x^2}\right)$$

$$M_{xy} = M_{yx} = -D(1-v)\frac{\partial^2 w}{\partial x \partial y}$$

那么

$$\begin{aligned}
\delta U &= \iint_S \left(-M_x \delta\frac{\partial^2 w}{\partial x^2} - M_y \delta\frac{\partial^2 w}{\partial y^2} - 2M_{xy}\delta\frac{\partial^2 w}{\partial x \partial y}\right)\mathrm{d}x\mathrm{d}y \\
&= \iint_S \left[-\frac{\partial}{\partial x}\left(M_x \delta\frac{\partial w}{\partial x} + M_{xy}\delta\frac{\partial w}{\partial y}\right) - \frac{\partial}{\partial y}\left(M_y \delta\frac{\partial w}{\partial y} + M_{xy}\delta\frac{\partial w}{\partial x}\right)\right. \\
&\quad \left. + \frac{\partial}{\partial x}\left(\frac{\partial M_x}{\partial x}\delta w + \frac{\partial M_{xy}}{\partial y}\delta w\right) + \frac{\partial}{\partial y}\left(\frac{\partial M_y}{\partial y}\delta w + \frac{\partial M_{xy}}{\partial x}\delta w\right)\right]\mathrm{d}x\mathrm{d}y \\
&\quad - \iint_S \left[\left(\frac{\partial^2 M_x}{\partial x^2} + \frac{\partial^2 M_y}{\partial y^2} + 2\frac{\partial^2 M_{xy}}{\partial x \partial y}\right)\delta w\right]\mathrm{d}x\mathrm{d}y \\
&= \oint_{\partial S}\left[-M_n \delta\frac{\partial w}{\partial n} + \left(\frac{\partial M_{ns}}{\partial s} + Q_{nz}\right)\delta w\right]\mathrm{d}s \\
&\quad - \iint_S \left[\left(\frac{\partial^2 M_x}{\partial x^2} + \frac{\partial^2 M_y}{\partial y^2} + 2\frac{\partial^2 M_{xy}}{\partial x \partial y}\right)\delta w\right]\mathrm{d}x\mathrm{d}y
\end{aligned}$$

这里已用到式(5.4.9) 和式(5.4.10)，此外如果边界上有角点，上述的边界积分中 $\frac{\partial M_{ns}}{\partial s}$ 项被理解为广义函数，即包含 δ 函数项。

这样，由 $\delta\Pi = 0$ 可得方程(5.4.8) 和边界条件(5.4.14)、(5.4.15)，再加上本构关系(5.4.24) 和位移边界条件(5.4.13)，就是薄板理论的全部方程。

5.6 中厚板的弯曲

现在用弹性力学变分原理推导中厚板弯曲的方程和边界条件。

在薄板弯曲理论中，横向剪切变形为零的假定不符合有横向载荷作用时的情形，只能说，当板很薄时这个理论和实际情况符合较好。当板变厚时，剪切影响会越来越大，需要考虑剪切变形，从而上述假定需要修正。类似两个广义位移的梁(5.3 节)，这里采用挤压应力为零假定和直线假定，即

$$\left.\begin{aligned}&\sigma_z=0\\&u=-z\psi_x(x,y),\quad v=-z\psi_y(x,y),\quad w=w(x,y)\end{aligned}\right\}\tag{5.6.1}$$

从而

$$\left.\begin{aligned}&\varepsilon_x=-z\frac{\partial\psi_x}{\partial x},\quad \varepsilon_y=-z\frac{\partial\psi_y}{\partial y}\\&\gamma_{xy}=-z\left(\frac{\partial\psi_x}{\partial y}+\frac{\partial\psi_y}{\partial x}\right),\quad \gamma_{xz}=\frac{\partial w}{\partial x}-\psi_x,\quad \gamma_{yz}=\frac{\partial w}{\partial y}-\psi_y\end{aligned}\right\}\tag{5.6.2}$$

这里 w 是板的挠度，ψ_x、ψ_y 是板中面上法线的转角。在这样假定下的板的理论称为**明特林(Mindlin)板**。

两类变量广义余能原理为

$$\begin{aligned}\delta\Gamma_2(\boldsymbol{\sigma},\boldsymbol{u})=&\iiint_{\Omega}\left\{\left[\frac{\partial V}{\partial\boldsymbol{\sigma}}-\boldsymbol{E}^{\mathrm{T}}(\nabla)\boldsymbol{u}\right]^{\mathrm{T}}\delta\boldsymbol{\sigma}+[\boldsymbol{E}(\nabla)\boldsymbol{\sigma}+\boldsymbol{f}]^{\mathrm{T}}\delta\boldsymbol{u}\right\}\mathrm{d}\Omega\\&+\iint_{B_u}(\boldsymbol{u}-\bar{\boldsymbol{u}})^{\mathrm{T}}\boldsymbol{E}(\boldsymbol{n})\delta\boldsymbol{\sigma}\mathrm{d}B-\iint_{B_\sigma}[\boldsymbol{E}(\boldsymbol{n})\boldsymbol{\sigma}-\bar{\boldsymbol{p}}]^{\mathrm{T}}\delta\boldsymbol{u}\mathrm{d}B\\=&0\end{aligned}$$

由 $\dfrac{\partial V}{\partial\boldsymbol{\sigma}}-\boldsymbol{E}^{\mathrm{T}}(\nabla)\boldsymbol{u}=0$ 可得

$$\left.\begin{aligned}&\varepsilon_x=\frac{1}{E}(\sigma_x-\nu\sigma_y),\quad \varepsilon_y=\frac{1}{E}(\sigma_y-\nu\sigma_x)\\&\gamma_{xy}=\frac{1}{G}\tau_{xy},\quad \gamma_{yz}=\frac{1}{G}\tau_{yz},\quad \gamma_{zx}=\frac{1}{G}\tau_{zx}\end{aligned}\right\}\tag{5.6.3}$$

仍然假定 $\boldsymbol{f}=0$，Ω 内；$\bar{p}_x=\bar{p}_y=0$，B_σ^s 上，从而

$$\begin{aligned}&\iiint_{\Omega}[\boldsymbol{E}(\nabla)\boldsymbol{\sigma}]^{\mathrm{T}}\delta\boldsymbol{u}\mathrm{d}\Omega-\iint_{B_\sigma^s}[\boldsymbol{E}(\boldsymbol{n})\boldsymbol{\sigma}-\bar{\boldsymbol{p}}]^{\mathrm{T}}\delta\boldsymbol{u}\mathrm{d}B\\&=\iint_S\mathrm{d}x\mathrm{d}y\int_{-\frac{h}{2}}^{\frac{h}{2}}\left[\left(\frac{\partial\sigma_x}{\partial x}+\frac{\partial\tau_{xy}}{\partial y}+\frac{\partial\tau_{xz}}{\partial z}\right)(-z\delta\psi_x)\right.\\&\quad\left.+\left(\frac{\partial\tau_{xy}}{\partial x}+\frac{\partial\sigma_y}{\partial y}+\frac{\partial\tau_{zy}}{\partial z}\right)(-z\delta\psi_y)+\left(\frac{\partial\tau_{zx}}{\partial x}+\frac{\partial\tau_{zy}}{\partial y}\right)\delta w\right]\mathrm{d}z\end{aligned}$$

$$-\iint_{B_\sigma^s}[\tau_{xz}n_z(-z\delta\psi_x)+\tau_{yz}n_z(-z\delta\psi_y)-\bar{p}_z\delta w]\mathrm{d}B$$

$$=\iint_S\Big[-\Big(\frac{\partial M_x}{\partial x}+\frac{\partial M_{xy}}{\partial y}-Q_{xz}\Big)\delta\psi_x-\Big(\frac{\partial M_{xy}}{\partial x}+\frac{\partial M_y}{\partial y}-Q_{yz}\Big)\delta\psi_y$$

$$+\Big(\frac{\partial Q_{xz}}{\partial x}+\frac{\partial Q_{yz}}{\partial y}+q_z\Big)\delta w\Big]\mathrm{d}x\mathrm{d}y \tag{5.6.4}$$

式中：S、B_σ^s 分别是板的中面和上下表面，以及

$$M_x=\int_{-\frac{h}{2}}^{\frac{h}{2}}\sigma_x z\mathrm{d}z,\quad M_{xy}=\int_{-\frac{h}{2}}^{\frac{h}{2}}\tau_{xy}z\mathrm{d}z,\quad M_y=\int_{-\frac{h}{2}}^{\frac{h}{2}}\sigma_y z\mathrm{d}z$$

$$Q_{xz}=\int_{-\frac{h}{2}}^{\frac{h}{2}}\tau_{xz}\mathrm{d}z,\quad Q_{yz}=\int_{-\frac{h}{2}}^{\frac{h}{2}}\tau_{yz}\mathrm{d}z \tag{5.6.5}$$

$$q_z=\bar{p}_z\Big|_u+\bar{p}_z\Big|_d$$

而在板的位移边界 B_u^e 上有

$$\iint_{B_u^e}(\boldsymbol{u}-\bar{\boldsymbol{u}})^{\mathrm{T}}\boldsymbol{E}(\boldsymbol{n})\delta\boldsymbol{\sigma}\mathrm{d}B$$

$$=\int_{B_u^e}\mathrm{d}s\int_{\frac{h}{2}}^{\frac{h}{2}}[-z(\psi_x-\bar{\psi}_x)\delta(\sigma_x n_x+\tau_{xy}n_y)-z(\psi_y-\bar{\psi}_y)\delta(\tau_{xy}n_x+\sigma_y n_y)$$

$$+(w-\bar{w})\delta(\tau_{xz}n_x+\tau_{yz}n_y)]\mathrm{d}z$$

$$=\int_{B_u^e}[-(\psi_x-\bar{\psi}_x)\delta(M_x n_x+M_{xy}n_y)-(\psi_y-\bar{\psi}_y)\delta(M_{xy}n_x+M_y n_y)$$

$$+(w-\bar{w})\delta(Q_{xz}n_x+Q_{yz}n_y)]\mathrm{d}s$$

$$=\int_{B_u^e}[-(\psi_n-\bar{\psi}_n)\delta M_n-(\psi_{ns}-\bar{\psi}_{ns})\delta M_{ns}+(w-\bar{w})\delta Q_{nz}]\mathrm{d}s$$

在板的应力边界 B_σ^e 上有

$$\iint_{B_\sigma^e}[\boldsymbol{E}(\boldsymbol{n})\boldsymbol{\sigma}-\bar{\boldsymbol{p}}]^{\mathrm{T}}\delta\boldsymbol{u}\mathrm{d}B$$

$$=\int_{B_\sigma^e}[-(M_x n_x+M_{xy}n_y-\bar{M}_x)\delta\psi_x-(M_{xy}n_x+M_y n_y-\bar{M}_y)\delta\psi_x$$

$$+(Q_{xz}n_x+Q_{yz}n_y-\bar{Q}_{nz})\delta w]\mathrm{d}s$$

$$=\int_{B_\sigma^e}[-(M_n-\bar{M}_n)\delta\psi_n-(M_{ns}-\bar{M}_{ns})\delta\psi_{ns}+(Q_{nz}-\bar{Q}_{nz})\delta w]\mathrm{d}s$$

式中

$$\left.\begin{aligned}&\psi_n=\psi_x n_x+\psi_y n_y,\quad \psi_{ns}=-\psi_x n_y+\psi_y n_x\\&\bar{\psi}_n=\bar{\psi}_x n_x+\bar{\psi}_y n_y,\quad \bar{\psi}_{ns}=-\bar{\psi}_x n_y+\bar{\psi}_y n_x,\quad \bar{Q}_n=\int_{-\frac{h}{2}}^{\frac{h}{2}}\bar{p}_z\mathrm{d}z\end{aligned}\right\} \tag{5.6.6}$$

从而可得中厚板的平衡方程和边界条件

$$\left.\begin{aligned}&\frac{\partial M_x}{\partial x}+\frac{\partial M_{xy}}{\partial y}=Q_x\\&\frac{\partial M_{xy}}{\partial x}+\frac{\partial M_y}{\partial y}=Q_y\\&\frac{\partial Q_x}{\partial x}+\frac{\partial Q_y}{\partial y}+q_z=0\end{aligned}\right\},\qquad \Omega\text{ 内}\tag{5.6.7}$$

$$\psi_n=\bar{\psi}_n,\quad \psi_{ns}=\bar{\psi}_{ns},\quad w=\bar{w},\qquad B_u^e\text{ 上}\tag{5.6.8}$$

$$M_n=\bar{M}_n,\quad M_{ns}=\bar{M}_{ns},\quad Q_{nz}=\bar{Q}_{nz},\qquad B_\sigma^e\text{ 上}\tag{5.6.9}$$

由几何方程(5.6.2)与本构方程(5.6.3)、(5.6.5)可得

$$\left.\begin{aligned}&M_x=-D\left(\frac{\partial\psi_x}{\partial x}+\nu\frac{\partial\psi_y}{\partial y}\right)\\&M_y=-D\left(\nu\frac{\partial\psi_x}{\partial x}+\frac{\partial\psi_y}{\partial y}\right)\\&M_{xy}=-\frac{1-\nu}{2}D\left(\frac{\partial\psi_x}{\partial y}+\frac{\partial\psi_y}{\partial x}\right)\\&Q_{xz}=Gh\left(\frac{\partial w}{\partial x}-\psi_x\right),\quad Q_{yz}=Gh\left(\frac{\partial w}{\partial y}-\psi_y\right)\end{aligned}\right\}\tag{5.6.10}$$

式中 $D=\dfrac{h^3E}{12(1-\nu^2)}$,构成完整的中厚板方程。

将式(5.6.10)代入式(5.6.7)可得三个位移函数 w、ψ_x、ψ_y 满足的二阶微分方程组,每个边界上有三个边界条件。和 5.4 节中薄板理论相比,尽管未知函数从一个变为三个,但单个方程阶次从四阶降为二阶,问题的复杂性并未增加。更重要的是边界条件变为三个,如式(5.6.9),再没有必要把其中第 2 式归并到第 3 式中去。这是因为在 5.4 节薄板理论中,按直法线假定导致 $\tau_{xz}=\tau_{yz}=0$,所以由切应力直接定义的横向剪力应为零;但我们又通过式(5.4.9)用弯矩和扭矩的导数给出了横向剪力,显然它与上述直接定义的横向剪力有差异,所才会出现广义横向剪力这种不是很直观的量。但在 5.5 节的厚板假定中,切应力不再为零,从而可以直接从切应力定义横向剪力。

5.7 讨 论

从弹性力学变分原理推导结构力学的理论介绍到此为止。总的来说,我们根据梁、板的基本假定和广义变分原理导出了基本微分方程和边界条件,也就是梁、板的基本理论。将根据基本理论导出的位移、应力和方程代入弹性力学最小势(余)能原理,得到了梁和板相应的变分原理。

修改基本假定可以得到更精确的梁和板的理论,本章介绍的铁摩辛柯梁、明特林板理论

就是这么做的。需要指出的是，尽管上述理论增加了未知函数的个数，但在变分原理的表达式中所含的未知函数导数的阶次下降了，这给数值计算带来很多好处。譬如在有限元计算中，构造低阶连续的插值函数比构造高阶连续的插值函数容易得多。

我们还可以构造更精确的梁和板的理论，譬如在 5.3 节中提到的切应力呈抛物线分布的梁。这种思想还可以用来构造层合板的理论。由于层间的位移是连续的，所以可以假定

$$w(x,y,z) = w_0(x,y)$$

$$\gamma_{xz}(x,y,z) = [\alpha_0(x,y) + \alpha_1(x,y)z]\left(\frac{h^2}{4} - z^2\right)$$

$$\gamma_{yz}(x,y,z) = [\beta_0(x,y) + \beta_1(x,y)z]\left(\frac{h^2}{4} - z^2\right)$$

保证位移能在板内连续，并且位移函数是定义在整块板上，而不是分层定义，这样可以大大减少未知函数的数目。当然，它不满足层间应力连续的要求，因为各层弹性常数不同导致层间应变不连续，也就是位移函数的导数不连续。上述假定实际上是用一个多项式函数去逼近一个层间导数不连续的函数。

在这一章中我们主要考虑梁和板的弯曲理论，但例 5.1 是个例外，它考虑了梁在轴向力 N 存在时的弯曲问题，具体做法是在变分原理中的势能表达式中增加因 N 存在所引起的应变能和外力势能项。这对于板存在薄膜力的情形也适用，只要在板的最小势能原理中准确写出相应的应变能和外力势能项就可以了。

思考题

5.1　由三维平衡方程证明式(5.1.17)。

5.2　在例 5.2 中若 $N \neq 0$，则总余能应是什么？

5.3　推导切应力呈抛物线分布的梁的方程和边界条件。

5.4　给出薄板弯曲的最小余能原理。

第 6 章　电、磁、热弹性材料的变分原理

前面研究的是材料在力的作用下发生变形的效应，也就是力学效应，但材料还有其他的物理效应，如电、磁、热的效应，这些物理效应和力学效应往往耦合在一起，出现新的物理现象。本章就是研究力学效应和这些物理效应耦合在一起的变分原理。由于我们需要把弹性力学变分原理中的应变能或应变余能的概念推广到含有多种物理效应的情形中，在 6.1 节中将介绍勒让德变换，给出和相应物理效应相对应的热力学函数。在 6.2 节中将介绍压电材料各种变分原理，所谓压电材料是指需要同时考虑力学效应和电学效应的材料。在 6.3 节中将介绍电磁弹性材料的变分原理。最后，6.4 和 6.5 节中将介绍热弹性材料的变分原理。

6.1　勒让德变换和内能

内能密度 U 是物质状态的特征函数。在弹性材料中 $\boldsymbol{\varepsilon} = \boldsymbol{E}(\nabla)\boldsymbol{u}$ 和 $\boldsymbol{\sigma}$ 都是物质的状态变量，由热力学第一定律

$$\mathrm{d}U = \boldsymbol{\sigma}^{\mathrm{T}}\mathrm{d}\boldsymbol{\varepsilon} \tag{6.1.1}$$

可将 $\boldsymbol{\varepsilon}$ 视为广义位移，$\boldsymbol{\sigma}$ 视为广义力，此时内能密度 $U = U(\boldsymbol{\varepsilon})$ 就是应变能密度，满足 $\boldsymbol{\sigma} = \dfrac{\partial U}{\partial \boldsymbol{\varepsilon}}$，我们称($\boldsymbol{\varepsilon}$,$\boldsymbol{\sigma}$) 是对偶的。

当考虑具有电、磁和热效应的弹性材料时，式(6.1.1) 可推广为

$$\mathrm{d}U = T\mathrm{d}S + \boldsymbol{\sigma}^{\mathrm{T}}\mathrm{d}\boldsymbol{\varepsilon} + \boldsymbol{E}^{\mathrm{T}}\mathrm{d}\boldsymbol{D} + \boldsymbol{H}^{\mathrm{T}}\mathrm{d}\boldsymbol{B} \tag{6.1.2}$$

式中 T、S 为温度和熵，$\boldsymbol{\sigma}$、$\boldsymbol{\varepsilon}$ 仍为应力和应变，$\boldsymbol{E}$、$\boldsymbol{D}$ 分别为电场强度和电位移矢量，$\boldsymbol{H}$、$\boldsymbol{B}$ 分别为磁场强度和磁感应强度。很明显，S、$\boldsymbol{\varepsilon}$、$\boldsymbol{D}$、$\boldsymbol{B}$ 相当于广义位移，T、$\boldsymbol{\sigma}$、$\boldsymbol{E}$、$\boldsymbol{H}$ 相当于对偶的广义力，广义力和相应广义位移增量相乘后等于广义力所做的(元) 功。

这一节要介绍如果自变函数(即(6.1.2) 中的广义位移) 与其对偶量作一些对换，则对应的特征函数应是什么?

6.1.1　勒让德变换(Legendre)

定义 6.1(勒让德变换)　给定一组变量 $\boldsymbol{x}=(x_1,x_2,\cdots,x_n)^{\mathrm{T}}$ 和函数 $F=F(\boldsymbol{x})$，作变量代换

$$\boldsymbol{y}=\frac{\partial F}{\partial \boldsymbol{x}} \tag{6.1.3}$$

假定 $\det\left[\frac{\partial^2 F}{\partial \boldsymbol{x}\partial \boldsymbol{x}}\right]\neq 0$，从而变换(6.1.3)是一一对应的。定义函数

$$G=G(\boldsymbol{y})=\boldsymbol{x}^{\mathrm{T}}\boldsymbol{y}-F \tag{6.1.4}$$

式中 $\boldsymbol{x}$ 已表示成 $\boldsymbol{y}=(y_1,y_2,\cdots,y_n)^{\mathrm{T}}$ 的函数，式(6.1.3)和式(6.1.4)称为**勒让德变换**。

由(6.1.4)可得

$$\mathrm{d}G=\boldsymbol{x}^{\mathrm{T}}\mathrm{d}\boldsymbol{y}+\boldsymbol{y}^{\mathrm{T}}\mathrm{d}\boldsymbol{x}-\left(\frac{\partial F}{\partial \boldsymbol{x}}\right)^{\mathrm{T}}\mathrm{d}\boldsymbol{x}=\boldsymbol{x}^{\mathrm{T}}\mathrm{d}\boldsymbol{y}$$

$$\Rightarrow \boldsymbol{x}=\frac{\partial G}{\partial \boldsymbol{y}},\quad F=\boldsymbol{y}^{\mathrm{T}}\boldsymbol{x}-G \tag{6.1.5}$$

与式(6.1.3)和式(6.1.4)比较，可见勒让德变换$(\boldsymbol{y},G)\Leftrightarrow(\boldsymbol{x},F)$是对称的。

如果$\frac{\partial^2 F}{\partial \boldsymbol{x}\partial \boldsymbol{x}}>0$是正定的，则

$$\frac{\partial^2 G}{\partial \boldsymbol{y}\partial \boldsymbol{y}}=\frac{\partial \boldsymbol{x}}{\partial \boldsymbol{y}}=\left[\frac{\partial \boldsymbol{y}}{\partial \boldsymbol{x}}\right]^{-1}=\left[\frac{\partial^2 F}{\partial \boldsymbol{x}\partial \boldsymbol{x}}\right]^{-1}>0$$

也是正定的，所以如果 $F(\boldsymbol{x})$ 存在极小(大)值，则 $G(\boldsymbol{y})$ 也同样存在极小(大)值，反之亦然。

当 $n+s$ 个变量 $\boldsymbol{x}$、$\boldsymbol{\alpha}$ 中，只有 n 个变量 $\boldsymbol{x}$ 做变换时，即

$$\boldsymbol{x}=(x_1,\cdots,x_n)^{\mathrm{T}},\quad \boldsymbol{\alpha}=(\alpha_1,\cdots,\alpha_s)^{\mathrm{T}}\Rightarrow \boldsymbol{y}=(y_1,\cdots,y_n)^{\mathrm{T}} \tag{6.1.6}$$

这里

$$\boldsymbol{y}=\frac{\partial F}{\partial \boldsymbol{x}}$$

仍记

$$G=G(\boldsymbol{y},\boldsymbol{\alpha})=\boldsymbol{x}^{\mathrm{T}}\boldsymbol{y}-F(\boldsymbol{x},\boldsymbol{\alpha}) \tag{6.1.7}$$

则

$$\begin{aligned}\mathrm{d}G&=\boldsymbol{x}^{\mathrm{T}}\mathrm{d}\boldsymbol{y}+\boldsymbol{y}^{\mathrm{T}}\mathrm{d}\boldsymbol{x}-\left(\frac{\partial F}{\partial \boldsymbol{x}}\right)^{\mathrm{T}}\mathrm{d}\boldsymbol{x}-\left(\frac{\partial F}{\partial \boldsymbol{\alpha}}\right)^{\mathrm{T}}\mathrm{d}\boldsymbol{\alpha}\\&=\boldsymbol{x}^{\mathrm{T}}\mathrm{d}\boldsymbol{y}-\left(\frac{\partial F}{\partial \boldsymbol{\alpha}}\right)^{\mathrm{T}}\mathrm{d}\boldsymbol{\alpha}\end{aligned}$$

由此可得

$$\boldsymbol{x}=\frac{\partial G}{\partial \boldsymbol{y}},\quad \frac{\partial G}{\partial \boldsymbol{\alpha}}=-\frac{\partial F}{\partial \boldsymbol{\alpha}} \tag{6.1.8}$$

勒让德变换的一个重要性质是如果在$(\boldsymbol{x},F)$上的两个曲面是相切的，变换到$(\boldsymbol{y},G)$上的

曲面也是相切的，反之亦然，这使得 $F(\boldsymbol{x})$ 的驻点变换到 $G(\boldsymbol{y})$ 时仍是驻点[6]。

6.1.2 在力学中的应用

1. 哈密尔顿函数

设拉格朗日函数为

$$L = L(\boldsymbol{q},\dot{\boldsymbol{q}},t) \tag{6.1.9}$$

式中 $\boldsymbol{q} = (q_1, q_2, \cdots, q_n)^{\mathrm{T}}$ 为广义位移。定义

$$\boldsymbol{p} = (p_1, p_2, \cdots, p_n)^{\mathrm{T}} = \frac{\partial L}{\partial \dot{\boldsymbol{q}}}$$

为广义动量。作勒让德变换

$$\begin{aligned} &\boldsymbol{q},\dot{\boldsymbol{q}},t \Rightarrow \boldsymbol{q},\boldsymbol{p},t \\ &L(\boldsymbol{q},\dot{\boldsymbol{q}},t) \Rightarrow H(\boldsymbol{q},\boldsymbol{p},t) = \dot{\boldsymbol{q}}^{\mathrm{T}}\boldsymbol{p} - L \end{aligned} \tag{6.1.10}$$

这里 H 是**哈密尔顿函数**（注意与 2.5 节中的哈密尔顿泛函的区别），从而

$$\begin{aligned} &\boldsymbol{p} = \frac{\partial L}{\partial \dot{\boldsymbol{q}}}, \quad \dot{\boldsymbol{q}} = \frac{\partial H}{\partial \boldsymbol{p}} \\ &\frac{\partial L}{\partial \boldsymbol{q}} = -\frac{\partial H}{\partial \boldsymbol{q}}, \quad \frac{\partial L}{\partial t} = -\frac{\partial H}{\partial t} \end{aligned} \tag{6.1.11}$$

由拉格朗日方程

$$\frac{\partial L}{\partial \boldsymbol{q}} = \frac{\mathrm{d}}{\mathrm{d}t}\left(\frac{\partial L}{\partial \dot{\boldsymbol{q}}}\right) \Rightarrow \dot{\boldsymbol{p}} = \frac{\partial L}{\partial \boldsymbol{q}} = -\frac{\partial H}{\partial \boldsymbol{q}}$$

从而

$$\dot{\boldsymbol{p}} = -\frac{\partial H}{\partial \boldsymbol{q}}, \quad \dot{\boldsymbol{q}} = \frac{\partial H}{\partial \boldsymbol{p}} \tag{6.1.12}$$

式(6.1.12) 称为哈密尔顿正则方程组。

2. 弹性力学的余能原理

我们知道弹性体的总势能是

$$\Pi(\boldsymbol{u}) = \iiint_{\Omega} U(\boldsymbol{\varepsilon})\mathrm{d}V - \iiint_{\Omega} \boldsymbol{f} \cdot \boldsymbol{u}\mathrm{d}V - \iint_{B_\sigma} \bar{\boldsymbol{p}} \cdot \boldsymbol{u}\mathrm{d}S$$

其中 $\boldsymbol{u}$ 是位移场，$\boldsymbol{\varepsilon}$、$\boldsymbol{\sigma}$ 分别是应变和应力，$\boldsymbol{f}$ 是体力，$\bar{\boldsymbol{p}}$ 是应力边界上的给定面力，Ω 是占据的空间区域，$\partial\Omega = B_u + B_\sigma$ 是区域的边界，其中 B_u、B_σ 分别是给定位移和给定应力的边界。此外（见附录 A2）

$$\boldsymbol{\varepsilon} = \boldsymbol{E}^{\mathrm{T}}(\nabla)\boldsymbol{u}, \quad \boldsymbol{\sigma} = \frac{\partial U}{\partial \boldsymbol{\varepsilon}}, \quad \boldsymbol{p} = \boldsymbol{E}(\boldsymbol{n})\boldsymbol{\sigma}$$

由 Π 的变分

$$\delta\Pi(u) = \iiint_{\Omega} \boldsymbol{\sigma} \cdot \boldsymbol{E}^{\mathrm{T}}(\nabla)\delta\boldsymbol{u}\mathrm{d}V - \iiint_{\Omega} \boldsymbol{f} \cdot \delta\boldsymbol{u}\mathrm{d}V - \iint_{B_\sigma} \bar{\boldsymbol{p}} \cdot \delta\boldsymbol{u}\mathrm{d}S$$

$$=-\iiint_{\Omega}(\boldsymbol{E}(\nabla)\boldsymbol{\sigma}+\boldsymbol{f})\cdot\delta\boldsymbol{u}\mathrm{d}V+\iint_{B_\sigma}(\boldsymbol{p}-\bar{\boldsymbol{p}})\cdot\delta\boldsymbol{u}\mathrm{d}S$$

$$=-\iiint_{\Omega}(\boldsymbol{E}(\nabla)\boldsymbol{\sigma}+\boldsymbol{f})\cdot\delta\boldsymbol{u}\mathrm{d}V+\iint_{B_\sigma}(\boldsymbol{p}-\bar{\boldsymbol{p}})\cdot\delta\boldsymbol{u}\mathrm{d}S$$

可知，位移 $\boldsymbol{u}$（在 B_u 上是 $\boldsymbol{u}-\bar{\boldsymbol{u}}$）的对偶量 $\boldsymbol{Q}$ 为

$$\begin{aligned}&\boldsymbol{Q}=-(\boldsymbol{E}(\nabla)\boldsymbol{\sigma}+\boldsymbol{f}), && \Omega\text{ 内}\\&\boldsymbol{Q}=\boldsymbol{E}(\boldsymbol{n})\boldsymbol{\sigma}-\bar{\boldsymbol{p}}, && B_\sigma\text{ 上}\end{aligned}\tag{6.1.13}$$

而 $\boldsymbol{Q}=0$ 刚好是平衡方程和应力边界条件，也就是取驻值的条件。从而对应的勒让德变换为

$$\begin{aligned}\Gamma(\boldsymbol{\sigma})&=\iiint_{\Omega}\boldsymbol{Q}\cdot\boldsymbol{u}\mathrm{d}V+\iint_{B_\sigma}\boldsymbol{Q}\cdot\boldsymbol{u}\mathrm{d}S-\Pi\\&=-\iiint_{\Omega}(\boldsymbol{E}(\nabla)\boldsymbol{\sigma}+\boldsymbol{f})\cdot\boldsymbol{u}\mathrm{d}V+\iint_{B_\sigma}(\boldsymbol{p}-\bar{\boldsymbol{p}})\cdot\boldsymbol{u}\mathrm{d}S-\Pi\\&=\iiint_{\Omega}[\boldsymbol{\sigma}\cdot\boldsymbol{E}^{\mathrm{T}}(\nabla)\boldsymbol{u}-U(\boldsymbol{\varepsilon})]\mathrm{d}V-\iint_{B_u}\boldsymbol{p}\cdot\boldsymbol{u}\mathrm{d}S\\&=\iiint_{\Omega}V(\boldsymbol{\sigma})\mathrm{d}V-\iint_{B_u}\boldsymbol{p}\cdot\bar{\boldsymbol{u}}\mathrm{d}S\end{aligned}\tag{6.1.14}$$

式中 $V(\boldsymbol{\sigma})=\boldsymbol{\sigma}\cdot\boldsymbol{\varepsilon}-U(\boldsymbol{\varepsilon})$ 为**余应变能密度**。在满足平衡条件下，从总余能的变分 $\delta\Gamma=0$ 可以得到弹性体的几何关系与位移。

6.1.3　热力学特征函数的变换

考虑电、磁和热效应的弹性材料内能密度增量为

$$\mathrm{d}U=T\mathrm{d}S+\boldsymbol{\sigma}^{\mathrm{T}}\mathrm{d}\boldsymbol{\varepsilon}+\boldsymbol{E}^{\mathrm{T}}\mathrm{d}\boldsymbol{D}+\boldsymbol{H}^{\mathrm{T}}\mathrm{d}\boldsymbol{B}\tag{6.1.15}$$

式中：T、S 为温度和熵，$\boldsymbol{\sigma}$、$\boldsymbol{\varepsilon}$ 为应力和应变，$\boldsymbol{E}$、$\boldsymbol{D}$ 为电场强度和电位移矢量，$\boldsymbol{H}$、$\boldsymbol{B}$ 为磁场强度和磁感应强度。很明显，S、$\boldsymbol{\varepsilon}$、$\boldsymbol{D}$、$\boldsymbol{B}$ 相当于广义位移，T、$\boldsymbol{\sigma}$、$\boldsymbol{E}$、$\boldsymbol{H}$ 相当于广义力，相乘以后相当于做（元）功。

由于自变量更习惯用温度 T 而不是熵 S，所以选择用亥姆霍兹（Helmholtz）自由能 H 作为热力学函数（注意：它是内能通过勒让德变换得到对偶函数的负值），有

$$\begin{aligned}&H=H(T,\boldsymbol{\varepsilon},\boldsymbol{D},\boldsymbol{B})=U-TS\\&\mathrm{d}H=\boldsymbol{\sigma}^{\mathrm{T}}\mathrm{d}\boldsymbol{\varepsilon}+\boldsymbol{E}^{\mathrm{T}}\mathrm{d}\boldsymbol{D}+\boldsymbol{H}^{\mathrm{T}}\mathrm{d}\boldsymbol{B}-S\mathrm{d}T\end{aligned}\tag{6.1.16}$$

在不考虑温度影响的电磁弹性材料中，习惯于用 $\boldsymbol{\varepsilon}$、$\Phi(\boldsymbol{E})$、$\boldsymbol{B}$ 作为自变函数，所以选择用电焓 H_2 作为热力学函数，即

$$\begin{aligned}&H_2=H_2(\boldsymbol{\varepsilon},\Phi,\boldsymbol{B})=U-\boldsymbol{E}^{\mathrm{T}}\boldsymbol{D}\\&\mathrm{d}H_2=\boldsymbol{\sigma}^{\mathrm{T}}\mathrm{d}\boldsymbol{\varepsilon}-\boldsymbol{D}^{\mathrm{T}}\mathrm{d}E+\boldsymbol{H}^{\mathrm{T}}\mathrm{d}\boldsymbol{B}\end{aligned}\tag{6.1.17}$$

其中 Φ 是电势，满足

$$\boldsymbol{E} = -\nabla \Phi$$

6.2 压电材料的变分原理

在压电材料分析中，需要同时考虑力学效应和电学效应。假定材料是弹性的，且对偶变量之间的关系，即本构关系是线性的，这在小应变、弱电场的条件下是适用的。

6.2.1 压电材料的势能原理

设弹性体的位移、应变和应力为

$$\left.\begin{aligned} \boldsymbol{u} &= (u, v, w)^{\mathrm{T}} \\ \boldsymbol{\varepsilon} &= (\varepsilon_x, \varepsilon_y, \varepsilon_z, \gamma_{yz}, \gamma_{zx}, \gamma_{xy})^{\mathrm{T}} \\ \boldsymbol{\sigma} &= (\sigma_x, \sigma_y, \sigma_z, \tau_{yz}, \tau_{zx}, \tau_{xy})^{\mathrm{T}} \end{aligned}\right\} \tag{6.2.1}$$

控制方程为

$$\boldsymbol{\varepsilon} = \boldsymbol{E}^{\mathrm{T}}(\nabla)\boldsymbol{u} \tag{6.2.2}$$

$$\boldsymbol{E}(\nabla)\boldsymbol{\sigma} + \boldsymbol{f} = 0 \tag{6.2.3}$$

而边界条件为

$$\boldsymbol{u} = \bar{\boldsymbol{u}}, \qquad B_u \text{ 上} \tag{6.2.4}$$

$$\boldsymbol{E}(\boldsymbol{n})\boldsymbol{\sigma} = \bar{\boldsymbol{p}}, \qquad B_\sigma \text{ 上} \tag{6.2.5}$$

对于静电场来说，设

$$\Phi, \quad \boldsymbol{E} = (E_x, E_y, E_z)^{\mathrm{T}}, \quad \boldsymbol{D} = (D_x, D_y, D_z)^{\mathrm{T}}$$

分别为电势、电场强度和电位移矢量，满足

$$\boldsymbol{E} = -\nabla \Phi \tag{6.2.6}$$

$$\nabla \cdot \boldsymbol{D} = \rho_f \tag{6.2.7}$$

边界条件为

$$\Phi = \bar{\Phi}, \qquad B_\Phi \text{ 上} \tag{6.2.8}$$

$$\boldsymbol{n} \cdot \boldsymbol{D} = -\bar{\omega}, \qquad B_\omega \text{ 上} \tag{6.2.9}$$

式中：$\bar{\Phi}$ 是在 B_Φ 上给定的电势；ρ_f、$\bar{\omega}$ 分别是在 Ω 内和在 B_ω 上给定的电荷密度。

对于压电材料来说，机电耦合作用体现在本构关系上。设电焓密度（下面假定为线性材料）为

$$H_2(\boldsymbol{\varepsilon}, \boldsymbol{E}) = \frac{1}{2}\boldsymbol{\varepsilon}^{\mathrm{T}} C^E \boldsymbol{\varepsilon} - \boldsymbol{E}^{\mathrm{T}} \boldsymbol{e} \boldsymbol{\varepsilon} - \frac{1}{2}\boldsymbol{E}^{\mathrm{T}} \boldsymbol{\varepsilon}^{\gamma} \boldsymbol{E} \tag{6.2.10}$$

这里 $\boldsymbol{C}^E \in \mathbf{R}^{6\times 6}$、$\boldsymbol{e} \in \mathbf{R}^{3\times 6}$、$\boldsymbol{\varepsilon}^{\gamma} \in \mathbf{R}^{3\times 3}$ 分别为弹性矩阵、压电应力矩阵和介电常数矩阵，其本构关系为

$$\left.\begin{aligned}\boldsymbol{\sigma} &= \frac{\partial H_2}{\partial \boldsymbol{\varepsilon}} = \boldsymbol{C}^E\boldsymbol{\varepsilon} - \boldsymbol{e}^{\mathrm{T}}\boldsymbol{E} \\ \boldsymbol{D} &= -\frac{\partial H_2}{\partial \boldsymbol{E}} = \boldsymbol{e}\boldsymbol{\varepsilon} + \boldsymbol{\varepsilon}^{\gamma}\boldsymbol{E}\end{aligned}\right\} \tag{6.2.11}$$

这样，式(6.2.2)到式(6.2.9)以及式(6.2.11)构成压电材料完整的方程组和边界条件。

系统的总势能为

$$\Pi(\boldsymbol{u},\Phi) = \iiint\limits_V [H_2(\boldsymbol{\varepsilon},\boldsymbol{E}) - \boldsymbol{f}\cdot\boldsymbol{u} + \rho_f\Phi]\mathrm{d}V - \iint\limits_{B_\sigma}\bar{\boldsymbol{p}}\cdot\boldsymbol{u}\mathrm{d}S + \iint\limits_{B_\omega}\bar{\omega}\Phi\mathrm{d}S \tag{6.2.12}$$

如果我们限定 $\boldsymbol{u}$、Φ 分别满足边界条件(6.2.4)、(6.2.8)，并且式中 $\boldsymbol{\varepsilon}$、$\boldsymbol{E}$ 分别由式(6.2.2)和式(6.2.6)给出，则

$$\begin{aligned}\delta\Pi &= \iiint\limits_\Omega \left[\frac{\partial H_2}{\partial \boldsymbol{\varepsilon}}\delta\boldsymbol{\varepsilon} + \frac{\partial H_2}{\partial \boldsymbol{E}}\delta\boldsymbol{E} - \boldsymbol{f}\cdot\delta\boldsymbol{u} + \rho_f\delta\Phi\right]\mathrm{d}V - \iint\limits_{B_\sigma}\bar{\boldsymbol{p}}\cdot\delta\boldsymbol{u}\mathrm{d}S + \iint\limits_{B_\omega}\bar{\omega}\delta\Phi\mathrm{d}S \\ &= \iiint\limits_\Omega [\boldsymbol{\sigma}^{\mathrm{T}}\boldsymbol{E}^{\mathrm{T}}(\nabla)\delta\boldsymbol{u} + \boldsymbol{D}^{\mathrm{T}}(\nabla\delta\Phi) - \boldsymbol{f}\cdot\delta\boldsymbol{u} + \rho_f\delta\Phi]\mathrm{d}V \\ &\quad - \iint\limits_{B_\sigma}\bar{\boldsymbol{p}}\cdot\delta\boldsymbol{u}\mathrm{d}S + \iint\limits_{B_\omega}\bar{\omega}\delta\Phi\mathrm{d}S \\ &= \iiint\limits_\Omega [-(\boldsymbol{E}(\nabla)\boldsymbol{\sigma} + \boldsymbol{f})^{\mathrm{T}}\delta\boldsymbol{u} - (\nabla\cdot\boldsymbol{D} - \rho_f)\delta\Phi]\mathrm{d}V \\ &\quad + \oint\!\!\!\oint\limits_{\partial\Omega}[(\boldsymbol{E}(\boldsymbol{n})\boldsymbol{\sigma})^{\mathrm{T}}\delta\boldsymbol{u} + \boldsymbol{n}\cdot\boldsymbol{D}\delta\Phi]\mathrm{d}S - \iint\limits_{B_\sigma}\bar{\boldsymbol{p}}\cdot\delta\boldsymbol{u}\mathrm{d}S + \iint\limits_{B_\omega}\bar{\omega}\delta\Phi\mathrm{d}S \\ &= \iiint\limits_\Omega [-(\boldsymbol{E}(\nabla)\boldsymbol{\sigma} + \boldsymbol{f})^{\mathrm{T}}\delta\boldsymbol{u} - (\nabla\cdot\boldsymbol{D} - \rho_f)\delta\Phi]\mathrm{d}V \\ &\quad + \iint\limits_{B_\sigma}(\boldsymbol{E}(\boldsymbol{n})\boldsymbol{\sigma} - \bar{\boldsymbol{p}})^{\mathrm{T}}\delta\boldsymbol{u}\mathrm{d}S + \iint\limits_{B_\omega}(\boldsymbol{n}\cdot\boldsymbol{D} + \bar{\omega})\delta\Phi\mathrm{d}S \\ &= 0\end{aligned}$$

由此可得方程(6.2.3)、(6.2.7)和边界条件(6.2.5)、(6.2.9)，再加上对 $\boldsymbol{u}$、Φ 的约束(6.2.4)、(6.2.8)、(6.2.2)、(6.2.6)和(6.2.11)，就得到全部的方程和边界条件。这意味着，$\delta\Pi = 0$ 等价于压电材料方程组定解问题。

定理 6.1(压电材料的势能原理)　满足约束条件(6.2.4)、(6.2.8)、(6.2.2)、(6.2.6)和(6.2.11)所有可能的 $\boldsymbol{u}$、Φ 中，真实的 $\boldsymbol{u}$、Φ 值使得势能(6.2.12)取驻值 $\delta\Pi = 0$。

6.2.2　压电材料的余能原理

压电材料中也有类似弹性力学中的余能原理，和势能原理相比，需要把自变函数换为 $\boldsymbol{\sigma}$、$\boldsymbol{D}$，即

$$\Gamma(\boldsymbol{\sigma},\boldsymbol{D}) = \iiint\limits_\Omega K(\boldsymbol{\sigma},\boldsymbol{D})\mathrm{d}V - \iint\limits_{B_u}(\boldsymbol{E}(\boldsymbol{n})\boldsymbol{\sigma})^{\mathrm{T}}\bar{\boldsymbol{u}}\mathrm{d}S - \iint\limits_{B_\Phi}\boldsymbol{n}\cdot\boldsymbol{D}\bar{\Phi}\mathrm{d}S \tag{6.2.13}$$

式中

$$K(\boldsymbol{\sigma},\boldsymbol{D}) = \frac{1}{2}\boldsymbol{\sigma}^{\mathrm{T}}\boldsymbol{S}^{D}\boldsymbol{\sigma} + \boldsymbol{D}^{\mathrm{T}}\boldsymbol{g}\boldsymbol{\sigma} - \frac{1}{2}\boldsymbol{D}^{\mathrm{T}}\boldsymbol{\beta}^{\sigma}\boldsymbol{D}$$

使得本构方程为

$$\left.\begin{aligned} \boldsymbol{\varepsilon} &= \frac{\partial K}{\partial \boldsymbol{\sigma}} = \boldsymbol{S}^{D}\boldsymbol{\sigma} + \boldsymbol{g}^{\mathrm{T}}\boldsymbol{D} \\ \boldsymbol{E} &= -\frac{\partial K}{\partial \boldsymbol{D}} = -\boldsymbol{g}\boldsymbol{\sigma} + \boldsymbol{\beta}^{\sigma}\boldsymbol{D} \end{aligned}\right\} \tag{6.2.14}$$

这里 $\boldsymbol{S}^{D} \in \mathbf{R}^{6\times 6}$、$\boldsymbol{g} \in \mathbf{R}^{3\times 6}$、$\boldsymbol{\beta}^{\sigma} \in \mathbf{R}^{3\times 3}$ 分别为弹性矩阵、压电矩阵和介电矩阵，它们和式(6.2.11)中的相应矩阵互为逆矩阵。当 $\boldsymbol{\sigma}$、$\boldsymbol{D}$ 满足式(6.2.3)、(6.2.5)、(6.2.7)、(6.2.9)和式(6.2.14)时，有

$$\begin{aligned}
\delta\Gamma &= \iiint_{\Omega}\left[\frac{\partial K}{\partial \boldsymbol{\sigma}}\delta\boldsymbol{\sigma} + \frac{\partial K}{\partial \boldsymbol{D}}\delta\boldsymbol{D}\right]\mathrm{d}V - \iint_{B_u}(\boldsymbol{E}(\boldsymbol{n})\delta\boldsymbol{\sigma})\cdot\bar{\boldsymbol{u}}\,\mathrm{d}S - \iint_{B_\Phi}\boldsymbol{n}\cdot\delta\boldsymbol{D}\bar{\Phi}\,\mathrm{d}S \\
&= \iiint_{\Omega}[(\boldsymbol{\varepsilon} - \boldsymbol{E}^{\mathrm{T}}(\nabla)\boldsymbol{u})\cdot\delta\boldsymbol{\sigma} - (\boldsymbol{E} + \nabla\Phi)\cdot\delta\boldsymbol{D}]\mathrm{d}V \\
&\quad + \iiint_{\Omega}[(\boldsymbol{E}^{\mathrm{T}}(\nabla)\boldsymbol{u})\cdot\delta\boldsymbol{\sigma} + (\nabla\Phi)\cdot\delta\boldsymbol{D}]\mathrm{d}V \\
&\quad - \iint_{B_u}(\boldsymbol{E}(\boldsymbol{n})\delta\boldsymbol{\sigma})\cdot\bar{\boldsymbol{u}}\,\mathrm{d}S - \iint_{B_\Phi}\boldsymbol{n}\cdot\delta\boldsymbol{D}\bar{\Phi}\,\mathrm{d}S \\
&= \iiint_{\Omega}[(\boldsymbol{\varepsilon} - \boldsymbol{E}^{\mathrm{T}}(\nabla)\boldsymbol{u})\cdot\delta\boldsymbol{\sigma} - (\boldsymbol{E} + \nabla\Phi)\cdot\delta\boldsymbol{D}]\mathrm{d}V \\
&\quad - \iiint_{\Omega}[\boldsymbol{u}\cdot\boldsymbol{E}(\nabla)\delta\boldsymbol{\sigma} + \Phi\,\nabla\cdot\delta\boldsymbol{D}]\mathrm{d}V \\
&\quad + \iint_{B_u}(\boldsymbol{u} - \bar{\boldsymbol{u}})\cdot\boldsymbol{E}(\boldsymbol{n})\delta\boldsymbol{\sigma}\,\mathrm{d}S + \iint_{B_\Phi}(\Phi - \bar{\Phi})\boldsymbol{n}\cdot\delta\boldsymbol{D}\,\mathrm{d}S \\
&= \iiint_{\Omega}[(\boldsymbol{\varepsilon} - \boldsymbol{E}^{\mathrm{T}}(\nabla)\boldsymbol{u})\cdot\delta\boldsymbol{\sigma} - (\boldsymbol{E} + \nabla\Phi)\cdot\delta\boldsymbol{D}]\mathrm{d}V \\
&\quad + \iint_{B_u}(\boldsymbol{u} - \bar{\boldsymbol{u}})\cdot\boldsymbol{E}(\boldsymbol{n})\delta\boldsymbol{\sigma}\,\mathrm{d}S + \iint_{B_\Phi}(\Phi - \bar{\Phi})\boldsymbol{n}\cdot\delta\boldsymbol{D}\,\mathrm{d}S \\
&= 0
\end{aligned}$$

由此得到

$$\begin{aligned}
&\boldsymbol{\varepsilon} = \boldsymbol{E}^{\mathrm{T}}(\nabla)\boldsymbol{u},\quad \boldsymbol{E} = -\nabla\Phi, && \Omega\ 内 \\
&\boldsymbol{u} = \bar{\boldsymbol{u}} && B_u\ 上 \\
&\Phi = \bar{\Phi}, && B_\Phi\ 上
\end{aligned}$$

刚好是方程(6.2.2)、(6.2.6)和边界条件(6.2.4)、(6.2.8)。这样就有下列余能原理。

定理 6.2(压电材料的余能原理) 在满足约束条件(6.2.3)、(6.2.5)、(6.2.7)、(6.2.9)和(6.2.14)所有可能的 $\boldsymbol{\sigma}$、$\boldsymbol{D}$ 中，真实的 $\boldsymbol{\sigma}$、$\boldsymbol{D}$ 值使得余能(6.2.13)取驻值，即 $\delta\Gamma = 0$。

与弹性力学中最小势能和最小余能原理类似，对于压电材料的真实解 $\boldsymbol{u}$、$\boldsymbol{\sigma}$、Φ、$\boldsymbol{D}$，由式

(6.2.12) 和式(6.2.13) 所确定的势能与余能之间同样满足

$$\Pi(\boldsymbol{u},\Phi)+\Gamma(\boldsymbol{\sigma},\boldsymbol{D})=0 \tag{6.2.15}$$

这一点可推导如下：

计算

$$H(\boldsymbol{\varepsilon},\boldsymbol{E})+K(\boldsymbol{\sigma},\boldsymbol{D})=\boldsymbol{\sigma}^{\mathrm{T}}\boldsymbol{\varepsilon}-\boldsymbol{D}^{\mathrm{T}}\boldsymbol{E}=\boldsymbol{\sigma}^{\mathrm{T}}\boldsymbol{E}(\nabla)\boldsymbol{u}+\boldsymbol{D}^{\mathrm{T}}\nabla\Phi$$

所以

$$\begin{aligned}
\Pi+\Gamma=&\iiint_V[H+K-\boldsymbol{f}\cdot\boldsymbol{u}+\rho_f\Phi]\mathrm{d}V\\
&-\iint_{B_u}(\boldsymbol{E}(\boldsymbol{n})\boldsymbol{\sigma})^{\mathrm{T}}\bar{\boldsymbol{u}}\mathrm{d}S-\iint_{B_\sigma}\bar{\boldsymbol{p}}\cdot\boldsymbol{u}\mathrm{d}S+\iint_{B_\omega}\bar{\omega}\Phi\mathrm{d}S-\iint_{B_\Phi}\boldsymbol{n}\cdot\boldsymbol{D}\bar{\Phi}\mathrm{d}S\\
=&\iiint_V[\boldsymbol{\sigma}^{\mathrm{T}}\boldsymbol{E}(\nabla)\boldsymbol{u}+\boldsymbol{D}^{\mathrm{T}}\nabla\Phi-\boldsymbol{f}\cdot\boldsymbol{u}+\rho_f\Phi]\mathrm{d}V\\
&-\iint_{B_u}(\boldsymbol{E}(\boldsymbol{n})\boldsymbol{\sigma})^{\mathrm{T}}\bar{\boldsymbol{u}}\mathrm{d}S-\iint_{B_\sigma}\bar{\boldsymbol{p}}\cdot\boldsymbol{u}\mathrm{d}S+\iint_{B_\omega}\bar{\omega}\Phi\mathrm{d}S-\iint_{B_\Phi}\boldsymbol{n}\cdot\boldsymbol{D}\bar{\Phi}\mathrm{d}S\\
=&\iiint_V[-(\boldsymbol{E}(\nabla)\boldsymbol{\sigma}+\boldsymbol{f})^{\mathrm{T}}\boldsymbol{u}-(\nabla\cdot\boldsymbol{D}-\rho_f)\Phi]\mathrm{d}V+\oiint_{\partial\Omega}[(\boldsymbol{E}(\boldsymbol{n})\boldsymbol{\sigma})^{\mathrm{T}}\boldsymbol{u}+\boldsymbol{n}\cdot\boldsymbol{D}\Phi]\mathrm{d}S\\
&-\iint_{B_u}(\boldsymbol{E}(\boldsymbol{n})\boldsymbol{\sigma})^{\mathrm{T}}\bar{\boldsymbol{u}}\mathrm{d}S-\iint_{B_\sigma}\bar{\boldsymbol{p}}\cdot\boldsymbol{u}\mathrm{d}S+\iint_{B_\omega}\bar{\omega}\Phi\mathrm{d}S-\iint_{B_\Phi}\boldsymbol{n}\cdot\boldsymbol{D}\bar{\Phi}\mathrm{d}S\\
=&\iiint_V[-(\boldsymbol{E}(\nabla)\boldsymbol{\sigma}+\boldsymbol{f})^{\mathrm{T}}\boldsymbol{u}-(\nabla\cdot\boldsymbol{D}-\rho_f)\Phi]\mathrm{d}V+\iint_{B_u}(\boldsymbol{E}(\boldsymbol{n})\boldsymbol{\sigma})^{\mathrm{T}}(\boldsymbol{u}-\bar{\boldsymbol{u}})\mathrm{d}S\\
&+\iint_{B_\sigma}(\boldsymbol{E}(\boldsymbol{n})\boldsymbol{\sigma}-\bar{\boldsymbol{p}})\cdot\boldsymbol{u}\mathrm{d}S+\iint_{B_\omega}(\boldsymbol{n}\cdot\boldsymbol{D}+\bar{\omega})\Phi\mathrm{d}S+\iint_{B_\Phi}\boldsymbol{n}\cdot\boldsymbol{D}(\Phi-\bar{\Phi})\mathrm{d}S\\
=&\,0
\end{aligned}$$

最后一个等号前的各项积分中的括弧内，因为控制方程和边界条件满足而为零。

6.2.3　压电材料的广义变分原理

和弹性力学中的广义变分原理类似，如果我们将定理 6.2 中对自变函数的约束(6.2.3)、(6.2.5)、(6.2.7)、(6.2.9) 用拉格朗日乘子法消去，就可以得到各种压电材料的广义变分原理。现以类似弹性力学中二类变量的广义余能原理为例，说明如何推导广义变分原理。

由式(6.2.14)，余能为

$$\Gamma(\boldsymbol{\sigma},\boldsymbol{D})=\iiint_\Omega K(\boldsymbol{\sigma},\boldsymbol{D})\mathrm{d}V-\iint_{B_u}(\boldsymbol{E}(\boldsymbol{n})\boldsymbol{\sigma})^{\mathrm{T}}\bar{\boldsymbol{u}}\mathrm{d}S-\iint_{B_\Phi}\boldsymbol{n}\cdot\boldsymbol{D}\bar{\Phi}\mathrm{d}S$$

这里自变函数 $\boldsymbol{\sigma}$、$\boldsymbol{D}$ 需事先满足

$$\boldsymbol{E}(\nabla)\boldsymbol{\sigma}+\boldsymbol{f}=0,\quad \nabla\cdot\boldsymbol{D}=\rho_f,\qquad \Omega\ 内$$

$$\boldsymbol{E}(\boldsymbol{n})\boldsymbol{\sigma}=\bar{\boldsymbol{p}},\qquad B_\sigma \text{ 上}$$

$$\boldsymbol{n}\cdot\boldsymbol{D}=-\bar{\omega},\qquad B_\omega \text{ 上}$$

引入拉格朗日乘子函数

$$\boldsymbol{\lambda}(\boldsymbol{x})\in\mathbf{R}^3,\quad \mu(\boldsymbol{x})\in\mathbf{R},\quad \boldsymbol{x}\in\Omega$$

$$\boldsymbol{\gamma}(\boldsymbol{x})\in\mathbf{R}^3,\quad \eta(\boldsymbol{x})\in\mathbf{R},\quad \boldsymbol{x}\in\partial\Omega$$

则

$$\begin{aligned}\Gamma^*(\boldsymbol{\sigma},\boldsymbol{D})=&\iiint_\Omega[K(\boldsymbol{\sigma},\boldsymbol{D})+\boldsymbol{\lambda}^{\mathrm{T}}(\boldsymbol{E}(\nabla)\boldsymbol{\sigma}+\boldsymbol{f})+\mu(\nabla\cdot\boldsymbol{D}-\rho_f)]\mathrm{d}V\\&-\iint_{B_u}[\boldsymbol{E}(\boldsymbol{n})\boldsymbol{\sigma}]^{\mathrm{T}}\bar{\boldsymbol{u}}\mathrm{d}S+\iint_{B_\sigma}\boldsymbol{\gamma}^{\mathrm{T}}[\boldsymbol{E}(\boldsymbol{n})\boldsymbol{\sigma}-\bar{\boldsymbol{p}}]\mathrm{d}S\\&-\iint_{B_\Phi}\boldsymbol{n}\cdot\boldsymbol{D}\bar{\Phi}\mathrm{d}S+\iint_{B_\omega}\eta(\boldsymbol{n}\cdot\boldsymbol{D}+\bar{\omega})\mathrm{d}S\end{aligned}\tag{6.2.16}$$

由 $\delta\Gamma^*=0$ 可得

$$\begin{aligned}\delta\Gamma^*=&\iiint_\Omega[\boldsymbol{\varepsilon}^{\mathrm{T}}\delta\boldsymbol{\sigma}-\boldsymbol{E}^{\mathrm{T}}\delta\boldsymbol{D}+\boldsymbol{\lambda}^{\mathrm{T}}\boldsymbol{E}(\nabla)\delta\boldsymbol{\sigma}+\mu\nabla\cdot\delta\boldsymbol{D}\\&+\delta\boldsymbol{\lambda}^{\mathrm{T}}(\boldsymbol{E}(\nabla)\boldsymbol{\sigma}+\boldsymbol{f})+\delta\mu(\nabla\cdot\boldsymbol{D}-\rho_f)]\mathrm{d}V\\&-\iint_{B_u}(\boldsymbol{E}(\boldsymbol{n})\delta\boldsymbol{\sigma})^{\mathrm{T}}\bar{\boldsymbol{u}}\mathrm{d}S+\iint_{B_\sigma}\boldsymbol{\gamma}^{\mathrm{T}}\boldsymbol{E}(\boldsymbol{n})\delta\boldsymbol{\sigma}\mathrm{d}S+\iint_{B_\sigma}\delta\boldsymbol{\gamma}^{\mathrm{T}}(\boldsymbol{E}(\boldsymbol{n})\boldsymbol{\sigma}-\bar{\boldsymbol{p}})\mathrm{d}S\\&-\iint_{B_\Phi}\boldsymbol{n}\cdot\delta\boldsymbol{D}\bar{\Phi}\mathrm{d}S+\iint_{B_\omega}\eta\boldsymbol{n}\cdot\delta\boldsymbol{D}\mathrm{d}S+\iint_{B_\omega}\delta\eta(\boldsymbol{n}\cdot\boldsymbol{D}+\bar{\omega})\mathrm{d}S\\=&\iiint_\Omega[(\boldsymbol{\varepsilon}-\boldsymbol{E}^{\mathrm{T}}(\nabla)\boldsymbol{\lambda})^{\mathrm{T}}\delta\boldsymbol{\sigma}-(\boldsymbol{E}+\nabla\mu)^{\mathrm{T}}\delta\boldsymbol{D}+\delta\boldsymbol{\lambda}^{\mathrm{T}}(\boldsymbol{E}(\nabla)\boldsymbol{\sigma}+\boldsymbol{f})\\&+\delta\mu(\nabla\cdot\boldsymbol{D}-\rho_f)]\mathrm{d}V+\iint_{B_u}[\boldsymbol{E}(\boldsymbol{n})\delta\boldsymbol{\sigma}]^{\mathrm{T}}(\boldsymbol{\lambda}-\bar{\boldsymbol{u}})\mathrm{d}S\\&+\iint_{B_\sigma}(\boldsymbol{\gamma}+\boldsymbol{\lambda})^{\mathrm{T}}\boldsymbol{E}(\boldsymbol{n})\delta\boldsymbol{\sigma}\mathrm{d}S+\iint_{B_\sigma}\delta\boldsymbol{\gamma}^{\mathrm{T}}[\boldsymbol{E}(\boldsymbol{n})\boldsymbol{\sigma}-\bar{\boldsymbol{p}}]\mathrm{d}S\\&+\iint_{B_\Phi}\boldsymbol{n}\cdot\delta\boldsymbol{D}(\mu-\bar{\Phi})\mathrm{d}S+\iint_{B_\omega}(\eta+\mu)\boldsymbol{n}\cdot\delta\boldsymbol{D}\mathrm{d}S+\iint_{B_\omega}\delta\eta(\boldsymbol{n}\cdot\boldsymbol{D}+\bar{\omega})\mathrm{d}S\\=&0\end{aligned}$$

由变分引理可得

$$\boldsymbol{\varepsilon}-\boldsymbol{E}^{\mathrm{T}}(\nabla)\boldsymbol{\lambda}=0,\quad \boldsymbol{E}+\nabla\mu=0,\qquad \Omega \text{ 内}$$

$$\boldsymbol{\gamma}+\boldsymbol{\lambda}=0,\quad \eta+\mu=0,\qquad \partial\Omega \text{ 上}$$

比较相关方程和边界条件

$$\left.\begin{aligned}&\boldsymbol{\lambda}=\boldsymbol{u},\quad \mu=\Phi,&&\Omega \text{ 内}\\&\boldsymbol{\gamma}=-\boldsymbol{\lambda}=-\boldsymbol{u},\quad \eta=-\mu=-\Phi,&&\partial\Omega \text{ 上}\end{aligned}\right\}\tag{6.2.17}$$

代入式(6.2.16)

$$\Gamma_2(\boldsymbol{u},\Phi,\boldsymbol{\sigma},\boldsymbol{D}) = \iiint_{\Omega}[K(\boldsymbol{\sigma},\boldsymbol{D}) + \boldsymbol{u}^{\mathrm{T}}(\boldsymbol{E}(\nabla)\boldsymbol{\sigma}+\boldsymbol{f}) + \Phi(\nabla\cdot\boldsymbol{D}-\rho_f)]\mathrm{d}V$$
$$-\iint_{B_u}(\boldsymbol{E}(\boldsymbol{n})\boldsymbol{\sigma})^{\mathrm{T}}\bar{\boldsymbol{u}}\mathrm{d}S - \iint_{B_\sigma}\boldsymbol{u}^{\mathrm{T}}(\boldsymbol{E}(\boldsymbol{n})\boldsymbol{\sigma}-\bar{\boldsymbol{p}})\mathrm{d}S$$
$$-\iint_{B_\Phi}\boldsymbol{n}\cdot\boldsymbol{D}\bar{\Phi}\mathrm{d}S - \iint_{B_\omega}\Phi(\boldsymbol{n}\cdot\boldsymbol{D}+\bar{\omega})\mathrm{d}S \tag{6.2.18}$$

这就是压电材料的四类变量的广义余能，其中两类是力学变量、两类是电学变量。这样，我们就可以得到压电材料的四类变量广义余能原理。

定理 6.3(压电材料的四类变量广义余能原理)　在满足压电材料的本构关系(6.2.14)的所有可能的 $\boldsymbol{u}$、Φ、$\boldsymbol{\sigma}$、$\boldsymbol{D}$ 中，真实的 $\boldsymbol{u}$、Φ、$\boldsymbol{\sigma}$、$\boldsymbol{D}$ 值使得广义余能(6.2.18)取驻值，即 $\delta\Gamma_2=0$。

类似第 4 章中讨论的弹性力学广义变分原理，对压电材料来说也可以导出其他的变分原理，如四类变量广义势能原理，各种五类变量广义变分原理，在这里不再赘述。

6.3　电磁弹性材料的变分原理

在电磁弹性材料中，需要同时考虑电、磁和力学效应的耦合。和上一节相同，假定材料是弹性的，且各组对偶变量之间的关系(即本构关系)是线性的。

电磁弹性材料的弹性力学几何方程、平衡方程和边界条件为

$$\left.\begin{aligned}&\boldsymbol{\varepsilon}=\boldsymbol{E}(\nabla)\boldsymbol{u},\quad \boldsymbol{E}(\nabla)\boldsymbol{\sigma}+\boldsymbol{f}=0, && \Omega\text{ 内}\\ &\boldsymbol{u}=\bar{\boldsymbol{u}}, && B_u\text{ 上}\\ &\boldsymbol{E}(\boldsymbol{n})\boldsymbol{\sigma}=\bar{\boldsymbol{p}}, && B_\sigma\text{ 上}\end{aligned}\right\} \tag{6.3.1}$$

而电磁场方程

$$\left.\begin{aligned}&\boldsymbol{E}=-\nabla\Phi,\quad \nabla\cdot\boldsymbol{D}=\rho_f,\quad \Omega\text{ 内}\\ &\boldsymbol{B}=\nabla\times\boldsymbol{A},\quad \nabla\times\boldsymbol{H}=\boldsymbol{j},\quad \Omega\text{ 内}\end{aligned}\right\} \tag{6.3.2}$$

以及边界条件：

$$\left.\begin{aligned}&\Phi=\bar{\Phi},\quad B_\Phi\text{ 上};\quad \boldsymbol{n}\cdot\boldsymbol{D}=-\bar{\omega},\quad B_\omega\text{ 上}\\ &\boldsymbol{A}=\bar{\boldsymbol{A}},\quad B_A\text{ 上};\quad \boldsymbol{n}\times\boldsymbol{H}=\bar{\boldsymbol{h}},\quad B_h\text{ 上}\end{aligned}\right\} \tag{6.3.3}$$

式中：$\boldsymbol{E}$ 为电场强度；$\boldsymbol{D}$ 为电位移矢量；$\boldsymbol{H}$ 为磁场强度；$\boldsymbol{B}$ 为磁感应强度；Φ 为电势；$\boldsymbol{A}$ 为磁势；ρ_f 为自由电荷密度；$\boldsymbol{j}$ 为电流密度；$\bar{\omega}$ 为 B_ω 表面上给定的自由电荷密度；$\bar{\boldsymbol{h}}$ 为 B_h 表面上给定的磁场强度切向分量。

在等温条件下电磁弹性材料的电焓 H_2 增量为

$$\mathrm{d}H_2(\boldsymbol{\varepsilon},\boldsymbol{E},\boldsymbol{B})=\boldsymbol{\sigma}^{\mathrm{T}}\mathrm{d}\boldsymbol{\varepsilon}-\boldsymbol{D}^{\mathrm{T}}\mathrm{d}\boldsymbol{E}-\boldsymbol{H}^{\mathrm{T}}\mathrm{d}\boldsymbol{B} \tag{6.3.4}$$

式中：$\boldsymbol{\varepsilon}$、$\boldsymbol{\sigma}$ 为应变和应力；$\boldsymbol{E}$、$\boldsymbol{D}$ 为电场强度和电位移矢量；$\boldsymbol{H}$、$\boldsymbol{B}$ 为磁场强度和磁感应强度。

假定 $\boldsymbol{\sigma}$、$\boldsymbol{D}$、$\boldsymbol{H}$ 都是 $\boldsymbol{\varepsilon}$、$\boldsymbol{E}$、$\boldsymbol{B}$ 的线性函数，从而电焓是 $\boldsymbol{\varepsilon}$、$\boldsymbol{E}$、$\boldsymbol{B}$ 的二次函数，即可写成

$$H_2(\boldsymbol{\varepsilon},\boldsymbol{E},\boldsymbol{B}) = \frac{1}{2}\left(\boldsymbol{\varepsilon}^{\mathrm{T}}\frac{\partial^2 H_2}{\partial\boldsymbol{\varepsilon}^2}\boldsymbol{\varepsilon} + \boldsymbol{E}^{\mathrm{T}}\frac{\partial^2 H_2}{\partial\boldsymbol{E}^2}\boldsymbol{E} + \boldsymbol{B}^{\mathrm{T}}\frac{\partial^2 H_2}{\partial\boldsymbol{B}^2}\boldsymbol{B}\right) + \boldsymbol{\varepsilon}^{\mathrm{T}}\frac{\partial^2 H_2}{\partial\boldsymbol{\varepsilon}\partial\boldsymbol{E}}\boldsymbol{E} + \boldsymbol{E}^{\mathrm{T}}\frac{\partial^2 H_2}{\partial\boldsymbol{E}\partial\boldsymbol{B}}\boldsymbol{B} + \boldsymbol{B}^{\mathrm{T}}\frac{\partial^2 H_2}{\partial\boldsymbol{B}\partial\boldsymbol{\varepsilon}}\boldsymbol{\varepsilon} \tag{6.3.5}$$

比较式(6.3.4)和式(6.3.5)得

$$\left.\begin{aligned}
\boldsymbol{\sigma} &= \frac{\partial H_2}{\partial\boldsymbol{\varepsilon}} = \frac{\partial^2 H_2}{\partial\boldsymbol{\varepsilon}^2}\boldsymbol{\varepsilon} + \frac{\partial^2 H_2}{\partial\boldsymbol{\varepsilon}\partial\boldsymbol{E}}\boldsymbol{E} + \frac{\partial^2 H_2}{\partial\boldsymbol{\varepsilon}\partial\boldsymbol{B}}\boldsymbol{B}\\
\boldsymbol{D} &= -\frac{\partial H_2}{\partial\boldsymbol{E}} = -\frac{\partial^2 H_2}{\partial\boldsymbol{E}\partial\boldsymbol{\varepsilon}}\boldsymbol{\varepsilon} - \frac{\partial^2 H_2}{\partial\boldsymbol{E}^2}\boldsymbol{E} - \frac{\partial^2 H_2}{\partial\boldsymbol{E}\partial\boldsymbol{B}}\boldsymbol{B}\\
\boldsymbol{H} &= -\frac{\partial H_2}{\partial\boldsymbol{B}} = -\frac{\partial^2 H_2}{\partial\boldsymbol{B}\partial\boldsymbol{\varepsilon}}\boldsymbol{\varepsilon} - \frac{\partial^2 H_2}{\partial\boldsymbol{B}\partial\boldsymbol{E}}\boldsymbol{E} - \frac{\partial^2 H_2}{\partial\boldsymbol{B}^2}\boldsymbol{B}
\end{aligned}\right\} \tag{6.3.6}$$

记

$$\left.\begin{aligned}
&\boldsymbol{C} = \frac{\partial^2 H_2}{\partial\boldsymbol{\varepsilon}^2} \in \mathbf{R}^{6\times 6},\quad \boldsymbol{e} = -\frac{\partial^2 H_2}{\partial\boldsymbol{E}\partial\boldsymbol{\varepsilon}},\quad \boldsymbol{d} = -\frac{\partial^2 H_2}{\partial\boldsymbol{B}\partial\boldsymbol{\varepsilon}} \in \mathbf{R}^{3\times 6}\\
&\boldsymbol{\alpha} = -\frac{\partial^2 H_2}{\partial\boldsymbol{E}^2},\quad \boldsymbol{\beta} = -\frac{\partial^2 H_2}{\partial\boldsymbol{B}^2},\quad \boldsymbol{g} = -\frac{\partial^2 H_2}{\partial\boldsymbol{B}\partial\boldsymbol{E}} \in \mathbf{R}^{3\times 3}
\end{aligned}\right\} \tag{6.3.7}$$

则本构关系可写成

$$\left.\begin{aligned}
\boldsymbol{\sigma} &= \boldsymbol{C\varepsilon} - \boldsymbol{e}^{\mathrm{T}}\boldsymbol{E} - \boldsymbol{d}^{\mathrm{T}}\boldsymbol{B}\\
\boldsymbol{D} &= \boldsymbol{e\varepsilon} + \boldsymbol{\alpha E} + \boldsymbol{g}^{\mathrm{T}}\boldsymbol{B}\\
\boldsymbol{H} &= \boldsymbol{d\varepsilon} + \boldsymbol{gE} + \boldsymbol{\beta B}
\end{aligned}\right\} \tag{6.3.8}$$

构造总势能

$$\Pi(\boldsymbol{u},\Phi,\boldsymbol{A}) = \iiint_V [H_2(\boldsymbol{\varepsilon},\boldsymbol{E},\boldsymbol{B}) - \boldsymbol{f}\cdot\boldsymbol{u} + \rho_f\Phi + \boldsymbol{j}\cdot\boldsymbol{A}]\mathrm{d}V - \iint_{B_\sigma}\bar{\boldsymbol{p}}\cdot\boldsymbol{u}\mathrm{d}S + \iint_{B_\omega}\bar{\omega}\Phi\mathrm{d}S + \iint_{B_h}\bar{\boldsymbol{h}}\cdot\boldsymbol{A}\mathrm{d}S \tag{6.3.9}$$

式中 $\boldsymbol{u}$、Φ、$\boldsymbol{A}$(磁势)满足

$$\left.\begin{aligned}
&\boldsymbol{\varepsilon} = \boldsymbol{E}(\nabla)\boldsymbol{u},\quad \boldsymbol{E} = -\nabla\Phi,\quad \boldsymbol{B} = \nabla\times\boldsymbol{A},\qquad \Omega\ \text{内}\\
&\boldsymbol{u} = \bar{\boldsymbol{u}},\quad B_u\ \text{上};\qquad \Phi = \bar{\Phi},\quad B_\Phi\ \text{上};\qquad \boldsymbol{A} = \bar{\boldsymbol{A}},\quad B_A\ \text{上}
\end{aligned}\right\} \tag{6.3.10}$$

和本构方程(6.3.6)。计算

$$\begin{aligned}
\delta\Pi &= \iiint_V [\boldsymbol{\sigma}\cdot\delta\boldsymbol{\varepsilon} - \boldsymbol{D}\cdot\delta\boldsymbol{E} - \boldsymbol{H}\cdot\delta\boldsymbol{B} - \boldsymbol{f}\cdot\delta\boldsymbol{u} + \rho_f\delta\Phi - \boldsymbol{j}\cdot\delta\boldsymbol{A}]\mathrm{d}V\\
&\quad - \iint_{B_\sigma}\bar{\boldsymbol{p}}\cdot\delta\boldsymbol{u}\mathrm{d}S + \iint_{B_\omega}\bar{\omega}\delta\Phi\mathrm{d}S + \iint_{B_h}\bar{\boldsymbol{h}}\cdot\delta\boldsymbol{A}\mathrm{d}S\\
&= \iiint_V [\boldsymbol{\sigma}\cdot\boldsymbol{E}^{\mathrm{T}}(\nabla)\delta\boldsymbol{u} + \boldsymbol{D}\cdot\nabla\delta\Phi - \boldsymbol{H}\cdot\nabla\times\delta\boldsymbol{A} - \boldsymbol{f}\cdot\delta\boldsymbol{u} + \rho_f\delta\Phi - \boldsymbol{j}\cdot\delta\boldsymbol{A}]\mathrm{d}V\\
&\quad - \iint_{B_\sigma}\bar{\boldsymbol{p}}\cdot\delta\boldsymbol{u}\mathrm{d}S + \iint_{B_\omega}\bar{\omega}\delta\Phi\mathrm{d}S + \iint_{B_h}\bar{\boldsymbol{h}}\cdot\delta\boldsymbol{A}\mathrm{d}S
\end{aligned}$$

$$
\begin{aligned}
&= \iiint\limits_V [-(\boldsymbol{E}(\nabla)\boldsymbol{\sigma}+\boldsymbol{f})\cdot\delta\boldsymbol{u}-(\nabla\cdot\boldsymbol{D}-\rho_f)\delta\Phi+(\nabla\times\boldsymbol{H}-\boldsymbol{j})\cdot\delta\boldsymbol{A}]\mathrm{d}V \\
&\quad+\iint\limits_{B_\sigma}(\boldsymbol{E}(\boldsymbol{n})\boldsymbol{\sigma}-\bar{\boldsymbol{p}})\cdot\delta\boldsymbol{u}\mathrm{d}S+\iint\limits_{B_\omega}(\boldsymbol{n}\cdot\boldsymbol{D}+\bar{\omega})\delta\Phi\mathrm{d}S-\iint\limits_{B_h}(\boldsymbol{n}\times\boldsymbol{H}-\bar{\boldsymbol{h}})\cdot\delta\boldsymbol{A}\mathrm{d}S \\
&= 0
\end{aligned}
$$

可得

$$
\left.\begin{aligned}
&\boldsymbol{E}(\nabla)\boldsymbol{\sigma}+\boldsymbol{f}=0,\quad \nabla\cdot\boldsymbol{D}=\rho_f,\quad \nabla\times\boldsymbol{H}=\boldsymbol{j},\quad \Omega\text{ 内} \\
&\boldsymbol{E}(\boldsymbol{n})\boldsymbol{\sigma}=\bar{\boldsymbol{p}},\quad B_\sigma\text{ 上};\qquad \boldsymbol{n}\cdot\boldsymbol{D}+\bar{\omega}=0,\quad B_\omega\text{ 上}; \\
&\boldsymbol{n}\times\boldsymbol{H}=\bar{\boldsymbol{h}},\quad B_h\text{ 上}
\end{aligned}\right\} \tag{6.3.11}
$$

这样式(6.3.11)和式(6.3.10)就是全部的方程和边界条件(6.3.1)、(6.3.2)和(6.3.3)。从而可得电磁弹性材料的势能原理。

定理6.4(电磁弹性材料的势能原理)　对于电磁弹性材料，在所有满足条件(6.3.6)和(6.3.10)的可能的 $\boldsymbol{u}$、Φ、$\boldsymbol{A}$ 中，真实的 $\boldsymbol{u}$、Φ、$\boldsymbol{A}$ 值使得势能(6.3.9)取驻值 $\delta\Pi=0$。

类似压电材料，电磁弹性材料也可以导出余能原理和各种广义变分原理。

6.4　热弹性材料的变分原理

这一节中考虑温度 T 的因素。对应 3.1 节中势能原理中的自变函数 $\boldsymbol{u}$，现在对应的自变函数为$(\boldsymbol{u},T)$。

弹性材料的弹性力学几何方程、平衡方程和边界条件为

$$
\left.\begin{aligned}
&\boldsymbol{\varepsilon}=\boldsymbol{E}(\nabla)\boldsymbol{u},\quad \boldsymbol{E}(\nabla)\boldsymbol{\sigma}+\boldsymbol{f}=0,\qquad \Omega\text{ 内} \\
&\boldsymbol{u}=\bar{\boldsymbol{u}},\quad B_u\text{ 上};\qquad \boldsymbol{E}(\boldsymbol{n})\boldsymbol{\sigma}=\bar{\boldsymbol{p}},\quad B_\sigma\text{ 上}
\end{aligned}\right\} \tag{6.4.1}
$$

而热平衡方程和边界条件为

$$
\left.\begin{aligned}
&\boldsymbol{q}=-k\,\nabla T,\quad \nabla\cdot\boldsymbol{q}=r,\qquad \Omega\text{ 内} \\
&T=\bar{T},\quad B_T\text{ 上};\qquad k_q\frac{\partial T}{\partial n}=-\bar{q},\quad B_q\text{ 上}
\end{aligned}\right\} \tag{6.4.2}
$$

式中：T 为温度；$\boldsymbol{q}$ 为热流矢量；k、r 分别为 Ω 中材料的热传导系数和热源强度；$\bar{T}$ 为在边界 B_T 上给定的温度；$\bar{q}$、k_q 分别是在边界 B_q 上给定的热流(输入)和传热系数。

考虑到温度效应，其本构关系为

$$
\boldsymbol{\sigma}=\boldsymbol{A}(\boldsymbol{\varepsilon}-\alpha\theta\boldsymbol{j}),\qquad \boldsymbol{j}=(1,1,1,0,0,0)^{\mathrm{T}} \tag{6.4.3}
$$

这里已假定是均匀各向同性的线性弹性材料，其中 α 为材料的热膨胀系数，$\theta=T-T_0$ 为相对初始温度(结构松弛时)T_0 的增量。

工程中往往忽略弹性体中应变分布对热传导的影响，这一点在静态时是合理的(见 6.5 节)，所以可以先求出结构内的温度分布，再求温度影响下的应力分布。这样，与温度分布有

关的泛函为

$$\Pi_1(T)=\iiint_\Omega\left[\frac{1}{2}k(\nabla T)^2-rT\right]\mathrm{d}V+\iint_{B_q}\frac{k}{k_q}\bar{q}T\,\mathrm{d}S \tag{6.4.4}$$

从而

$$\begin{aligned}\delta\Pi_1&=\iiint_\Omega[-\boldsymbol{q}\cdot\nabla\delta T-r\delta T]\mathrm{d}V+\iint_{B_q}\frac{k}{k_q}\bar{q}\delta T\mathrm{d}S\\&=\iiint_\Omega(\nabla\cdot\boldsymbol{q}-r)\delta T\mathrm{d}V-\iint_{B_q}(\boldsymbol{n}\cdot\boldsymbol{q}-\frac{k}{k_q}\bar{q})\delta T\mathrm{d}S\\&=0\end{aligned}$$

连同事先给定温度和热流矢量关系以及给定温度边界条件的约束($\boldsymbol{q}=-k\nabla T$,$\Omega$ 内;$T=\bar{T}$,B_T 上),得到全部的热平衡方程和边界条件。显然,

$$\Pi_1=\min \tag{6.4.5}$$

这就是热传导问题的变分原理。

定理 6.5(热传导问题的变分原理) 在满足对给定温度的边界条件约束下($T=\bar{T}$),真实的温度使得泛函 Π_1 最小。

当温度 T 的分布给定以后,则可以用弹性力学中变分原理加上考虑温度效应的本构关系(6.4.3)给出新的泛函。以最小势能原理为例,对于各向同性的材料来说,由于

$$\begin{aligned}\delta U&=\boldsymbol{\sigma}\cdot\delta\boldsymbol{\varepsilon}=\delta\boldsymbol{\varepsilon}^{\mathrm{T}}\boldsymbol{A}(\boldsymbol{\varepsilon}-\alpha\theta\boldsymbol{j})\\&=\delta(\frac{1}{2}\boldsymbol{\varepsilon}^{\mathrm{T}}\boldsymbol{A}\boldsymbol{\varepsilon}-\alpha\theta\boldsymbol{\varepsilon}^{\mathrm{T}}\boldsymbol{A}\boldsymbol{j})\\&=\delta(\frac{1}{2}\boldsymbol{\varepsilon}^{\mathrm{T}}\boldsymbol{A}\boldsymbol{\varepsilon}-\frac{E\alpha\theta}{1-2\nu}\kappa)\end{aligned}$$

式中 E、ν、$\boldsymbol{A}$ 分别是杨氏模量、泊松比和弹性矩阵(见附录 A2),以及

$$\boldsymbol{\varepsilon}^{\mathrm{T}}\boldsymbol{A}\boldsymbol{j}=\boldsymbol{\sigma}_x+\boldsymbol{\sigma}_y+\boldsymbol{\sigma}_z=\frac{E}{1-2\nu}\kappa,\quad \kappa=\varepsilon_x+\varepsilon_y+\varepsilon_z \tag{6.4.6}$$

从而

$$\Pi_2(\boldsymbol{u})=\iiint_\Omega\left[\frac{1}{2}\boldsymbol{\varepsilon}^{\mathrm{T}}\boldsymbol{A}\boldsymbol{\varepsilon}-\frac{E\alpha\theta}{1-2\nu}\kappa-\boldsymbol{f}\cdot\delta\boldsymbol{u}\right]\mathrm{d}V-\iint_{B_\sigma}\bar{\boldsymbol{p}}\cdot\delta\boldsymbol{u}\mathrm{d}S \tag{6.4.7}$$

定理 6.6(热弹性材料的最小势能原理) 在给定温度分布和满足位移边界条件下,真实的位移使得用式(6.4.7)表示的势能 Π_2 最小。

这样,依次应用定理 6.5 和定理 6.6 就可以求得温度场和位移场。

6.5 热弹性材料的本构关系

下面从热力学角度推导热弹性材料的本构关系与推论。

对于热弹性材料，自由能(亥姆霍兹(Helmholtz))定义为

$$H = H(\boldsymbol{\varepsilon}, T) = U - TS \tag{6.5.1}$$

式中 U 是内能，有

$$\mathrm{d}U = \mathrm{d}W + \mathrm{d}Q = \boldsymbol{\sigma}^{\mathrm{T}}\mathrm{d}\boldsymbol{\varepsilon} + T\mathrm{d}S \tag{6.5.2}$$

对于任意区域 ω 的热平衡为

$$\iiint_{\omega} T\dot{S}\,\mathrm{d}V = -\oint_{\partial\omega} \boldsymbol{n}\cdot\boldsymbol{q}\,\mathrm{d}S + \iiint_{\omega} r\,\mathrm{d}V = \iiint_{\omega}(-\nabla\cdot\boldsymbol{q} + r)\,\mathrm{d}V \tag{6.5.3}$$

这里 $\boldsymbol{q}$ 是热流矢量；r 是热源的强度。由 ω 的任意性可得

$$T\dot{S} = -\nabla\cdot\boldsymbol{q} + r \tag{6.5.4}$$

上式可写成

$$\dot{S} = -\frac{1}{T}\nabla\cdot\boldsymbol{q} + \frac{r}{T} = -\nabla\cdot\left(\frac{\boldsymbol{q}}{T}\right) + \frac{r}{T} - \frac{\boldsymbol{q}\cdot\nabla T}{T^2} \tag{6.5.5}$$

式(6.5.5)右边第一项是从周边传过来的熵，第二项是(分布)热源产生的熵，最后一项是热传导产生的熵。由热力学第二定律和傅立叶热传导定律有

$$-\frac{\boldsymbol{q}\cdot\nabla T}{T^2} = k\frac{(\nabla T)^2}{T^2} \geqslant 0, \quad \boldsymbol{q} = -k\nabla T \tag{6.5.6}$$

现在用泰勒展开计算自由能

$$\begin{aligned} H(\boldsymbol{\varepsilon}, T) &= H(0, T_0) + \frac{\partial H(0, T_0)}{\partial\boldsymbol{\varepsilon}}\cdot\boldsymbol{\varepsilon} + \frac{\partial H(0, T_0)}{\partial T}\theta \\ &\quad + \frac{1}{2}\left(\boldsymbol{\varepsilon}^{\mathrm{T}}\frac{\partial^2 H(0, T_0)}{\partial\boldsymbol{\varepsilon}^2}\boldsymbol{\varepsilon} + 2\theta\frac{\partial H(0, T_0)}{\partial\boldsymbol{\varepsilon}\partial T}\cdot\boldsymbol{\varepsilon} + \frac{\partial^2 H(0, T_0)}{\partial T^2}\theta^2\right) + \cdots \\ &= \frac{1}{2}(\boldsymbol{\varepsilon}^{\mathrm{T}}\boldsymbol{A}\boldsymbol{\varepsilon} - 2\theta\boldsymbol{\beta}\cdot\boldsymbol{\varepsilon} - m\theta^2) \end{aligned} \tag{6.5.7}$$

式中 $\theta = T - T_0$，并且假定初始状态自由能、应力和熵均为零，从而展开式的右边前三项(零阶和一阶项)均为零。此外，式(6.5.7)中还记

$$\boldsymbol{A} = \frac{\partial^2 H(0, T_0)}{\partial\boldsymbol{\varepsilon}^2}, \quad \boldsymbol{\beta} = -\frac{\partial H(0, T_0)}{\partial\boldsymbol{\varepsilon}\partial T}, \quad m = -\frac{\partial^2 H(0, T_0)}{\partial T^2} \tag{6.5.8}$$

从而

$$\boldsymbol{\sigma} = \frac{\partial H}{\partial\boldsymbol{\varepsilon}} = \boldsymbol{A}\boldsymbol{\varepsilon} - \boldsymbol{\beta}\theta$$

对于各向同性材料有

$$\boldsymbol{\beta} = \alpha\boldsymbol{A}\boldsymbol{j}$$

这里 α 是热膨胀系数，$\boldsymbol{j} = (1,1,1,0,0,0)^{\mathrm{T}}$，则热弹性材料的**本构方程**为

$$\left.\begin{aligned} \boldsymbol{\sigma} &= \frac{\partial H}{\partial\boldsymbol{\varepsilon}} = \boldsymbol{A}(\boldsymbol{\varepsilon} - \alpha\theta\boldsymbol{j}) \\ S &= -\frac{\partial H}{\partial\theta} = \boldsymbol{\beta}\cdot\boldsymbol{\varepsilon} + m\theta = \gamma\kappa + m\theta \end{aligned}\right\} \tag{6.5.9}$$

式中

$$\alpha(\boldsymbol{Aj})^{\mathrm{T}}\boldsymbol{\varepsilon}=\gamma\kappa,\quad \gamma=\frac{\alpha E}{1-2\nu},\quad \kappa=\boldsymbol{\varepsilon}_x+\boldsymbol{\varepsilon}_y+\boldsymbol{\varepsilon}_z$$

E、ν 分别是杨氏模量和泊松比。

现将式(6.5.9)的第二式代入式(6.5.4)

$$-\nabla\cdot\boldsymbol{q}+r=T(\gamma\dot{\kappa}+m\dot{\theta})$$

考虑到 $\boldsymbol{q}=-k\nabla\theta$ 并假定 $T\approx T_0$ 得

$$\left(\Delta-\frac{1}{\lambda^2}\frac{\partial}{\partial t}\right)\theta-\eta\dot{\kappa}=-\frac{r}{k},\quad \lambda^2=\frac{k}{T_0 m},\quad \eta=\frac{T_0\gamma}{k}\tag{6.5.10}$$

当系统为静态时,温度分布满足

$$\Delta\theta=-\frac{r}{k},\qquad \Omega\text{ 内}\tag{6.5.11}$$

和边界条件

$$\theta=\bar{\theta},\quad B_T\text{ 上};\qquad k_q\frac{\partial\theta}{\partial n}=-\bar{q},\quad B_q\text{ 上}\tag{6.5.12}$$

它们和应变无直接相关,所以可以先求温度分布,再求位移分布。

思考题

6.1　类似第 4 章,研究压电材料广义变分原理的中驻点的极值性质。

6.2　导出电磁弹性材料的余能原理。

第 7 章　变分问题的直接方法

求解变分问题主要有两类方法：一类是欧拉方法，把泛函求极值问题化为微分方程的边值问题求解，这在第 2 章中已讨论过；另一类就是本章介绍的直接法，它是把一个泛函极值问题近似为函数极值问题来求解（或者化为低维的微分方程），从而使得数值求解变得简单。特别是其中的有限元方法，在处理复杂区域问题时的灵活性和在计算机编程上的规范性，使得它在工程应用方面获得了极大的成功。可以说，现在著名的结构分析软件无一不以有限元法作为主要的分析方法。

为方便叙述，我们将在附录 A3 中介绍**内积**和**算子**的概念。

7.1　里兹方法(Ritz)

由线性对称正定算子 A 及函数 f 所确定的一个泛函为

$$\Pi(u) = \langle Au, u\rangle - 2\langle f, u\rangle \tag{7.1.1}$$

该泛函的变分为

$$\delta\Pi = 2\langle Au, \delta u\rangle - 2\langle f, \delta u\rangle = 2\langle Au - f, \delta u\rangle$$

泛函(7.1.1)的极值问题(也就是变分问题)所对应的欧拉方程为

$$Au - f = 0 \quad (Au = f) \tag{7.1.2}$$

不失一般性，我们假设泛函的边界条件是齐次的，否则总是可以通过函数变换来实现齐次的边界条件

$$u = u_0 + \tilde{u} \tag{7.1.3}$$

其中 u_0 满足非齐次的边界条件，那么 $\tilde{u}$ 就满足齐次的边界条件。

现选定一组满足泛函齐次边界条件的函数序列，一般情况下，要求该函数序列是线性无关的(我们称之为一组基)，那么由该函数序列所张成的子空间为

$$U = \mathrm{span}(u_1, u_2, \cdots, u_n) = \left\{u \mid u = \sum_{i=1}^{n} a_i u_i, a_i \in \mathbf{R}\right\} \tag{7.1.4}$$

该子空间中的每个函数显然都满足齐次边界条件。

里兹法的核心思想就是用上述函数序列 $u_1, u_2, \cdots, u_n$ 所张成的一个线性空间(7.1.4)来

近似地替代原泛函的定义域空间，然后在线性空间 U 中找到一个使得泛函 Π 取极值的函数，该函数就是原问题的一个近似解。显然满足齐次边界条件的函数序列 $u_1, u_2, \cdots, u_n$ 并不是唯一的，如果我们选择了比较合适的函数序列，当该序列的个数足够多时，其张成的子空间 U 就越逼近原来的定义域空间，那么里兹法所得到的近似解就能很好地逼近原问题的解。

具体地讲，由 n 个**基函数** $u_1, u_2, \cdots, u_n$ 线性组合成的一个**试函数**为

$$\tilde{u} = \sum_{i=1}^{n} a_i u_i \tag{7.1.5}$$

其中系数 $a_1, a_2, \cdots, a_n$ 为待定的常数(为简单起见，假设系数是实数)。把 $\tilde{u}$ 的表达式(7.1.5)代入泛函表达式(7.1.1)，利用线性算子及内积的性质，有

$$\begin{aligned}\Pi(\tilde{u}) &= \langle A\tilde{u}, \tilde{u}\rangle - 2\langle f, \tilde{u}\rangle \\ &= \langle A\sum_{i=1}^{n} a_i u_i, \sum_{i=1}^{n} a_i u_i\rangle - 2\langle f, \sum_{i=1}^{n} a_i u_i\rangle \\ &= \sum_{i=1}^{n}\sum_{j=1}^{n} a_i a_j \langle A u_i, u_j\rangle - 2\sum_{i=1}^{n} a_i \langle f, u_i\rangle \\ &= \sum_{i=1}^{n}\sum_{j=1}^{n} A_{ij} a_i a_j - 2\sum_{i=1}^{n} f_i a_i \end{aligned} \tag{7.1.6}$$

式中

$$A_{ij} = \langle A u_i, u_j\rangle, f_i = \langle f, u_i\rangle$$

式(7.1.6)是关于系数 $a_1, a_2, \cdots, a_n$ 的一个二次函数，当式(7.1.6)取极值时，系数 $a_1, a_2, \cdots, a_n$ 应满足

$$\frac{\partial \Pi}{\partial a_s} = 0, \quad s = 1, 2, \cdots, n \tag{7.1.7}$$

从而有

$$\sum_{i=1}^{n} A_{si} a_i - f_s = 0, \quad s = 1, 2, \cdots, n \tag{7.1.8}$$

式(7.1.8)是一个线性代数方程组。解此代数方程组后得到 $a_1, a_2, \cdots, a_n$，代入表达式(7.1.5)就得到了原泛函极值问题(或者微分方程边值问题)的近似解。

如果用向量的形式来表示，记

$$\boldsymbol{\varphi} = (u_1, u_2, \cdots, u_n)^{\mathrm{T}}, \quad \boldsymbol{a} = (a_1, a_2, \cdots, a_n)^{\mathrm{T}}$$

那么

$$\tilde{u} = \boldsymbol{\varphi}^{\mathrm{T}} \boldsymbol{a} \tag{7.1.9}$$

代入泛函表达式(7.1.1)中

$$\begin{aligned}\Pi(\boldsymbol{a}) = \Pi(\tilde{\boldsymbol{u}}) &= \langle A\boldsymbol{\varphi}^{\mathrm{T}}\boldsymbol{a}, \boldsymbol{\varphi}^{\mathrm{T}}\boldsymbol{a}\rangle - 2\langle f, \boldsymbol{\varphi}^{\mathrm{T}}\boldsymbol{a}\rangle \\ &= \boldsymbol{a}^{\mathrm{T}}\boldsymbol{K}\boldsymbol{a} - 2\boldsymbol{a}^{\mathrm{T}}\boldsymbol{F}\end{aligned} \tag{7.1.10}$$

其中

$$\boldsymbol{K} = \langle A\boldsymbol{\varphi}^{\mathrm{T}}, \boldsymbol{\varphi}\rangle = [K_{ij}], \quad K_{ij} = \langle A u_i, u_j\rangle$$

$$\boldsymbol{F} = \langle f, \boldsymbol{\varphi} \rangle = (f_1, f_2, \cdots, f_n)^{\mathrm{T}}, \quad f_i = \langle f, u_i \rangle$$

这里 $\boldsymbol{K}$ 是 $n \times n$ 的矩阵，$\boldsymbol{F}$ 是 $n \times 1$ 向量。要使 $\Pi(\boldsymbol{a})$ 取到极值，必须

$$\frac{\partial \Pi(\boldsymbol{a})}{\partial \boldsymbol{a}} = 0$$

这也就是说

$$\boldsymbol{Ka} = \boldsymbol{F} \tag{7.1.11}$$

该方程的解为

$$\boldsymbol{a} = \boldsymbol{K}^{-1} \boldsymbol{F} \tag{7.1.12}$$

由于 A 是对称正定算子，可以证明 $\boldsymbol{K}$ 也是对称正定矩阵，从而上述解必定是存在且唯一的。

所以说，通过里兹法我们可以把一个泛函的极值问题转化成一个函数的极值问题，求解该函数极值问题所对应的代数方程组，就可以得到原问题的近似解。

里兹法的关键在于基函数序列的选择，如何选择合适的函数序列是该算法最核心之处。

例 7.1　求 $J[y] = \int_0^1 (x^2 y'^2 + xy)\mathrm{d}x, y(0) = y(1) = 0$ 对应的变分问题近似解。

为了满足边界条件，$y(0) = y(1) = 0$，我们取近似解为

$$\tilde{y}(x) = a_1 x(1-x)$$

那么 $\tilde{y}'(x) = a_1(1-2x)$，代入泛函表达式后有

$$J[a_1] = \int_0^1 [a_1^2(x^2 - 4x^3 + 4x^4) + a_1(x^2 - x^3)]\mathrm{d}x$$

令 $\dfrac{\mathrm{d}J}{\mathrm{d}a_1} = 0$ 得

$$\int_0^1 [2a_1(x^2 - 4x^3 + 4x^4) + (x^2 - x^3)]\mathrm{d}x = 0$$

由此可以求得

$$a_1 = -\frac{5}{16}$$

所以一阶近似解为

$$\tilde{y}(x) = -\frac{5}{16} x(1-x)$$

更进一步，可以取近似解为

$$\tilde{y}(x) = x(1-x)\sum_{i=0}^{n} a_i x^i$$

从而可以得到精度更高的近似解。

例 7.2　设

$$J[y(x)] = \int_0^1 (y'^2 - y^2 - 2xy)\mathrm{d}x, y(0) = y(1) = 0$$

求变分问题的近似解。

该变分问题的精确解为

$$y(x)=\frac{\sin x}{\sin 1}-x$$

现取近似解为 $\tilde{y}(x)=(1-x)\sum_{i=1}^{n}a_i x^i$。如果取 $n=1$，也就是说取 $\tilde{y}(x)=a_1 x(1-x)$，和例 7.1 求法一样，可以得到 $a_1=\frac{5}{18}$。所以一阶近似解为

$$\tilde{y}(x)=\frac{5}{18}x(1-x)$$

如果取 $n=2$，即取 $\tilde{y}(x)=x(1-x)(a_1+a_2 x)$，代入泛函表达式，并令 $\frac{\partial J}{\partial a_1}=\frac{\partial J}{\partial a_2}=0$，得

$$\frac{3}{10}a_1+\frac{3}{20}a_2=\frac{1}{12}$$

$$\frac{3}{10}a_2+\frac{13}{105}a_2=\frac{1}{20}$$

由此可以求得

$$a_1=\frac{71}{369},\quad a_2=\frac{7}{41}$$

所以二阶近似解为

$$\tilde{y}(x)=x(1-x)\left(\frac{71}{369}+\frac{7}{41}x\right)$$

如图 7.1 所示，二阶近似解与精确解已经非常接近，无法在图上区分。应当注意到，本例中所对应的算子不是正定算子，其收敛性无法保证，但里兹法依然有效。

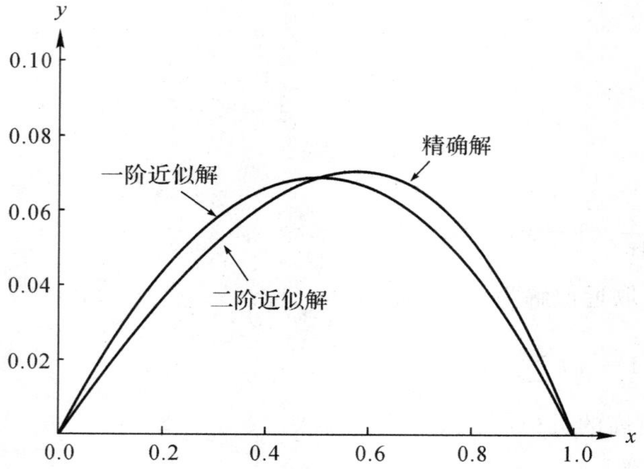

图 7.1　例 7.2 的准确解和近似解之比较

例 7.3　如图 7.2 所示，长度为 l 且抗弯刚度为 EI 的简支梁，受均布载荷 q 的作用。

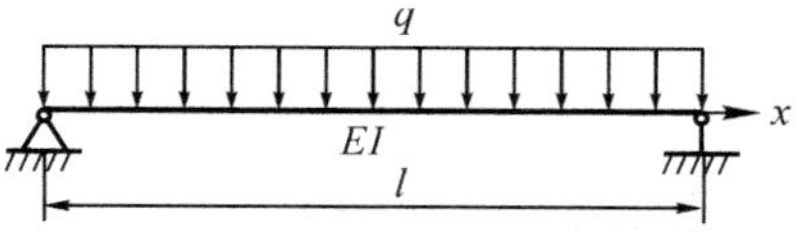

图 7.2　均布载荷作用下的简支梁

取位移(挠度)的近似解为

$$\tilde{w}(x)=a_1\left(\frac{x}{l}\right)+a_2\left(\frac{x}{l}\right)^2+a_3\left(\frac{x}{l}\right)^3+a_4\left(\frac{x}{l}\right)^4$$

为了满足两端简支的边界条件，取

$$a_1=-(a_2+a_3+a_4)$$

那么

$$\tilde{w}(x)=-(a_2+a_3+a_4)\left(\frac{x}{l}\right)+a_2\left(\frac{x}{l}\right)^2+a_3\left(\frac{x}{l}\right)^3+a_4\left(\frac{x}{l}\right)^4$$

梁的弹性应变能为

$$U_1=\frac{1}{2}\int_0^l EI\left(\frac{\mathrm{d}^2 w}{\mathrm{d}x^2}\right)^2\mathrm{d}x$$

作用在梁上的外力势能为

$$U_2=-\int_0^l qw\,\mathrm{d}x$$

梁的总势能为

$$U=U_1+U_2$$

$$U_1=\frac{1}{2}\int_0^l EI\left(\frac{2}{l^2}a_2+\frac{6}{l^2}a_3\left(\frac{x}{l}\right)+a_4\frac{12}{l^2}\left(\frac{x}{l}\right)^2\right)^2\mathrm{d}x$$

$$U_2=-\int_0^l q\left[-(a_2+a_3+a_4)\left(\frac{x}{l}\right)+a_2\left(\frac{x}{l}\right)^2+a_3\left(\frac{x}{l}\right)^3+a_4\left(\frac{x}{l}\right)^4\right]\mathrm{d}x$$

根据最小势能原理

$$\frac{\partial U}{\partial a_2}=\frac{\partial U}{\partial a_3}=\frac{\partial U}{\partial a_3}=0$$

可以得到

$$a_2=0,\quad a_3=-\frac{1}{12}\frac{ql^4}{EI},\quad a_4=\frac{1}{24}\frac{ql^4}{EI}$$

从而梁挠度的近似解为

$$\tilde{w}=\frac{1}{24}\frac{ql^4}{EI}\left(\frac{x}{l}-\frac{2x^3}{l^3}+\frac{x^4}{l^4}\right)$$

由于这里的近似解事先满足了位移的边界条件，同时也能满足力的边界条件

$$EI\left.\frac{\mathrm{d}^2\tilde{w}}{\mathrm{d}x^2}\right|_{x=0}=EI\left.\frac{\mathrm{d}^2\tilde{w}}{\mathrm{d}x^2}\right|_{x=l}=0$$

因此，近似解正好就是原问题的精确解。一般来说，按最小势能原理得到的近似解，其应力边界条件（欧拉方程）只能近似满足。

7.2 康托罗维奇法(Kantorovich)

康托罗维奇法是里兹法在多元自变函数变分问题中的推广。假设泛函的自变函数是关于 $x_1,x_2,\cdots,x_n(n\geqslant 2)$ 的多元函数，在康托罗维奇法中，取近似解为

$$\tilde{u}=\sum_{i=1}^{k}a_i(x_n)u_i(x_1,x_2,\cdots,x_{n-1}) \tag{7.2.1}$$

和传统里兹法不同，现在每个基函数 $u_i(x_1,x_2,\cdots,x_{n-1})$ 是 $(n-1)$ 元函数，同时满足齐次边界条件，而 $a_i(x_n)$ 是待定的关于 x_n 的函数。将式(7.2.1)代入原泛函

$$\Pi(u)=\langle Au,u\rangle-2\langle f,u\rangle$$

得到一个关于 k 个未知函数 $a_1(x_n),a_2(x_n),\cdots,a_k(x_n)$ 的新泛函

$$\Pi^*(a_1(x_n),a_2(x_n),\cdots,a_k(x_n)) \tag{7.2.2}$$

于是问题就变为求函数 $a_1(x_n),a_2(x_n),\cdots,a_k(x_n)$，使得新泛函(7.2.2)能取到极值。这是关于多个一元函数的变分问题，相应的欧拉方程为 k 个常微分方程组（而原来变分问题得到的欧拉方程一般为偏微分方程），求解该常微分方程的边值问题就可以得到原变分问题的近似解。

例 7.4 矩形截面的柱体自由扭转问题（见第 3 章的 3.5 节）。

用应力函数表示的余应变能泛函为

$$\Gamma(\Psi)=\int_{-a}^{a}\int_{-b}^{b}\left[\left(\frac{\partial\Psi}{\partial x}\right)^2+\left(\frac{\partial\Psi}{\partial y}\right)^2-4\Psi\right]\mathrm{d}x\mathrm{d}y$$

取应力函数的一阶近似解为

$$\Psi(x,y)=(b^2-y^2)u(x)$$

这样，应力函数就可以满足边界 $y=\pm b$ 上的边界条件，$\Psi(x,y)=0$。

与近似解对应的新泛函为

$$\Gamma^*(u)=\int_{-a}^{a}\left(\frac{16}{15}b^5u'^2+\frac{8}{3}b^3u^2-\frac{16}{3}b^3u\right)\mathrm{d}x$$

根据变分原理，该泛函的欧拉方程为

$$u''(x)-\frac{5}{2b^2}u(x)=-\frac{5}{2b^2}$$

相应的边界条件为

$$u(\pm a)=0$$

从而得到一阶近似解为

$$\Psi(x,y)=(b^2-y^2)u(x)$$

这里

$$u(x)=-\frac{\mathrm{ch}kx}{\mathrm{ch}ka}+1,\quad k=\frac{1}{b}\sqrt{\frac{5}{2}}$$

也可以直接用里兹法进行求解。对于矩形截面的柱体，可以取试函数为

$$\Psi(x,y)=(b^2-y^2)(a^2-x^2)\sum A_{mn}x^m y^n$$

如果只取一项

$$\Psi(x,y)=(b^2-y^2)(a^2-x^2)A_{00}$$

代入余应变能表达式

$$\Gamma(\Psi)=\int_{-a}^{a}\int_{-b}^{b}\left[\left(\frac{\partial\Psi}{\partial x}\right)^2+\left(\frac{\partial\Psi}{\partial y}\right)^2-4\Psi\right]\mathrm{d}x\mathrm{d}y$$

并令

$$\frac{\mathrm{d}\Gamma}{\mathrm{d}A_{00}}=0$$

也可得到相应的近似解。

和里兹法相比，康托罗维奇法稍显麻烦，因为里兹法最终得到的是线性代数方程组，而康托罗维奇法最终得到的却是常微分方程组，还需要求解微分方程的边值问题。

由于里兹法中的试函数(基函数)一般不会满足原变分问题的欧拉方程，而康托罗维奇法中有一部分函数是通过求欧拉方程的边值问题得到，所以一般来讲，康托罗维奇法的精度要比里兹法高。在实际应用中，常把变化较复杂又较难选择试函数的那个变量选为式(7.2.1)中的 x_n。

和里兹法一样，要提高康托罗维奇法的精度，一般要增加试函数中的项数，但是相应的欧拉方程个数也会有所增加(微分方程组的维数升高)，会给后续微分方程边值问题的求解带来很多麻烦。一种较为合理的方法是变量轮换法，也就是说交替轮换式(7.2.1)中的变量 x_n 来提高近似解的计算精度。

7.3　伽辽金法(Galerkin)

伽辽金法的基础是虚功原理(虚位移原理)：一个平衡力系在任何虚位移中，外力的虚功等于虚应变能

$$\iiint_{\Omega}\boldsymbol{\sigma}^{\mathrm{T}}\delta\boldsymbol{\varepsilon}\mathrm{d}V=\iint_{\partial\Omega}\boldsymbol{p}^{\mathrm{T}}\delta\boldsymbol{u}\mathrm{d}B+\iiint_{\Omega}\boldsymbol{f}^{\mathrm{T}}\delta\boldsymbol{u}\mathrm{d}V \tag{7.3.1}$$

其中：$\boldsymbol{f}$ 为体积力；$\boldsymbol{p}$ 为表面力；$\boldsymbol{\sigma}$ 为与外力系所平衡的可能应力；$\delta\boldsymbol{u}$ 为虚位移；$\delta\boldsymbol{\varepsilon}$ 为与虚位移对应的虚应变。如果在第 3 章中的推广高斯公式(3.2.1)中取 $\boldsymbol{\sigma}=\boldsymbol{\sigma}$，$\boldsymbol{u}=\delta\boldsymbol{u}$，得到

$$\iiint_{\Omega}\boldsymbol{\sigma}^{\mathrm{T}}\delta\boldsymbol{\varepsilon}\mathrm{d}V=\iint_{\partial\Omega}[\boldsymbol{E}(\boldsymbol{n})\boldsymbol{\sigma}]^{\mathrm{T}}\delta\boldsymbol{u}\mathrm{d}B+\iiint_{\Omega}-[\boldsymbol{E}(\nabla)\boldsymbol{\sigma}]^{\mathrm{T}}\delta\boldsymbol{u}\mathrm{d}V$$

从而有

$$\iiint_{\Omega}[\boldsymbol{E}(\nabla)\boldsymbol{\sigma}+\boldsymbol{f}]^{\mathrm{T}}\delta\boldsymbol{u}\mathrm{d}V+\iint_{\partial\Omega}[\boldsymbol{p}-\boldsymbol{E}(\boldsymbol{n})\boldsymbol{\sigma}]^{\mathrm{T}}\delta\boldsymbol{u}\mathrm{d}B=0 \tag{7.3.2}$$

按虚位移的定义

$$\delta\boldsymbol{u}=0,\qquad B_u \text{ 上}$$

和里兹法一样，我们取位移的近似解为

$$\tilde{\boldsymbol{u}}=\sum_{i=1}^{n}a_i\boldsymbol{u}_i$$

这里 $\boldsymbol{u}_i$ 是满足边界条件的基函数；a_i 是待定的系数。那么虚位移为

$$\delta\tilde{\boldsymbol{u}}=\sum_{i=1}^{n}\boldsymbol{u}_i\delta a_i$$

因为 δa_i 是独立的变分，代入式(7.3.2)，从而有

$$\iiint_{\Omega}[\boldsymbol{E}(\nabla)\boldsymbol{\sigma}+\boldsymbol{f}]^{\mathrm{T}}\boldsymbol{u}_i\mathrm{d}V+\iint_{B_\sigma}[\bar{\boldsymbol{p}}-\boldsymbol{E}(\boldsymbol{n})\boldsymbol{\sigma}]^{\mathrm{T}}\boldsymbol{u}_i\mathrm{d}B=0,\quad i=1,2,\cdots,n \tag{7.3.3}$$

这里 $\boldsymbol{\sigma}$ 是用位移近似解来表示的应力。

如果位移试函数同时还满足力的边界条件，即

$$\boldsymbol{E}(\boldsymbol{n})\boldsymbol{\sigma}=\bar{\boldsymbol{p}},\qquad B_\sigma \text{ 上}$$

则方程(7.3.3)变成

$$\iiint_{\Omega}[\boldsymbol{E}(\nabla)\boldsymbol{\sigma}+\boldsymbol{f}]^{\mathrm{T}}\boldsymbol{u}_i\mathrm{d}V=0,\quad i=1,2,\cdots,n \tag{7.3.4}$$

这就是**经典的伽辽金法**。

一般地，如果微分方程为

$$L(u)=f$$

取 u 的试算函数为

$$\tilde{u}=\sum_{i=1}^{n}a_iu_i$$

其中 u_i 满足所有的边界条件(假定已转化为齐次边条件)。那么经典的伽辽金法积分为

$$\int(L(\tilde{u})-f)u_i\mathrm{d}x=0,\quad i=1,2,\cdots,n \tag{7.3.5}$$

与里兹法不同的是，在上述经典的伽辽金法中，位移试函数除了要满足位移边界条件外，还需要满足应力边界条件(也就是说要满足所有边界条件)。如果试函数不满足应力边界条件，那么近似计算的结果可能不是很理想，甚至可能是错误的。为此，我们来改进上述的方法，把应力边界条件也考虑在内。实际上可以直接用式(7.3.3)而不是式(7.3.4)，这时有

$$\left.\begin{aligned}\tilde{\boldsymbol{u}}&=\boldsymbol{N}\boldsymbol{a}\\\boldsymbol{\sigma}&=\boldsymbol{A}\boldsymbol{E}^{\mathrm{T}}(\nabla)\tilde{\boldsymbol{u}}=\sum_{j=1}^{n}a_j\boldsymbol{A}\boldsymbol{E}^{\mathrm{T}}(\nabla)\boldsymbol{u}_j\\&=\boldsymbol{A}\boldsymbol{E}^{\mathrm{T}}(\nabla)\boldsymbol{N}\boldsymbol{a}\end{aligned}\right\} \tag{7.3.6}$$

式中：$\boldsymbol{N}=[\boldsymbol{u}_1,\boldsymbol{u}_2,\cdots,\boldsymbol{u}_n]$ 称为形函数矩阵；$\boldsymbol{a}=(a_1,a_2,\cdots,a_n)^{\mathrm{T}}$ 为待定参数；$\boldsymbol{A}$ 是弹性矩阵。把式(7.3.6) 中 n 个方程代入式(7.3.2)

$$\left\{\iiint_{\Omega}[\boldsymbol{E}(\nabla)\boldsymbol{\sigma}+\boldsymbol{f}]^{\mathrm{T}}\boldsymbol{N}\mathrm{d}V+\iint_{B_\sigma}[\bar{\boldsymbol{p}}-\boldsymbol{E}(\boldsymbol{n})\boldsymbol{\sigma}]^{\mathrm{T}}\boldsymbol{N}\mathrm{d}B\right\}\delta\boldsymbol{a}=0$$

并引用第 3 章中的推广高斯公式(3.2.1)，得到

$$-\left(\iiint_{\Omega}(\boldsymbol{E}^{\mathrm{T}}(\nabla)\boldsymbol{N})^{\mathrm{T}}\boldsymbol{A}\boldsymbol{E}^{\mathrm{T}}(\nabla)\boldsymbol{N}\mathrm{d}V\right)\boldsymbol{a}+\iiint_{\Omega}\boldsymbol{f}^{\mathrm{T}}\boldsymbol{N}\mathrm{d}V+\iint_{B_\sigma}\bar{\boldsymbol{p}}^{\mathrm{T}}\boldsymbol{N}\mathrm{d}B=0$$

即

$$\boldsymbol{K}\boldsymbol{a}=\boldsymbol{F} \tag{7.3.7}$$

式中

$$\boldsymbol{K}=\iiint_{\Omega}(\boldsymbol{E}^{\mathrm{T}}(\nabla)\boldsymbol{N})^{\mathrm{T}}\boldsymbol{A}\boldsymbol{E}^{\mathrm{T}}(\nabla)\boldsymbol{N}\mathrm{d}V,\ \boldsymbol{F}=\iiint_{\Omega}\boldsymbol{f}^{\mathrm{T}}\boldsymbol{N}\mathrm{d}V+\iint_{B_\sigma}\bar{\boldsymbol{p}}^{\mathrm{T}}\boldsymbol{N}\mathrm{d}B$$

可以证明，由伽辽金法推导出式(7.3.7) 和由 7.1 节中里兹法得到的结果是完全一样的。

与里兹法相比，伽辽金法的应用范围要广一些。譬如对于某些微分方程的边值问题，尽管没有对应的变分问题，伽辽金法同样可以使用，有

$$L(u)=f,\quad \Omega\text{ 内；}\qquad u=0,\quad B_u\text{上；}\qquad B(u)=p,\quad B_p\text{上} \tag{7.3.8}$$

这里 B_u 是给定了函数值的边界；B_p 是给定了函数法向导数的边界；$B_u\cup B_p=\partial\Omega$。

和式(7.3.6) 类似，取试验函数为

$$\tilde{u}=\boldsymbol{N}\boldsymbol{a},\ \boldsymbol{N}=[u_1,u_2,\cdots,u_n],\ u_i\Big|_{B_u}=0$$

构造

$$\iiint_{\Omega}[L(\boldsymbol{N}\boldsymbol{a})-f]\boldsymbol{N}\mathrm{d}V-\iint_{B_p}[B(\boldsymbol{N}\boldsymbol{a})-p]\boldsymbol{N}\mathrm{d}S=0 \tag{7.3.9}$$

由此可以得到 n 个关于未知数 $a_1,a_2,\cdots,a_n$ 的方程组

$$\boldsymbol{Q}(\boldsymbol{a})=0 \tag{7.3.10}$$

这里，如果算子 L 是非线性的，则方程组(7.3.10) 也是非线性的。

如果式(7.3.8) 中的算子 L 具有下列形式

$$L=\nabla\cdot\Sigma,\quad B=\boldsymbol{n}\cdot\Sigma \tag{7.3.11}$$

则式(7.3.10) 可写成

$$\iiint_{\Omega}(\nabla\boldsymbol{N})\cdot\Sigma(\boldsymbol{N}\boldsymbol{a})\mathrm{d}V+\iiint_{\Omega}f\boldsymbol{N}\mathrm{d}V-\iint_{B_p}p\boldsymbol{N}\mathrm{d}S=0 \tag{7.3.12}$$

有时我们也可以根据问题的需要，在伽辽金积分式中添加一个权函数 $W(x)\geqslant 0$，以提高数值计算的收敛速度，即

$$\int(L(\tilde{u})-f)W(x)u_i(x)\mathrm{d}x=0,\quad i=1,2,\cdots,n \tag{7.3.13}$$

该方法也称为**加权残数法**。

例 7.5 用伽辽金法求解下面微分方程的边值问题：

$$y'' + y = 2x, \quad y(0) = y(1) = 0$$

取满足边界条件的基函数为

$$y_k(x) = (1-x)x^k, k = 1,2,\cdots$$

当近似解只包含两项时，有

$$\tilde{y}(x) = a_1(1-x)x + a_2(1-x)x^2$$

那么

$$\tilde{y}''(x) + \tilde{y}(x) - 2x = (-2+x-x^2)a_1 + (2-6x+x^2-x^3)a_2 - 2x$$

代入伽辽金方程组(7.3.5)中得

$$\int_0^1 [(-2+x-x^2)a_1 + (2-6x+x^2-x^3)a_2 - 2x]x(1-x)\mathrm{d}x = 0$$

$$\int_0^1 [(-2+x-x^2)a_1 + (2-6x+x^2-x^3)a_2 - 2x]x^2(1-x)\mathrm{d}x = 0$$

积分并求解得到

$$a_1 = -\frac{142}{369}, \quad a_2 = -\frac{14}{41}$$

于是近似解为

$$\tilde{y}(x) = -\frac{142}{369}(1-x)x - \frac{14}{41}(1-x)x^2$$

例 7.6 如图 7.3 所示的悬臂梁，长度为 l，抗弯刚度为 EI，受均布载荷 q 的作用，用伽辽金法求梁的扰度。

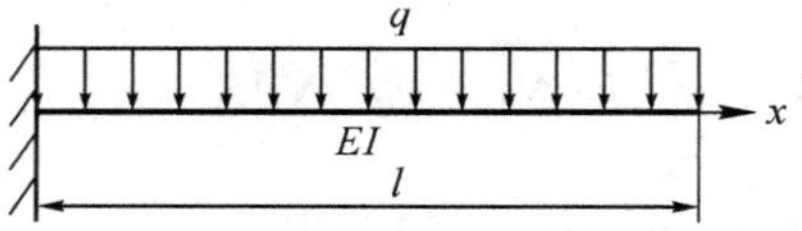

图 7.3 均布载荷作用下的悬臂梁

梁的平衡方程为

$$EIw'' - \frac{1}{2}q(l-x)^2 = 0$$

或者

$$EI\frac{\mathrm{d}^4 w}{\mathrm{d}x^4} - q = 0$$

为了满足 $x = l$ 处的力边界条件($M_y = 0, F_{Qz} = 0$)，取试函数为

$$w''(x) = a\left(1 - \sin\frac{\pi x}{2l}\right)$$

对 x 进行积分，可得两个积分常数。当试函数同时满足 $x = 0$ 处的位移边界条件($w = 0$, $w' = 0$) 时，可以取

$$w(x) = au(x) = a\left[\frac{1}{2}x^2 + \left(\frac{2l}{\pi}\right)^2 \sin\frac{\pi x}{2l} - \frac{2l}{\pi}x\right]$$

其中 a 为待定的常数。把它代入伽辽金积分式中得

$$\int_0^l \left[EIw'' - \frac{1}{2}q(l-x)^2\right]u(x)\mathrm{d}x = 0$$

从中可以求得 a，从而得到相应的近似解。

7.4　有限元法

前面讲到，基于最小势能原理的里兹法要求试函数在整个区域内满足位移边界条件，这对一些形状比较复杂或者边界条件比较复杂的问题来说就很难处理，而有限元法正好能弥补里兹法的这种缺陷。下面我们用最小势能原理所对应的位移有限元方法加以说明。

如图 7.4 所示，我们在整个区域内取一些离散点（称为节点），用这些节点把整个区域划分成一个个子区域（称为单元，单元不能有重叠和分离），单元和单元之间通过节点相连接。

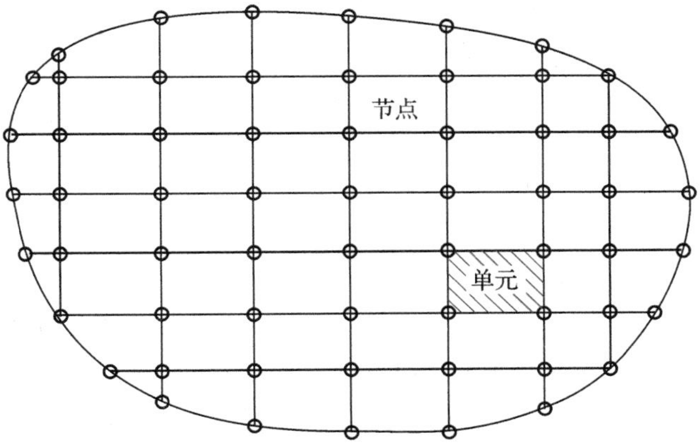

图 7.4　有限元单元和节点示意图

假设这些节点的位移已经知道，我们记为 $\boldsymbol{d}$，它是所有节点位移分量所组成的一个向量。每个单元（子区域）包含其中某几个节点，单元 e 内节点的位移向量为 $\boldsymbol{d}^e$，显然它是总体位移向量 $\boldsymbol{d}$ 的一部分。在单元内对单元的位移 $\boldsymbol{u}^e$ 用 $\boldsymbol{d}^e$ 作为参数进行插值，也就是说单元内的位移 $\boldsymbol{u}^e$ 可以表示为

$$\boldsymbol{u}^e = \boldsymbol{N}^e\boldsymbol{d}^e \tag{7.4.1}$$

其中 $\boldsymbol{N}^e$ 称为**单元形函数矩阵**，它需要满足一些特别的性质（见有限元的相关著作）。当然，这样得到的位移在单元内是连续的。因此，整个区域内的位移 $\boldsymbol{u}$ 也可以表示为总体节点位移向量 $\boldsymbol{d}$ 的一个插值，也就是说

$$\boldsymbol{u} = \boldsymbol{N}\boldsymbol{d} \tag{7.4.2}$$

其中 $\boldsymbol{N}$ 为总体形函数矩阵。与式(7.4.2)表示的位移所对应的应变为

$$\boldsymbol{\varepsilon} = \boldsymbol{E}^{\mathrm{T}}(\nabla)\boldsymbol{u} = [\boldsymbol{E}^{\mathrm{T}}(\nabla)\boldsymbol{N}]\boldsymbol{d}$$

根据本构关系可以得到应力应变关系为

$$\boldsymbol{\sigma} = \boldsymbol{A}\boldsymbol{\varepsilon} \tag{7.4.3}$$

其中 $\boldsymbol{A}$ 为对称正定的弹性矩阵。整个区域的总势能为

$$\Pi = \frac{1}{2}\iiint_{\Omega}\boldsymbol{\varepsilon}^{\mathrm{T}}\boldsymbol{A}\boldsymbol{\varepsilon}\,\mathrm{d}V - \iiint_{\Omega}\boldsymbol{u}^{\mathrm{T}}\boldsymbol{f}\,\mathrm{d}V - \iint_{B_\sigma}\boldsymbol{u}^{\mathrm{T}}\boldsymbol{p}\,\mathrm{d}S - \iiint_{\Omega}\sum_i \boldsymbol{u}^{\mathrm{T}}\boldsymbol{G}_i\delta(\boldsymbol{x}-\boldsymbol{x}_i)\,\mathrm{d}V \tag{7.4.4}$$

这里：$\boldsymbol{f}$、$\boldsymbol{p}$、$\boldsymbol{G}_i$ 分别为体积力、表面力和作用在位置 $\boldsymbol{x}_i$ 的集中力；$\delta(\boldsymbol{x}-\boldsymbol{x}_i)$ 是脉冲函数。把式(7.4.2)代入总势能中可以得到

$$\Pi = \frac{1}{2}\boldsymbol{d}^{\mathrm{T}}\boldsymbol{K}\boldsymbol{d} - \boldsymbol{d}^{\mathrm{T}}\boldsymbol{F} \tag{7.4.5}$$

其中

$$\boldsymbol{K} = \iiint_{\Omega}[\boldsymbol{E}^{\mathrm{T}}(\nabla)\boldsymbol{N}]^{\mathrm{T}}\boldsymbol{A}[\boldsymbol{E}^{\mathrm{T}}(\nabla)\boldsymbol{N}]\,\mathrm{d}V$$

称为**总体刚度矩阵**，它是对称的。而

$$\boldsymbol{F} = \iiint_{\Omega}\boldsymbol{N}^{\mathrm{T}}\boldsymbol{f}\,\mathrm{d}V + \iint_{B_\sigma}\boldsymbol{N}^{\mathrm{T}}\boldsymbol{p}\,\mathrm{d}S + \iiint_{\Omega}\sum_i \boldsymbol{N}^{\mathrm{T}}\boldsymbol{G}_i\delta(\boldsymbol{x}-\boldsymbol{x}_i)\,\mathrm{d}V$$

称为**等效节点力**。根据最小势能原理，弹性力学的解应使总势能取极小值，现在总势能是关于节点位移 $\boldsymbol{d}$ 的函数，因此有

$$\delta\Pi = (\delta\boldsymbol{d})^{\mathrm{T}}\boldsymbol{K}\boldsymbol{d} - (\delta\boldsymbol{d})^{\mathrm{T}}\boldsymbol{F} = 0$$

也就是说

$$\boldsymbol{K}\boldsymbol{d} = \boldsymbol{F} \tag{7.4.6}$$

这就是有限元形式的平衡方程。在代入位移边界条件(也就是边界上节点位移)后可以得到一个非奇异的、对称的线性代数方程组，求解该方程组后就得到所有节点的位移，进而可以求得每个单元内的应变和应力。

当然在实际求解的时候，往往是先在单元内进行插值 $\boldsymbol{u}^e = \boldsymbol{N}^e\boldsymbol{d}^e$，再求得单元的刚度矩阵 $\boldsymbol{K}^e$ 和等效节点力向量 $\boldsymbol{F}^e$，然后再把单元刚度矩阵 $\boldsymbol{K}^e$ 组装成总体刚度矩阵 $\boldsymbol{K}$，同时把单元等效节点力向量 $\boldsymbol{F}^e$ 组装成总体等效节点力向量 $\boldsymbol{F}$。这里所谓组装是指将每个单元的 $\boldsymbol{K}^e$ 和 $\boldsymbol{F}^e$，按照单元节点在总体节点中的序号位置叠加到总体刚度矩阵 $\boldsymbol{K}$ 和总体等效节点力向量 $\boldsymbol{F}$ 上去。

因此，有限元法可以看成是里兹法的一个推广。里兹法是在整个区域内采用同一个插值函数，而有限元方法则把整个区域分成一个个子区域，然后在每个区域内对位移分别进行插值。由于有限元划分的单元形状比较规则，因此单元内插值函数经常采用多项式形式，以便应用计算机编程完成刚度矩阵和等效节点力的数值积分。当划分的网格足够细时(单元区域足够小)，即使采用精度不高的插值函数(如线性插值)，往往也具有足够的计算精度。

以上我们讨论的是根据最小势能原理得到的位移有限元方法，同样可以得到基于最小

余能原理的应力有限元法。在实际应用中还可以得到基于广义变分原理的混合有限元法，它们的特点是包含两种或者两种以上的场变量。对于类似于板壳弯曲变形这一类问题，有时还会放松插值函数在单元相邻边界上的连续可微条件，通过引进交界面上的场变量来建立修正的广义变分原理，得到相应的杂交有限元(见 7.6 节)。

关于有限元方法的详细讨论可以参考相关的著作(如监凯维奇(Zienkiewicz) 的有限元著作[4])。

7.5　有限元法的收敛性

先看一个简单的例子。细绳在拉力 N 及横向载荷作用下的(小) 挠度 u 可以用二阶微分方程来描述

$$N\frac{\mathrm{d}^2u}{\mathrm{d}x^2}=-p(x),\quad u=0,\quad x=0,l \tag{7.5.1}$$

这里 $p(x)$ 为横向分布载荷。上述问题也可以化为下列泛函的极小问题来描述

$$\Pi(u)=\int_0^l\left[\frac{1}{2}N\left(\frac{\mathrm{d}u}{\mathrm{d}x}\right)^2-p(x)u\right]\mathrm{d}x \tag{7.5.2}$$

假定极小问题的真(准确) 解为 u^r，有

$$\Pi(u^r)=\min_{u\in H_0^1}\Pi(u) \tag{7.5.3}$$

式中 H_0^1 是下列函数的集合：在 $[0,l]$ 上存在平方可积的一阶导数，且 $u(0)=u(l)=0$。

在广义解的意义下，式(7.5.1) 和式(7.5.3) 是等价的。现在用有限元方法求式(7.5.3) 的近似解。

首先，我们指出，要使式(7.5.2) 有意义的一个充分条件是 u 在 $[0,l]$ 上连续，且存在分段连续的一阶导数，从而可将式(7.5.2) 中积分分段求积，然后相加。符合这一条件的单元称为**协调元**。

将区间 $[0,l]$ 分为 n 个线段

$$[x_{i-1},x_i],i=1,2,\cdots,n$$

这里 $x_0=0,x_n=l$。每个线段上用线性插值函数

$$u(x)=\frac{x_i-x}{x_i-x_{i-1}}u_{i-1}+\frac{x-x_{i-1}}{x_i-x_{i-1}}u_i,x\in[x_{i-1},x_i],\quad i=1,2,\cdots,n \tag{7.5.4}$$

这样得到的函数满足上述的协调要求。

现在来比较三个解：真解 u^r，节点上取真解值的线性插值解 $\tilde{u}$ 和有限元解 u^e，后两者具体说明如下。

取式(7.5.4) 中的 u_i 为式(7.5.3) 中的真解在节点 i 上的值 $u_i=u^r(x_i)=u_i^r,i=0,1,\cdots,n$，则

$$\tilde{u}(x)=\frac{x_i-x}{x_i-x_{i-1}}u_{i-1}^r+\frac{x-x_{i-1}}{x_i-x_{i-1}}u_i^r,\quad x\in[x_{i-1},x_i],\quad i=1,2,\cdots,n$$

而将式(7.5.4)代入式(7.5.2)并求极值所得的 $u_i=u_i^e,i=0,1,\cdots,n$,则

$$u^e(x)=\frac{x_i-x}{x_i-x_{i-1}}u_{i-1}^e+\frac{x-x_{i-1}}{x_i-x_{i-1}}u_i^e,\quad x\in[x_{i-1},x_i],\quad i=1,2,\cdots,n$$

对总势能来说,真解 u^r 在所有可能位移中最小,有限元解 u^e 在形如式(7.5.4)插值函数构成的集合中最小,由此可得

$$\Pi(u^r)\leqslant\Pi(u^e)\leqslant\Pi(\tilde{u})\tag{7.5.5}$$

由拉格朗日插值公式

$$u^r(x)-\tilde{u}(x)\approx\frac{u^{r''}(\xi)}{2!}(x-x_{i-1})(x-x_i)=O(x_i-x_{i-1})^2,\quad x_{i-1}\leqslant x\leqslant x_i\tag{7.5.6}$$

代入式(7.5.2)得

$$\Pi(\tilde{u})=\Pi(u^r)+O(d),\quad d=\max_i|x_i-x_{i-1}|$$

这样式(7.5.5)变成

$$\Pi(u^r)\leqslant\Pi(u^e)\leqslant\Pi(\tilde{u})=\Pi(u^r)+O(d)\tag{7.5.7}$$

即

$$\lim_{d\to 0}\Pi(u^e)=\Pi(u^r)\tag{7.5.8}$$

意味着有限元的解(在能量意义上)收敛于真实的解。这里我们用到了

(1) 泛函(7.5.2)是正定的(即解是极小问题的解);

(2) 泛函表达式中插值函数最高阶导数的估计式的误差至少是一阶小量(完备性);

(3) 泛函(7.5.2)的积分可以化为各单元的积分之和(协调性)。

一般来说,以上三条是保证有限元收敛性的充分条件(注意:不是必要条件),不过具体形式可以随问题的不同而不同。

下面看看薄板弯曲中的有限元收敛性的条件。

由式(5.5.2)可知

$$U=\frac{D}{2}\iint_S\left[\left(\frac{\partial^2 w}{\partial x^2}\right)^2+\left(\frac{\partial^2 w}{\partial y^2}\right)^2+2v\frac{\partial^2 w}{\partial x^2}\frac{\partial^2 w}{\partial y^2}+2(1-v)\left(\frac{\partial^2 w}{\partial x\partial y}\right)^2\right]\mathrm{d}x\mathrm{d}y$$

显然其总势能是正定泛函,满足上述第1条正定性的要求。

如果在单元内 w 的插值函数具有二次精度,即余项为 $O(d^3)$,则满足完备性的要求。这个要求也可以等价于每个单元内的插值函数包含一个完备的二次多项式。而前面例子提到的拉格朗日插值只包含一个完备的一次多项式,所以线性插值函数不能用于薄板弯曲问题。

为了满足协调性要求,插值函数仅仅在整个区域上连续是不够的,还需要一阶导数在整个区域上连续。换言之,插值函数不仅在单元边界上需连续,而且插值函数的法向导数在单元边界上需连续。这个要求给构造板的有限元带来了很大困难,从而吸引了很多人从事这方面的工作。工作分多方面进行:一是寻找满足协调性的单元,这往往带来很烦琐的公式;另一

方面放松协调性的要求，构造不满足协调要求但仍能保证收敛的非协调元，因为协调性仅仅是收敛的充分条件而非必要条件。而下节介绍的应力杂交元法则是提供了另一种处理方法。

7.6 应力杂交元

为了解决上述满足协调性要求的困难，卞学鐄[15] 提出了应力杂交元。其基本思想是：单元内部以满足平衡方程的应力作为基本变量，而单元边界上以假定位移作为未知量。譬如在薄板弯曲问题中，设单元为四边形或三角形单元，每个节点上取 w、w_x、w_y 为待定参数。假定在单元边界上位移 w 是三次多项式(可由边两端的六个参数 w、w_x、w_y 表示)，法向导数 w_n 是线性函数(可由每边两端的四个参数 w_x、w_y 表示)，这样保证了相邻单元的位移和导数是连续的。此外在每个单元内部，内力满足

$$\left.\begin{aligned}&\frac{\partial^2 M_x}{\partial x^2}+2\frac{\partial^2 M_{xy}}{\partial x\partial y}+\frac{\partial^2 M_y}{\partial y^2}+q=0\\&\frac{\partial M_x}{\partial x}+\frac{\partial M_{xy}}{\partial y}=Q_x,\quad \frac{\partial M_{xy}}{\partial x}+\frac{\partial M_y}{\partial y}=Q_y\end{aligned}\right\}\tag{7.6.1}$$

两类变量的广义余能(4.2.1)为

$$\begin{aligned}\Gamma_2(\boldsymbol{\sigma},\boldsymbol{u})=&\iiint_\Omega V(\boldsymbol{\sigma})\mathrm{d}\Omega+\iiint_\Omega[\boldsymbol{E}(\nabla)\boldsymbol{\sigma}+\boldsymbol{f}]^{\mathrm{T}}\boldsymbol{u}\mathrm{d}\Omega\\&-\iint_{B_u}[\boldsymbol{E}(\boldsymbol{n})\boldsymbol{\sigma}]^{T}\bar{\boldsymbol{u}}\,\mathrm{d}B-\iint_{B_\sigma}[\boldsymbol{E}(\boldsymbol{n})\boldsymbol{\sigma}-\bar{\boldsymbol{p}}]^{\mathrm{T}}\boldsymbol{u}\mathrm{d}B\end{aligned}$$

式中：第一项是余应变能；第二项是平衡方程的项；第三项是位移边界的余能；第四项是力边界条件的项。将上述各项用薄板的内力和位移函数表示，就可得到薄板的两类变量的广义余能

$$\begin{aligned}\Gamma_2=&\iint_\Omega\left[V+\left(\frac{\partial^2 M_x}{\partial x^2}+2\frac{\partial^2 M_{xy}}{\partial x\partial y}+\frac{\partial^2 M_y}{\partial y^2}+q\right)w\right]\mathrm{d}x\mathrm{d}y\\&+\int_{B_u}\left[M_n\frac{\partial\bar{w}}{\partial n}-\left(\frac{\partial M_{ns}}{\partial s}+Q_n\right)\bar{w}\right]\mathrm{d}s\\&+\int_{B_\sigma}\left[(M_n-\bar{M}_n)\frac{\partial w}{\partial n}-\left(\frac{\partial M_{ns}}{\partial s}+Q_n-\bar{Q}_n\right)w\right]\mathrm{d}s\end{aligned}\tag{7.6.2}$$

按照式(4.3.7)

$$\min_{\boldsymbol{\sigma}}\Gamma_2(\boldsymbol{u},\boldsymbol{\sigma})=-\Pi(\boldsymbol{u})$$

$$\max_{\boldsymbol{u}}-\Pi(\boldsymbol{u})=\max_{\boldsymbol{u}}\min_{\boldsymbol{\sigma}}\Gamma_2(\boldsymbol{u},\boldsymbol{\sigma})$$

可以先将挠度作为参数固定，对内力求变分(极小)，然后得到由挠度(参数)表示的内力、代入 Γ_2，最后再对挠度求变分(极大)。具体做法如下：

(1) 将板分成若干单元，如四边形或三角形单元，记第 e 个单元为 Ω_e，单元边界为 $\partial\Omega_e$；

(2) 取每个节点的 w、$\frac{\partial w}{\partial x}$、$\frac{\partial w}{\partial y}$ 为位移参数，单元的每条边上的挠度和法向导数由这条边两端节点的 6 个位移参数决定(挠度 w 为三次函数，法向导数$\frac{\partial w}{\partial n}$ 为线性函数)。在这样的位移(参数) 固定下

$$\begin{aligned}\min_{\boldsymbol{\sigma}}\Gamma_2(\boldsymbol{u},\boldsymbol{\sigma}) = \sum_e \min_{\sigma}\Big\{&\iint_{\Omega_e}\Big[V+\Big(\frac{\partial^2 M_x}{\partial x^2}+2\frac{\partial^2 M_{xy}}{\partial x\partial y}+\frac{\partial^2 M_y}{\partial y^2}+q\Big)w^e\Big]\mathrm{d}x\mathrm{d}y\\ &+\int_{\partial\Omega_e\setminus B_u\setminus B_\sigma}\Big[M_n\frac{\partial w^e}{\partial n}-\Big(\frac{\partial M_{ns}}{\partial s}+Q_n\Big)w^e\Big]\mathrm{d}s\\ &+\int_{\partial\Omega_e\cap B_u}\Big[M_n\frac{\partial \overline{w}}{\partial n}-\Big(\frac{\partial M_{ns}}{\partial s}+Q_n\Big)\overline{w}\Big]\mathrm{d}s\\ &+\int_{\partial\Omega_e\cap B_\sigma}\Big[(M_n-\overline{M}_n)\frac{\partial w^e}{\partial n}-\Big(\frac{\partial M_{ns}}{\partial s}+Q_n-\overline{Q}_n\Big)w^e\Big]\mathrm{d}s\Big\}\end{aligned} \tag{7.6.3}$$

式中 w^e 是按前面所述用节点位移参数定义的位移。之所以可以将求和号放到最前面，是因为定义了单元内边界上的位移和法向导数后，每个单元变成了独立的薄板弯曲问题，从而总体广义余能 Γ_2 最小等价于每个单元 Γ_2 最小。

(3) 如果我们在单元 Ω_e 内所选的内力满足

$$\begin{aligned}&\frac{\partial^2 M_x}{\partial x^2}+2\frac{\partial^2 M_{xy}}{\partial x\partial y}+\frac{\partial^2 M_y}{\partial y^2}+q=0, &&\Omega_e\ 上\\ &M_n=\overline{M}_n,\ \frac{\partial M_{ns}}{\partial s}+Q_n=\overline{Q}_n, &&\partial\Omega_e\cap B_\sigma\ 上\end{aligned} \tag{7.6.4}$$

则上述单元内的 Γ_2 变成余能，所以化为求最小余能问题

$$\begin{aligned}\min_{\sigma}\Big\{&\iint_{\Omega_e}V\mathrm{d}x\mathrm{d}y+\int_{\partial\Omega_e\setminus B_u\setminus B_\sigma}\Big[M_n\frac{\partial w^e}{\partial n}-(\frac{\partial M_{ns}}{\partial s}+Q_n)w^e\Big]\mathrm{d}s\\ &+\int_{\partial\Omega_e\cap B_u}\Big[M_n\frac{\partial \overline{w}}{\partial n}-\Big(\frac{\partial M_{ns}}{\partial s}+Q_n\Big)\overline{w}\Big]\mathrm{d}s\Big\}\end{aligned} \tag{7.6.5}$$

由于内力满足式(7.6.4)，使得 Γ_2 的表达式(7.6.3) 中单元内和应力边界上不再出现 w^e，这带来很大方便。解得此问题，则所有内力都可用单元节点的位移(及其导数) 的参数表示，将这些内力代入上式，就得到位移参数表示的单元的余能。

(4) 将每个单元的余能相加，得到用位移参数表示的薄板总余能或 $\Gamma_2(-\Pi)$；再对 Γ_2 求极大值可得到位移参数的值，薄板弯曲问题的近似解就得到。

式(7.6.3) 中的 B_u、B_σ 分别是薄板的位移边界(固支边) 和力边界(自由边)。对于混合边界 B_3(简支边) 可以通过修正被积函数项得到

$$\int_{\partial\Omega_e\cap B_3}\Big[(M_n-\overline{M}_n)\frac{\partial w^e}{\partial n}-\Big(\frac{\partial M_{ns}}{\partial s}+Q_n\Big)\overline{w}\Big]\mathrm{d}s \tag{7.6.6}$$

应力杂交元法的收敛性可由其 max、min 性质得到。当求 $\min\limits_{\sigma}\Gamma_2 = \min\limits_{\sigma}\Gamma$ 时，根据基于最小余能原理的有限元收敛性，其误差为 $O(d)$，这里 d 是单元最大的几何尺寸；当求 $\max\limits_{\boldsymbol{u}}\Gamma(\boldsymbol{u}) = -\min\limits_{\boldsymbol{u}}\Pi(\boldsymbol{u})$ 时，根据最小势能原理其误差仍为 $O(d)$，从而总误差为

$$O(d) + O(d) = O(d)$$

思考题

7.1　例 7.3 的另一种解法：取位移(挠度)的试函数为

$$\widetilde{w}(x) = a_1 \sin\frac{\pi x}{l} + a_2 \sin\frac{2\pi x}{l} + \cdots$$

7.2　研究 7.2 节最后提到的变量轮换法。

7.3　如何将 7.4 节中提到的单元刚度矩阵 $\boldsymbol{K}^e$ 组装成总体刚度矩阵 $\boldsymbol{K}$?试编一个算法。

7.4　在式(7.4.4)中有集中力 $\boldsymbol{G}_i$ 作用在 $\boldsymbol{x} = \boldsymbol{x}_i$ 上，如果 $\boldsymbol{x}_i$ 不是单元节点之一，则会出现什么问题?

7.5　推导基于广义势能 $\widetilde{\Pi}_2^*(\boldsymbol{u},\sigma)$ 式(4.3.1)的应力杂交元。它和基于两类变量的广义余能 Γ_2 的应力杂交元有何不同?两者的结果有何联系?

第 8 章　特征值问题的变分原理

在科学和工程中常遇到另一类数学问题 —— 算子的特征值问题。求算子的特征值也可以用变分方法来处理，为此我们在本章的前三节详细介绍斯图姆 — 刘维尔(Sturm-Liouville) 算子的特征值问题、变分原理和直接法，以便使读者熟悉这一方法的精髓。接着介绍一般线性算子的特征值问题和变分原理，并进一步讨论其在力学中的两个主要应用：结构临界载荷和结构振动的固有频率问题。

8.1　斯图姆 — 刘维尔(Sturm-Liouville) 微分方程与特征值问题

在求解微分方程、结构的稳定性或者求结构的固有频率时，我们经常会遇到下面的微分算子 A。

定义 8.1　定义算子

$$Ay = -\frac{\mathrm{d}}{\mathrm{d}x}\left[p(x)\frac{\mathrm{d}y(x)}{\mathrm{d}x}\right] + q(x)y(x), \quad x \in (x_0, x_1) \tag{8.1.1}$$

其中 $p(x)$、$q(x)$ 都是已知的函数，$p(x) \neq 0$。式(8.1.1) 称为**斯图姆 — 刘维尔(Sturm-Liouville) 算子**。

对于斯图姆 — 刘维尔算子 A，如果存在 $\lambda \in \mathbf{C}$，使得给定了齐次边界条件下微分方程

$$Ay(x) = \lambda w(x)y(x) \tag{8.1.2}$$

有非零解，称为该方程的**特征值问题**，这样的 λ 称为**特征值**，相应的解 $y(x)$ 称为**特征函数**。其中**权函数** $w(x) \geqslant 0$，当且仅当在(x_0, x_1) 的一个零测度集上等号成立。

常见的齐次边界条件为

(1) 两端固定：$y(x_0) = y(x_1) = 0$。

(2) 两端自由：$(py')(x_0) = (py')(x_1) = 0$。

(3) 一端固定而另一端自由：$y(x_0) = 0$ 或 $y(x_1) = 0$，$(py')(x_0) = 0$ 或 $(py')(x_1) = 0$。

我们可以在复函数空间中定义一个内积运算为(见附录 A3)

$$\langle y_1(x), y_2(x)\rangle = \int_{x_0}^{x_1} y_1(x)\,\bar{y}_2(x)\mathrm{d}x$$

容易证明，这样的内积定义下斯图姆—刘维尔算子 A 满足 $\langle Ay_1(x), y_2(x)\rangle = \langle y_1(x), \overline{A}y_2(x)\rangle$，即 A 是对称算子。以下为方便起见，假定 $p(x)$、$q(x)$ 均是实函数，从而 $\overline{A} = A$。

如果记 $\lambda_1, \lambda_2, \cdots, \lambda_n, \cdots$ 为斯图姆—刘维尔方程的特征值，$y_1, y_2, \cdots, y_n, \cdots$ 是相应的特征函数，即

$$Ay_i(x) = \lambda_i w(x) y_i(x), \quad i = 1, 2, \cdots \tag{8.1.3}$$

那么，对于特征值 λ_i 和特征函数 y_i，我们可以得到以下一些性质。

1. 所有特征值都是实的

若 λ、$y(x)$ 是一对特征值和特征函数，即

$$Ay(x) = \lambda w(x) y(x)$$

则 $\overline{\lambda}$、$\overline{y}(x)$ 也是一对特征值和特征函数，即

$$A\overline{y}(x) = \overline{\lambda} w(x) \overline{y}(x) \tag{8.1.4}$$

将式(8.1.2)两边乘 $\overline{y}(x)$，同时将式(8.1.4)两边乘 $y(x)$，相减并积分可得

$$(\lambda - \overline{\lambda})\int_{x_0}^{x_1} w(x) y(x) \overline{y}(x) \mathrm{d}x = 0$$

从而可知，特征值 λ 必定是实数。这样，我们将特征值进行排序

$$\lambda_1 \leqslant \lambda_2 \leqslant \cdots \leqslant \lambda_n \leqslant \cdots \tag{8.1.5}$$

由于 A、λ、$w(x)$ 都是实的，特征函数 $y(x)$ 的实部和虚部都满足(8.1.2)，从而我们可以假定特征函数 $y(x)$ 都是实的。

此外，如果进一步假定 $p(x)$、$q(x) \geqslant 0$，则

$$\begin{aligned}\langle Ay, y\rangle &= \int_{x_0}^{x_1}\left[-\frac{\mathrm{d}}{\mathrm{d}x}\left(p(x)\frac{\mathrm{d}y(x)}{\mathrm{d}x}\right) + q(x)y(x)\right]y(x)\mathrm{d}x \\ &= \int_{x_0}^{x_1}\left[p(x)\left(\frac{\mathrm{d}y(x)}{\mathrm{d}x}\right)^2 + q(x)y^2(x)\right]\mathrm{d}x \geqslant 0\end{aligned}$$

从而 A 是半正定算子。特别地，由式(8.1.2)取 (λ, y) 是一组特征对，则

$$\lambda = \frac{\langle Ay, y\rangle}{\langle wy, y\rangle} \geqslant 0 \tag{8.1.6}$$

2. 特征函数正交性

设 $\lambda_i \neq \lambda_j$，现证明对应的特征函数 y_i 和 y_j 关于权函数 w 是正交

$$\langle wy_i, y_j\rangle = 0$$

由算子 A 的对称性

$$\langle Ay_i, y_j\rangle = \langle y_i, Ay_j\rangle = \langle Ay_j, y_i\rangle$$

另一方面，由于 y_i 和 y_j 是算子 A 的特征函数，所以有

$$\langle Ay_i, y_j\rangle = \langle \lambda_i w y_i, y_j\rangle = \lambda_i\langle wy_i, y_j\rangle$$

$$\langle Ay_j, y_i\rangle = \langle \lambda_j w y_j, y_i\rangle = \lambda_j\langle wy_j, y_i\rangle$$

因此

$$(\lambda_i - \lambda_j)\langle wy_i, y_j\rangle = 0$$

当 $\lambda_i \neq \lambda_j$ 时，要求上式成立，只有

$$\langle wy_i, y_j\rangle = 0$$

当 $\lambda_i = \lambda_j$ 时，若 y_i 和 y_j 是 A 的两个线性无关的特征函数，选择

$$\tilde{y}_j = y_j - \frac{\langle wy_i, y_j\rangle}{\langle wy_i, y_i\rangle} y_i$$

来代替 y_j。显然 y_i 和$\tilde{y}_j$ 满足正交性要求，$< wy_i, \tilde{y}_j > = 0$。当有更多的重特征值问题时，可类似地来处理（称为施密特（Schmit）正交化）。

这样，我们总是可以选择合适的特征函数，使得

$$\langle wy_i, y_j\rangle = \delta_{ij} = \begin{cases} 1 & i = j \\ 0 & i \neq j \end{cases} \tag{8.1.7}$$

也就是说可以把特征函数序列**单位正交化**。否则，我们只要把得到的特征函数作下面的变换就可以了，即

$$\tilde{y}_i = \frac{y_i}{\sqrt{< wy_i, y_i >}}$$

3. 特征函数的傅立叶（Fourier）展开

对于任意一个连续函数 $f(x)$，均可以用斯图姆 — 刘维尔算子的特征函数进行傅立叶展开

$$f(x) = \sum_{i=0}^{\infty} a_i y_i(x) \tag{8.1.8}$$

其中

$$a_i = \langle w(x) y_i(x), f(x)\rangle, \quad i = 1, 2, \cdots$$

这里假定特征函数序列$\{y_i, i = 1, 2, \cdots, n, \cdots\}$已单位正交化，严格的证明就不讨论了。

8.2 斯图姆 — 刘维尔特征值问题的瑞利(Rayleigh)变分原理

下面将特征值问题(8.1.2)化为一个变分问题。

定义 8.2 在希尔伯特空间上的线性算子 A 及定义的内积$\langle \cdot, \cdot \rangle$，对于任意的非零函数 $y(x)$，定义泛函

$$R[y] = \frac{\langle Ay, y\rangle}{\langle wy, y\rangle} \tag{8.2.1}$$

其中 $w(x) \geqslant 0$ 是权函数，我们称泛函(8.2.1)为算子 A 的**瑞利(Rayleigh)商**。

定理 8.1(瑞利原理) 式(8.2.1)定义的瑞利商与斯图姆 — 刘维尔算子 A 的特征值 λ 之间有

$$\lambda = \underset{y\neq 0}{\mathrm{st.}} R[y] = \underset{y\neq 0}{\mathrm{st.}} \frac{\langle Ay, y\rangle}{\langle wy, y\rangle} \tag{8.2.2}$$

这里 st.(•) 表示对泛函 $R[y]$ 取驻值。

式(8.2.2) 取到驻值时的 $y(x)$ 即为对应特征值 λ 的特征函数。当 $p(x)$、$q(x)\geqslant 0$ 时，所有特征值 $\lambda_i\geqslant 0$。记最小特征值 λ_1，则式(8.2.2) 变成

$$\lambda_1 = \min_{y\neq 0} \frac{\langle Ay, y\rangle}{\langle wy, y\rangle} \tag{8.2.3}$$

证明　任何一个函数 $y(x)$，按斯图姆 — 刘维尔算子的特征函数进行傅立叶展开

$$y(x) = \sum_{i=0}^{\infty} a_i y_i(x)$$

其中

$$a_i = \langle w(x)y(x), y_i(x)\rangle$$

那么由于

$$\langle Ay_i, y_j\rangle = \lambda_i\delta_{ij}, \langle wy_i, y_j\rangle = \delta_{ij}$$

$$\langle Ay, y\rangle = \langle A\sum_{i=0}^{\infty} a_i y_i(x), \sum_{i=0}^{\infty} a_i y_i(x)\rangle = \sum_{i=0}^{\infty} a_i^2\lambda_i$$

$$\langle wy, y\rangle = \langle w\sum_{i=0}^{\infty} a_i y_i(x), \sum_{i=0}^{\infty} a_i y_i(x)\rangle = \sum_{i=0}^{\infty} a_i^2$$

因此有

$$\frac{\langle Ay, y\rangle}{\langle wy, y\rangle} = \frac{\sum\limits_{i=0}^{\infty} a_i^2\lambda_i}{\sum\limits_{i=0}^{\infty} a_i^2}$$

从而

$$\delta \frac{\langle Ay, y\rangle}{\langle wy, y\rangle} = 0 \Leftrightarrow \mathrm{d}\frac{\sum\limits_{i=0}^{\infty} a_i^2\lambda_i}{\sum\limits_{i=0}^{\infty} a_i^2} = 0$$

即

$$\lambda_i = \underset{y\neq 0}{\mathrm{st.}} \frac{\langle Ay, y\rangle}{\langle wy, y\rangle} = \frac{\langle Ay_i, y_i\rangle}{\langle wy_i, y_i\rangle}, i = 1, 2, \cdots$$

当 $p(x)$、$q(x)\geqslant 0$ 时，式(8.2.3) 可由性质 1 所对应的式(8.1.6) 得到。

在第 2 章例 2.9 中，在满足约束条件 $I[u] = \frac{1}{2}\iiint_G \rho u^2\mathrm{d}V = 1$ 下泛函

$$J[u] = \iiint_{\Omega} F(x, y, z, u, u_{,x}, u_{,y}, u_{,z})\mathrm{d}V$$

的极值问题，可以用拉格朗日乘子法得到欧拉方程为

$$\frac{\partial F}{\partial u} - \frac{\mathrm{d}F_{,u_{,x}}}{\mathrm{d}x} - \frac{\mathrm{d}F_{,u_{,y}}}{\mathrm{d}y} - \frac{\mathrm{d}F_{,u_{,z}}}{\mathrm{d}z} - \lambda\rho u = 0$$

其中 λ 为拉格朗日乘子。记算子 A 为

$$Au = \frac{\partial F}{\partial u} - \frac{\mathrm{d}F_{u,x}}{\mathrm{d}x} - \frac{\mathrm{d}F_{u,y}}{\mathrm{d}y} - \frac{\mathrm{d}F_{u,z}}{\mathrm{d}z}$$

算子方程 $Au = 0$ 是由 $\delta J = 0$ 导出的欧拉方程。定义泛函为

$$R[u] = \frac{J[u]}{I[u]}$$

记 $I[u] = \frac{1}{2}\iiint\limits_{\Omega}\rho u^2 \mathrm{d}V$，可以证明拉格朗日乘子 λ 即为

$$\lambda = \underset{u\neq 0}{\mathrm{st.}} R[u] = \underset{u\neq 0}{\mathrm{st.}} \frac{J[u]}{I[u]}$$

8.3 特征值问题的瑞利 — 里兹(Rayleigh-Ritz)法

根据瑞利原理，里兹提出了求解斯图姆 — 刘维尔微分方程特征值的近似计算方法：首先把特征值问题转化为式(8.2.2)所示的变分问题，然后再用数值方法来求解该变分问题的近似解。

令

$$y(x) = \boldsymbol{\varphi}^{\mathrm{T}}\boldsymbol{\xi}$$

$$\boldsymbol{\varphi} = [\varphi_1(x), \varphi_2(x), \cdots, \varphi_n(x)]^{\mathrm{T}}$$

$$\boldsymbol{\xi} = [\xi_1, \xi_2, \cdots, \xi_n]^{\mathrm{T}}$$

其中 ξ_i 是待定的常数；φ_i 是选定的一组基函数。它们满足指定的齐次边界条件。在实际应用中最好从一组完备的函数系中来选取基函数，如幂函数、三角函数等。将 $y(x)$ 的表达式代入 λ 的定义中，可以得到

$$\lambda = \frac{J}{I} = \frac{\langle Ay, y\rangle}{\langle wy, y\rangle} = \frac{\langle A\boldsymbol{\varphi}^{\mathrm{T}}\boldsymbol{\xi}, \boldsymbol{\varphi}^{\mathrm{T}}\boldsymbol{\xi}\rangle}{\langle w\boldsymbol{\varphi}^{\mathrm{T}}\boldsymbol{\xi}, \boldsymbol{\varphi}^{\mathrm{T}}\boldsymbol{\xi}\rangle} = \frac{\boldsymbol{\xi}^{\mathrm{T}}\boldsymbol{K}\boldsymbol{\xi}}{\boldsymbol{\xi}^{\mathrm{T}}\boldsymbol{G}\boldsymbol{\xi}}$$

其中

$$J = \langle Ay, y\rangle$$

$$I = \langle wy, y\rangle$$

$$\boldsymbol{K} = \langle A\boldsymbol{\varphi}, \boldsymbol{\varphi}\rangle = [K_{ij}], \quad K_{ij} = \langle A\varphi_i, \varphi_j\rangle$$

$$\boldsymbol{G} = \langle w\boldsymbol{\varphi}, \boldsymbol{\varphi}\rangle = [G_{ij}], \quad G_{ij} = \langle w\varphi_i, \varphi_j\rangle$$

而且矩阵 $\boldsymbol{K}$ 和 $\boldsymbol{G}$ 是对称的。要使得上面的 λ 取到最小值，那么必定要求满足

$$\frac{\mathrm{d}\lambda}{\mathrm{d}\boldsymbol{\xi}} = 0$$

从而得到

$$\frac{\mathrm{d}J}{\mathrm{d}\boldsymbol{\xi}} - \lambda \frac{\mathrm{d}I}{\mathrm{d}\boldsymbol{\xi}} = 0$$

也就是

$$\boldsymbol{K}\xi - \lambda\boldsymbol{G}\xi = 0$$

这是一个(广义)代数特征值问题,可以通过 QR 方法、SVD 方法或者其他数值方法来求解[10]。

例 8.1　求解特征值问题

$$y'' + \lambda y = 0,\quad y(0) = y(l) = 0$$

解　这个问题可求得准确解,其特征值为 $\lambda = \frac{n^2\pi^2}{l^2}$,特征函数为 $y_n(x) = \sqrt{\frac{2}{l}}\sin\frac{n\pi x}{l}$。下面用里兹法求解。算子为

$$Ay = -y''$$

根据瑞利商原理

$$\lambda = \underset{y\neq 0}{\mathrm{st.}} \frac{\langle Ay, y\rangle}{\langle y, y\rangle}$$

如果取近似函数为 $y(x) = a_1x(l-x)$,那么 $Ay = 2a_1$,代入 λ 的表达式中得到

$$\lambda_1 = \min \frac{\langle 2a_1, a_1x(x-l)\rangle}{\langle a_1x(l-x), a_1x(l-x)\rangle} = \frac{10}{l^2}$$

它比真实的 λ_1 稍大。

如果取近似函数为两项,$y(x) = a_1x(l-x) + a_2x^2(l-x)^2$,代入 λ 的表达式中得到

$$\lambda_1 = \frac{9.87}{l^2}$$

它和真实的 λ_1 几乎相等。

8.4　一般线性微分算子的特征值问题

对于 8.1 节中的斯图姆—刘维尔微分方程的特征值问题,可推广到一般线性微分算子的**特征值问题**

$$Au = \lambda Lu \tag{8.4.1}$$

这里 A、L 是齐次线性(微分)算子,其中 L 为对称正定算子;u 是满足齐次边界条件,使得方程(8.4.1)除 λ 某些分列值(指这些值是离散的且无聚点)之外只有零解。如果存在这样的 λ,使得方程(8.4.1)有非零解 u,则称 λ 和 u 为**特征值和特征函数**。

求式(8.4.1)的特征值问题也可以用类似 8.2 节中瑞利商的变分方法解决。设

$$\begin{aligned}\delta J(u) &= \langle Au, \delta u\rangle \\ \delta I(u) &= \langle Lu, \delta u\rangle\end{aligned} \tag{8.4.2}$$

这里 u 满足给定的齐次边界条件，则有以下定理。

定理 8.2 如果 λ 和 u 是方程(8.4.1)的特征值和特征函数，则满足

$$\lambda = \underset{u\neq 0}{\text{st.}} \frac{J(u)}{I(u)} \tag{8.4.3}$$

证明 由于

$$\begin{aligned}\delta\left(\frac{J(u)}{I(u)}\right) &= \frac{I(u)\delta J(u) - J(u)\delta I(u)}{I^2(u)} \\ &= \frac{1}{I(u)}\left[\langle Au, \delta u\rangle - \frac{J(u)}{I(u)}\langle Lu, \delta u\rangle\right] \\ &= \frac{1}{I(u)}\langle Au - \lambda Lu, \delta u\rangle\end{aligned}$$

当 λ 和 u 是方程(8.4.1)的特征值和特征函数时，

$$\delta\left(\frac{J(u)}{I(u)}\right) = 0 \tag{8.4.4}$$

从而式(8.4.3)成立。

容易看出式(8.4.4)和

$$\delta J(u) - \lambda\delta I(u) = 0 \tag{8.4.5}$$

有非零解是等价的。

例 8.2 斯图姆—刘维尔四阶微分算子为

$$Ay(x) = \frac{d^2}{dx^2}\left[s(x)\frac{d^2y(x)}{dx^2}\right] + \frac{d}{dx}\left[p(x)\frac{dy(x)}{dx}\right] + [q(x)y(x)] \tag{a}$$

特征方程为

$$Ay(x) = \lambda r(x)y(x) \tag{b}$$

这里 $r(x) > 0$。边界条件为每端($x = x_1, x_2$)各取下列两个条件

(1) $y = 0$ 或者 $\frac{d}{dx}\left[s(x)\frac{d^2y}{dx^2}\right] + p(x)\frac{dy}{dx} + q(x)y = 0$；

(2) $\frac{dy}{dx} = 0$ 或者 $\frac{d^2y}{dx^2} = 0$。

与该方程特征值问题等价的变分问题为

$$\begin{aligned}\lambda &= \underset{y\neq 0}{\text{st.}} \frac{J}{I} \\ &= \underset{y\neq 0}{\text{st.}} \frac{\int_{x_0}^{x_1}(s(x)y''^2 - p(x)y'^2 + q(x)y^2)dx}{\int_{x_0}^{x_1} r(x)y^2dx}\end{aligned}$$

8.5　结构的稳定性

从能量观点来看，结构稳定性问题的出现是由整个结构总势能的正定性被破坏所造成的。所以，只要讨论总势能 V 正定性破坏的条件，就可以得到所需的临界载荷（见附录 A4）。

（1）$\delta V = 0$ 是平衡点要满足的条件，$\delta^2 V = 0$ 表明 V 的正定性被破坏，所以 $\delta V = \delta^2 V = 0$ 或 $\delta V = 0$ 有非零解存在就可以得到临界载荷的值。

（2）一般我们考虑的是小应变、大变形问题。换言之，由于应变量是小量，所以应变能还可以按稳定性被破坏前的构型来计算，但外力势能部分，则需要按变形后的位置来计算。

8.5.1　求压杆临界载荷的变分方法

考虑一根等直梁在轴向压力 P 作用下的失稳问题。

按例 5.1，总势能为

$$\Pi(w) = \frac{1}{2}\int_0^l EI\left(\frac{\mathrm{d}^2 w}{\mathrm{d}x^2}\right)^2 \mathrm{d}x - \frac{1}{2}\int_0^l P\left(\frac{\mathrm{d}w}{\mathrm{d}x}\right)^2 \mathrm{d}x \tag{8.5.1}$$

此时梁的边界条件为每端各取下列每组条件中的一个：

（1）$w = 0$ 或者 $\frac{\mathrm{d}}{\mathrm{d}x}(EI\ \frac{\mathrm{d}^2 w}{\mathrm{d}x^2}) = 0$；

（2）$\frac{\mathrm{d}w}{\mathrm{d}x} = 0$ 或者 $EI\ \frac{\mathrm{d}^2 w}{\mathrm{d}x^2} = 0$。

由最小势能原理 $\delta\Pi = 0$ 得

$$\frac{\mathrm{d}^2}{\mathrm{d}x^2}(EI\ \frac{\mathrm{d}^2 w}{\mathrm{d}x^2}) + P\ \frac{\mathrm{d}^2 w}{\mathrm{d}x^2} = 0 \tag{8.5.2}$$

这是一个线性算子的特征值问题。定义

$$J(w) = \frac{1}{2}\int_0^l EI\left(\frac{\mathrm{d}^2 w}{\mathrm{d}x^2}\right)^2 \mathrm{d}x$$

$$I(w) = \frac{1}{2}\int_0^l \left(\frac{\mathrm{d}w}{\mathrm{d}x}\right)^2 \mathrm{d}x$$

可以证明，式(8.5.2)的最小特征值(**称为压杆的临界载荷**)P_{cr} 为

$$P_{\mathrm{cr}} = \min_{w\neq 0} \frac{\int_0^l EI\left(\frac{\mathrm{d}^2 w}{\mathrm{d}x^2}\right)^2 \mathrm{d}x}{\int_0^l \left(\frac{\mathrm{d}w}{\mathrm{d}x}\right)^2 \mathrm{d}x} \tag{8.5.3}$$

这样，计算压杆临界载荷的两种变分方法是等价的：

(1)$\delta\Pi=0$ 有非零解；

(2)$P_{cr}=\min\limits_{w\neq 0}\dfrac{J(w)}{I(w)}$。

8.5.2 临界载荷的瑞利 — 里兹法

以两端简支的压杆稳定性为例说明如何用瑞利 — 里兹法求临界载荷。

设挠度曲线 $w(x)$ 可以近似写成

$$w(x)=\sum_{i=1}^{N}\alpha_i\varphi_i(x)$$

这里 $\varphi_i(x)$ 满足边界条件 $\varphi_i(0)=\varphi_i(l)=0$，为已知的插值函数系，$\alpha_i$ 为待定参数。代入总势能(8.5.1)有

$$\begin{aligned}\Pi(\alpha_1,\cdots\alpha_N)&=\frac{1}{2}\int_0^l\left\{EI\left[\sum_{i=1}^{N}\alpha_i\varphi_i''(x)\right]^2-P\left[\sum_{i=1}^{N}\alpha_i\varphi_i'(x)\right]^2\right\}\mathrm{d}x\\&=\frac{1}{2}(\boldsymbol{\alpha}^{\mathrm{T}}A\boldsymbol{\alpha}-P\boldsymbol{\alpha}^{\mathrm{T}}B\boldsymbol{\alpha})\end{aligned}$$

式中

$$\boldsymbol{\alpha}=[\alpha_1,\alpha_2,\cdots,\alpha_N]^{\mathrm{T}}$$

$$\boldsymbol{A}=[A_{ij}],\quad A_{ij}=\int_0^l EI\varphi_i''(x)\varphi_j''(x)\mathrm{d}x$$

$$\boldsymbol{B}=[B_{ij}],\quad B_{ij}=\int_0^l \varphi'_i(x)\varphi'_j(x)\mathrm{d}x$$

从 $\delta\Pi=0$ 可以得到一组 $\boldsymbol{\alpha}$ 要满足的代数方程

$$(\boldsymbol{A}-P\boldsymbol{B})\boldsymbol{\alpha}=0 \tag{8.5.4}$$

要使代数方程组(8.5.4)有非零解(零解对应原始平衡位置)，必有

$$\det(\boldsymbol{A}-P\boldsymbol{B})=0 \tag{8.5.5}$$

其中 det(•) 为矩阵行列式的值。所以，P 必定是矩阵对($\boldsymbol{A}$,$\boldsymbol{B}$) 的广义特征值。临界载荷 P_{cr} 应当是其中最小的特征值。

现在我们用上述方法来计算两端简支直梁的临界载荷。只取一项($N=1$)，用两种不同的插值函数来比较求得的临界载荷 P_{cr}。

(1) 取 $\varphi_1(x)=x(l-x)$，显然满足 $\varphi_1(0)=\varphi_1(l)=0$ 条件。此外

$$\varphi'_1(x)=l-2x,\quad \varphi''_1(x)=-2$$

所以

$$A=\int_0^l EI(\varphi''_1)^2\mathrm{d}x=4EIl,\quad B=\int_0^l(\varphi'_1)^2\mathrm{d}x=\frac{1}{3}l^3$$

由式(8.5.5)可得

$$P_{cr}=\frac{A}{B}=\frac{12EI_z}{l^2}$$

比精确值 $\pi^2 EI_z/l^2$ 高 22%。

(2) 取 $\varphi_1(x) = \sin\frac{\pi x}{l}$。显然也满足 $\varphi_1(0) = \varphi_1(l) = 0$ 条件。同时

$$\varphi'_1 = \frac{\pi}{l}\cos\frac{\pi x}{l}, \quad \varphi''_1 = -\left(\frac{\pi}{l}\right)^2 \sin\frac{\pi x}{l}$$

所以

$$A = \int_0^l EI(\varphi''_1)^2 \mathrm{d}x = \frac{\pi^4 EI}{2l^3}$$

$$B = \int_0^l (\varphi'_1)^2 \mathrm{d}x = \frac{\pi^2}{2l}$$

从而

$$P_{\mathrm{cr}} = \frac{A}{B} = \frac{\pi^2 EI}{l^2}$$

这个值刚好是精确值。

一般来说，插值函数取项越多越准确。可以证明，随着所取的插值函数项的增加，所求得的临界载荷值（即最小特征值）是不增的。换言之，用上述近似方法算出的临界载荷是精确值的一个上限。如果所取插值函数中有一项刚好是精确解 P_{cr} 所对应的特征函数，则所求得的临界载荷值正好就是精确解。

例 8.3　计算一端固定、一端自由的受到均匀垂直分布载荷 q 的杆的临界载荷（见图 8.1）。

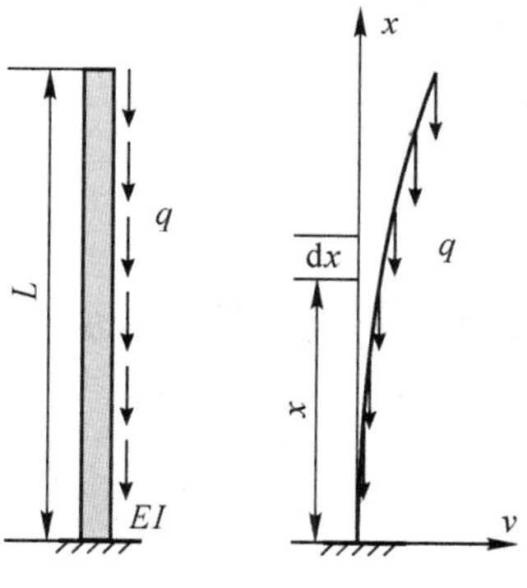

图 8.1　例 8.3 图

解　用变分法求解。现在计算外力势能，考虑 $(x, x+\mathrm{d}x)$ 上的外力所做的功，这里外力为 $q\mathrm{d}x$，而弯曲产生的位移为

$$\int_0^x \left(\sqrt{1+v'^2(\xi)} - 1\right)\mathrm{d}\xi \approx \frac{1}{2}\int_0^x v'^2(\xi)\mathrm{d}\xi$$

所以该段上外力所做的功为

$$\frac{1}{2}q\mathrm{d}x\int_0^x v'^2(\xi)\mathrm{d}\xi$$

从而整个杆上的外力势能为

$$\Pi_2(w) = -\frac{1}{2}\int_0^l q\mathrm{d}x\int_0^x v'^2(\xi)\mathrm{d}\xi$$

$$= -\frac{1}{2}\int_0^l q\,v'^2(\xi)\mathrm{d}\xi\int_\xi^l \mathrm{d}x$$

$$= -\frac{1}{2}\int_0^l (l-\xi)q\,v'^2(\xi)\mathrm{d}\xi$$

总势能

$$\Pi(w) = \frac{1}{2}\int_0^l [EI\,v''^2(x) - (l-x)q\,v'^2(x)]\mathrm{d}x$$

现用近似方法求解。取

$$v(x) = \varphi(x) = 1 - \cos\frac{\pi x}{2l}$$

满足固定端的边界条件。此外

$$\varphi'(x) = \frac{\pi}{2l}\sin\frac{\pi x}{2l},\quad \varphi''(x) = \left(\frac{\pi}{2l}\right)^2\cos\frac{\pi x}{2l}$$

所以

$$A = \int_0^l EI[\varphi''(x)]^2\mathrm{d}x = \frac{\pi^4 EI}{32l^3},\quad B = \int_0^l (l-x)\,\varphi'^2(x)\mathrm{d}x = \frac{\pi^2}{4}\left(\frac{1}{4} - \frac{1}{\pi^2}\right)$$

最后

$$q_{\mathrm{cr}} \approx \frac{A}{B} = \frac{\pi^4 EI}{2l^3(\pi^2-4)} = 8.30\frac{EI}{l^3}$$

与精确解 $7.837\dfrac{EI}{l^3}$ 相比,误差为 5.9%。

8.6 求结构固有振动频率的变分方法

所谓固有振动,是指在没有外界持续作用下系统以某一特定的频率 p 的运动。现在来推导固有振动应满足的方程。

为简单起见,考虑具有一个广义位移函数 $u(x,t)$ 的系统。对线性系统(平衡位置附近的小振动)来说动能与势能以及拉格朗日泛函可写成

$$T(\dot{u},\dot{u}_{,x}) = \int_0^l l(\dot{u},\dot{u}_{,x})\mathrm{d}x = \frac{1}{2}\int_0^l [a_1(x)\,\dot{u}^2 + a_2(x)\,\dot{u}_{,x}^2]\mathrm{d}x$$

$$V(u,u_{,x},u_{,xx}) = \frac{1}{2}\int_0^l [\gamma_1(x)u^2 + \gamma_2(x)u_{,x}^2 + \gamma_3(x)u_{,xx}^2]\mathrm{d}x$$

$$L = T - V$$

其对应的拉格朗日方程的变分形式(从哈密尔顿原理导出)为

$$-\int_0^l \left[\frac{\mathrm{d}}{\mathrm{d}t}\left(\frac{\partial l}{\partial \dot{u}}\right)\delta u + \frac{\mathrm{d}}{\mathrm{d}t}\left(\frac{\partial l}{\partial \dot{u}_{,x}}\right)\delta u_{,x}\right]\mathrm{d}x - \delta V$$

$$= -\int_0^l [a_1(x)\ddot{u}\delta u + a_2(x)\ddot{u}_{,x}\delta u_{,x}]\mathrm{d}x - \delta V = 0 \tag{8.6.1}$$

假定系统以某一特定频率 p 运动，即

$$u(x,t) = U(x)\mathrm{e}^{\mathrm{i}pt}$$

因为

$$\delta T = -\int_0^l [a_1(x)\ddot{u}\delta u + a_2(x)\ddot{u}_{,x}\delta u_{,x}]\mathrm{d}x$$

$$= p^2 \delta T(U, U_{,x})\mathrm{e}^{2\mathrm{i}pt}$$

$$\delta V = \int_0^l [\gamma_1(x)u\delta u + \gamma_2(x)u_{,x}\delta u_{,x} + \gamma_3(x)u_{,xx}\delta u_{,xx}]\mathrm{d}x$$

$$= \delta V(U, U_{,x}, U_{,xx})\mathrm{e}^{2\mathrm{i}pt}$$

式中

$$T(U, U_{,x}) = \frac{1}{2}\int_0^l [a_1(x)U^2 + a_2(x)U_{,x}^2]\mathrm{d}x$$

$$V(U, U_{,x}, U_{,xx}) = \frac{1}{2}\int_0^l [\gamma_1(x)U^2 + \gamma_2(x)U_{,x}^2 + \gamma_3(x)U_{,xx}^2]\mathrm{d}x$$

代入式(8.6.1)并消去公共因子 $\mathrm{e}^{2\mathrm{i}pt}$ 得

$$\delta V(U, U_{,x}, U_{,xx}) - p^2 \delta T(U, U_{,x}) = 0 \tag{8.6.2}$$

这是无限(连续)系统的特征值($\lambda = p^2$)问题，式中 p 为固有频率，其对应的非零解 $U(x)$ 为对应的特征函数或振型。可以证明上述无限自由度系统有无限多个分列的(即离散无聚点的)固有频率，对应的特征函数彼此是加权正交的，即

$$\int_0^l [a_1(x)U_iU_j + a_2(x)U_{ix}U_{jx}]\mathrm{d}x = \delta_{ij}, \qquad i,j = 1,2,\cdots \tag{8.6.3}$$

方程(8.6.2)可以写成变分形式(瑞利)

$$p^2 = \mathrm{st.}\frac{V(U, U_x, U_{xx})}{T(U, U_x)} \tag{8.6.4}$$

这样便于求数值解。

例 8.4　求两端简支的梁在 xy 平面内的横向振动的固有频率。

由梁的位移假定(5.19)有

$$u(x,y,z,t) = -y\frac{\mathrm{d}v_0}{\mathrm{d}x}$$

$$v(x,y,z,t) = v_0(x,t)$$

可以计算动能

$$T = \frac{1}{2}\int_0^l \mathrm{d}x\iint_A \rho(\dot{u}^2 + \dot{v}^2)\mathrm{d}S = \frac{1}{2}\int_0^l \mathrm{d}x\iint_A \rho(y^2\dot{v}_{0,x}^2 + \dot{v}_0^2)\mathrm{d}S$$

$$= -\frac{1}{2}p^2\mathrm{e}^{\mathrm{i}2pt}\int_0^l (J_zU_{,x}^2 + \gamma U^2)\mathrm{d}x$$

$$v_0 = U(x)\mathrm{e}^{\mathrm{i}pt}, v_{0,x} = U_{,x}(x)\mathrm{e}^{\mathrm{i}pt} \tag{8.6.5}$$

式中：$J_z(x) = \iint\limits_A \rho y^2 \mathrm{d}S$ 是截面的转动惯量，$\gamma(x) = \iint\limits_A \rho \mathrm{d}S$ 是梁沿轴线的线密度。

应变能(5.2.1) 为

$$\begin{aligned} V &= \frac{1}{2}\int_0^l EI_z \left(\frac{\mathrm{d}^2 v_0}{\mathrm{d}x^2}\right)^2 \mathrm{d}x \\ &= \frac{1}{2}\mathrm{e}^{\mathrm{i}2pt}\int_0^l EI_z U_{,xx}^2 \mathrm{d}x \end{aligned} \tag{8.6.6}$$

代入式(8.6.4)

$$p^2 = \mathrm{st.} \frac{\int_0^l EI_z U_{,xx}^2 \mathrm{d}x}{\int_0^l (J_z U_{,x}^2 + \gamma U^2)\mathrm{d}x} \tag{8.6.7}$$

固有频率是结构自由振动的频率，从而假定外加力(包括体力和边界力) 均为零，即势能只剩下应变能一项。至于位移边界条件的影响体现在泛函表达式(8.6.7) 的定义域上，一般来说，约束越强，最小固有频率(基频) 越高。

例 8.5　求薄板的横向振动的固有频率。

由式(5.4.1) 有

$$u(x,y,z,t) = -z\frac{\partial w_0}{\partial x}$$

$$v(x,y,z,t) = -z\frac{\partial w_0}{\partial y}$$

$$w(x,y,z,t) = w_0(x,y)$$

可以计算动能($w_0 = U(x,y)\mathrm{e}^{\mathrm{i}pt}$)

$$\begin{aligned} T &= \iint\limits_A \mathrm{d}S\int_{-\frac{h}{2}}^{\frac{h}{2}} \rho(\dot{u}^2 + \dot{v}^2 + \dot{w}^2)\mathrm{d}z \\ &= \iint\limits_A \mathrm{d}S\int_{-\frac{h}{2}}^{\frac{h}{2}} \rho(z^2\dot{w}_{0,x}^2 + z^2\dot{w}_{0,y}^2 + \dot{w}_0^2)\mathrm{d}z \\ &= \iint\limits_A [K(\dot{w}_{0,x}^2 + \dot{w}_{0,y}^2) + \eta\dot{w}_0^2]\mathrm{d}S \\ &= -p^2\mathrm{e}^{\mathrm{i}2pt}\iint\limits_A [K(U_{,x}^2 + U_{,y}^2) + \eta U^2]\mathrm{d}S \end{aligned}$$

式中：$K = \int_{-\frac{h}{2}}^{\frac{h}{2}} \rho z^2 \mathrm{d}z, \eta = \int_{-\frac{h}{2}}^{\frac{h}{2}} \rho \mathrm{d}z$ 。

对于自由振动来说，势能即是应变能(5.5.2)

$$V = \frac{D}{2}\mathrm{e}^{\mathrm{i}2pt}\iint\limits_A [U_{,xx}^2 + U_{,yy}^2 + 2\nu U_{,xx}U_{,yy} + 2(1-\nu)U_{,xy}^2]\mathrm{d}S$$

由式(8.6.4) 可得

$$p^2 = \mathrm{st}.\ \frac{D}{2}\frac{\iint\limits_A [U_{,xx}^2 + U_{,yy}^2 + 2\nu U_{,xx}U_{,yy} + 2(1-\nu)U_{,xy}^2]\mathrm{d}S}{\iint\limits_A [K(U_{,x}^2 + U_{,y}^2) + \eta U^2]\mathrm{d}S} \tag{8.6.8}$$

思考题

8.1　假定一块一边固支三边自由的矩形薄板，在自由边上受到沿板面方向、强度为 p 的均匀压力的作用，列出计算临界载荷 p_{cr} 的瑞利商表达式。

8.2　研究在式(8.6.2)中通过 δT 推导的动能 T 的表达式，为什么和例 8.4 中直接计算的动能 T 式(8.6.5)，刚好差一符号。

附　录

A1　哈密尔顿(Hamilton)算子∇

为方便起见，在本书中我们经常把直角坐标系统中的矢量写成列向量形式，如

$$\boldsymbol{x} = x\boldsymbol{i} + y\boldsymbol{j} + z\boldsymbol{k} = (x, y, z)^{\mathrm{T}}$$

$$\boldsymbol{u}(\boldsymbol{x}) = u(x, y, z)\boldsymbol{i} + v(x, y, z)\boldsymbol{j} + w(x, y, z)\boldsymbol{k} = (u, v, w)^{\mathrm{T}}$$

其中 $\boldsymbol{i}$、$\boldsymbol{j}$、$\boldsymbol{k}$ 为单位坐标矢量。

在直角坐标系统中定义**哈密尔顿(Hamilton)算子**∇为

$$\nabla = \boldsymbol{i}\frac{\partial}{\partial x} + \boldsymbol{j}\frac{\partial}{\partial y} + \boldsymbol{k}\frac{\partial}{\partial z} = \left(\frac{\partial}{\partial x}, \frac{\partial}{\partial y}, \frac{\partial}{\partial z}\right)^{\mathrm{T}} \tag{A1.0.1}$$

这里，∇既可以看成是一个微分算子，作用到一个标量函数或者是一个矢量函数上；也可以看成是一个矢量，能和其他的矢量进行普通的点乘(·)运算和叉乘(×)运算。

由于可以在直角坐标系中将矢量视为列向量①，所以有时将矢量或矢量运算写成矩阵的形式，如

$$\boldsymbol{a} \cdot \boldsymbol{b} = \boldsymbol{a}^{\mathrm{T}}\boldsymbol{b}$$

$$\frac{\partial U}{\partial \boldsymbol{x}} = \left(\frac{\partial U}{\partial x_1}, \frac{\partial U}{\partial x_2}, \cdots, \frac{\partial U}{\partial x_n}\right)^{\mathrm{T}}$$

$$\frac{\partial^2 U}{\partial \boldsymbol{x} \partial \boldsymbol{y}} = \left[\frac{\partial^2 U}{\partial x_i \partial y_j}\right]_{n \times m}, \quad \boldsymbol{x} = (x_1, x_2, \cdots, x_n)^{\mathrm{T}}, \boldsymbol{y} = (y_1, y_2, \cdots, y_m)^{\mathrm{T}}$$

A1.1　梯度、散度和旋度运算

1. 梯度运算

对于一个标量场 $u(\boldsymbol{x}) = u(x, y, z)$，定义相关的**梯度运算**为

① 在本书中，我们把数组称为**向量**，而其他同时具有方向和长度的量依习惯称为**矢量**。

$$\operatorname{grad} u = \nabla u = \boldsymbol{i}\frac{\partial u}{\partial x} + \boldsymbol{j}\frac{\partial u}{\partial y} + \boldsymbol{k}\frac{\partial u}{\partial z} = \left(\frac{\partial u}{\partial x},\frac{\partial u}{\partial y},\frac{\partial u}{\partial z}\right)^{\mathrm{T}} \tag{A1.1.1}$$

那么标量函数 $u(\boldsymbol{x})$ 的梯度运算结果∇u 为一矢量。

如果我们需要计算函数 $u(\boldsymbol{x})$ 沿着某个方向 $n=(n_x,n_y,n_z)^{\mathrm{T}}$ 的方向导数，则

$$\frac{\partial u}{\partial n} = \frac{\partial u}{\partial x}n_x + \frac{\partial u}{\partial y}n_y + \frac{\partial u}{\partial z}n_z = \boldsymbol{n}\cdot\nabla u \tag{A1.1.2}$$

就很简洁。此外，如果 $\boldsymbol{n}$ 为单位矢量

$$\left|\frac{\partial u}{\partial n}\right| = |\nabla u|\,|\cos(\nabla u,\boldsymbol{n})| \tag{A1.1.3}$$

当 $\boldsymbol{n}$ 的方向和梯度∇u 的方向一致时，$\left|\frac{\partial u}{\partial n}\right|$ 取到极大值。这也就是说，梯度∇u 为函数 $u(\boldsymbol{x})$ 变化最快的方向。

2. 散度运算

对于一个矢量场 $\boldsymbol{A}(\boldsymbol{x})=\boldsymbol{A}(x,y,z)$，定义相关的**散度运算**为

$$\operatorname{div}\boldsymbol{A} = \nabla\cdot\boldsymbol{A} = \frac{\partial A_x}{\partial x} + \frac{\partial A_y}{\partial y} + \frac{\partial A_z}{\partial z} \tag{A1.1.4}$$

这里 $\boldsymbol{A}=(A_x,A_y,A_z)^{\mathrm{T}}$。

此外，关于散度有重要的**高斯(Gauss)定理**

$$\iiint_{\Omega}\nabla\cdot\boldsymbol{A}\,\mathrm{d}V = \oiint_{\partial\Omega}\boldsymbol{n}\cdot\boldsymbol{A}\,\mathrm{d}S \tag{A1.1.5}$$

这里 $\boldsymbol{n}$ 是区域边界 $\partial\Omega$ 上沿外法线方向的单位矢量。公式(A1.1.5)的右边可视为矢量 $\boldsymbol{A}(\boldsymbol{x})$ 穿过区域边界 $\partial\Omega$ 的总通量。

对于二维的情形，也容易从上式导出

$$\iint_{S}\nabla\cdot\boldsymbol{A}\,\mathrm{d}x\mathrm{d}y = \oint_{\partial S}\boldsymbol{n}\cdot\boldsymbol{A}\,\mathrm{d}s \tag{A1.1.6}$$

式中

$$\nabla=\left(\frac{\partial}{\partial x},\frac{\partial}{\partial y}\right)^{\mathrm{T}},\ \boldsymbol{A}(x,y)=(A_x,A_y)^{\mathrm{T}},\ \boldsymbol{n}=(n_x,n_y)^{\mathrm{T}}$$

考虑到在边界 ∂S 上逆时针方向为正(区域 S 在左侧)，容易得到

$$n_x\mathrm{d}s=\mathrm{d}y,\quad n_y\mathrm{d}s=-\mathrm{d}x$$

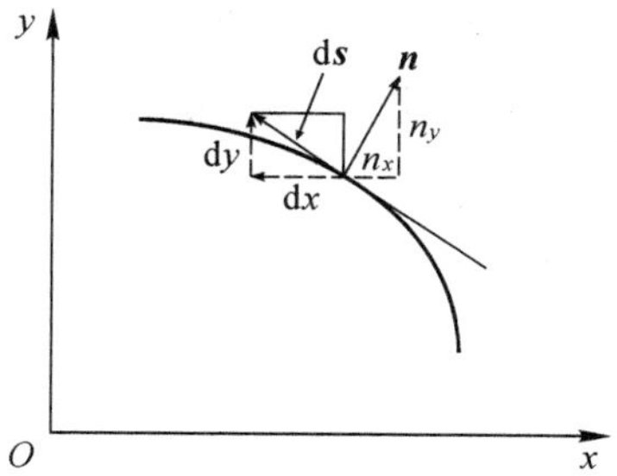

图 A1.1　$\boldsymbol{n}$ 和 $\mathrm{d}s$ 之间的关系

代入(A1.1.6)，就得到**格林(Green)公式**

$$\iint_S \nabla \cdot \boldsymbol{A} \mathrm{d}x\mathrm{d}y = \oint_{\partial S} (A_x \mathrm{d}y - A_y \mathrm{d}x) \tag{A1.1.7}$$

它可以视为后面提到的斯托克斯(Stokes)公式(A1.1.9)的一种特殊情况。

对于二维问题来说，高斯公式(A1.1.6)右端是第一类线积分，而格林公式(A1.1.7)是第二类线积分，和微元定向有关，容易出错。

3. *旋度运算*

对于一个矢量场 $\boldsymbol{A}(x,y,z)$，定义相关的**旋度运算**为

$$\mathrm{rot}\,\boldsymbol{A} = \nabla\times\boldsymbol{A} = \begin{vmatrix} \boldsymbol{i} & \boldsymbol{j} & \boldsymbol{k} \\ \dfrac{\partial}{\partial x} & \dfrac{\partial}{\partial y} & \dfrac{\partial}{\partial z} \\ A_x & A_y & A_z \end{vmatrix}$$

$$= \left(\frac{\partial A_z}{\partial y} - \frac{\partial A_y}{\partial z}\right)\boldsymbol{i} + \left(\frac{\partial A_x}{\partial z} - \frac{\partial A_z}{\partial x}\right)\boldsymbol{j} + \left(\frac{\partial A_y}{\partial x} - \frac{\partial A_x}{\partial y}\right)\boldsymbol{k} \tag{A1.1.8}$$

关于旋度运算，有下列著名的斯托克斯(Stokes)公式

$$\oint_{\partial S} \boldsymbol{A} \cdot \mathrm{d}\boldsymbol{s} = \iint_S \nabla\times\boldsymbol{A}\cdot\boldsymbol{n}\mathrm{d}S \tag{A1.1.9}$$

这里 S 是一个非封闭的曲面，∂S 是曲面的边界，在边界 ∂S 上线积分 $\mathrm{d}\boldsymbol{s}$ 的走向和曲面的法向 $\boldsymbol{n}$ 刚好构成右手螺旋方向。

A1.2 几种比较重要的场

1. *有势场*

如果对于矢量场 $A(x)$，存在一个单值函数 $u(\boldsymbol{x})$ 使得

$$\boldsymbol{A}(\boldsymbol{x}) = -\,\mathrm{grad}\,u = -\nabla u \tag{A1.2.1}$$

我们称该矢量场 $A(x)$ 是一个**有势场**，或者是一个**梯度场**，$u(\boldsymbol{x})$ 称为**势(函数)**。

性质 1.1 矢量场为有势场的充要条件为其旋度在该区域内处处为零。

必要性容易验证。充分性可以通过构造势函数得到。

给定两点 $\boldsymbol{x}_0$、$\boldsymbol{x}$，假设 l_1、l_2 是连接这两点的两条不同的路径(从 $\boldsymbol{x}_0$ 到 $\boldsymbol{x}$)，则沿 l_1 到达后 $\boldsymbol{x}$ 再沿 $-l_2$ 回到 $\boldsymbol{x}_0$ 构成一封闭的路径，沿此路径积分

$$\int_{l_1} \boldsymbol{A}\cdot\mathrm{d}\boldsymbol{s} - \int_{l_2} \boldsymbol{A}\cdot\mathrm{d}\boldsymbol{s} = \oint \boldsymbol{A}\cdot\mathrm{d}\boldsymbol{s} = \iint \nabla\times\boldsymbol{A}\cdot\boldsymbol{n}\mathrm{d}S = 0$$

所以

$$\int_{l_1} \boldsymbol{A}\cdot\mathrm{d}\boldsymbol{s} = \int_{l_2} \boldsymbol{A}\cdot\mathrm{d}\boldsymbol{s}$$

即曲线积分与路径无关，从而

$$u(\boldsymbol{x}) = -\int_{x_0}^{x} \boldsymbol{A} \cdot \mathrm{d}s = -\int_{x_0}^{x} A_x \mathrm{d}x + A_y \mathrm{d}y + A_z \mathrm{d}z$$

满足 $\boldsymbol{A}(x) = -\nabla u$。

像引力场、电场、热流矢量场都是有势场。

2. 无源场(管形场)

对于矢量场 $\boldsymbol{A}(\boldsymbol{x})$，如果其散度处处为零，即 $\mathrm{div}\,\boldsymbol{A} = \nabla\cdot\boldsymbol{A} = 0$，我们矢量场 $\boldsymbol{A}(\boldsymbol{x})$ 是一个**管形场**或**无源场**。

如果矢量场所在空间的一根曲线的每一点的切线均与场方向平行，则称该曲线为矢量场的**流线**。完全由流线生成的管状曲面称为**矢量管**。

性质 1.2 管形场中任意一个矢量管上两个截面的通量保持不变。

由电场的高斯定理可知，无源(管形)场中的流线是连续的，所以由一段矢量管和两段截面所围的区域上，进、出的流线总数必定相同，考虑到矢量管上流线无出入，所以两个截面的通量(流线总数)必定相同。

性质 1.3 矢量场 $\boldsymbol{a}$ 为管形场的充要条件为它是另外一个矢量场 $\boldsymbol{b}$ 的旋度场。

充分性容易得到，因为∇具有矢量性质，所以若 $\boldsymbol{a} = \nabla\times\boldsymbol{b} \Rightarrow \nabla\cdot\boldsymbol{a} = \nabla\cdot(\nabla\times\boldsymbol{b}) = 0$。至于必要性则可通过构造 $\boldsymbol{b}$ 得到

$$b_x = \int_{z_0}^{z} a_y(x, y, \xi)\mathrm{d}\xi$$

$$b_y = -\int_{z_0}^{z} a_x(x, y, \xi)\mathrm{d}\xi + \int_{x_0}^{x} a_z(\xi, y, z_0)\mathrm{d}\xi$$

$$b_z = 0$$

无源场在实际中经常遇到，如磁感应强度，无源(漏)时流体的流场。

3. 调和场

如果在某一区域内恒有 $\mathrm{rot}\,\boldsymbol{A} = \nabla\times\boldsymbol{A} = 0$，我们称该矢量场 $\boldsymbol{A}(\boldsymbol{x})$ 为**无旋场**。

对于矢量场 $\boldsymbol{A}(\boldsymbol{x})$，如果恒有 $\mathrm{div}\,\boldsymbol{A} = \nabla\cdot\boldsymbol{A} = 0$ 及 $\mathrm{rot}\,\boldsymbol{A} = \nabla\times\boldsymbol{A} = 0$，我们称该矢量场是一个**调和场**。也就是说，调和场既无源又无旋。

根据性质 1.1，矢量场为有势场的充要条件为其旋度在该区域内处处为零，所以对于调和场，一定存在势函数 u，使得 $\boldsymbol{A} = \nabla u$，又根据无源定义$\nabla\cdot\boldsymbol{A} = 0$ 有，因此有

$$\nabla\cdot(\nabla u) = \Delta u = 0 \tag{A1.2.2}$$

其中$\Delta = \nabla\cdot\nabla$为**拉普拉斯(Laplace)算子**，方程(A1.2.2)称为**拉普拉斯方程**，满足拉普拉斯方程的函数称为**调和函数**。在直角坐标系中，拉普拉斯算子为

$$\Delta = \frac{\partial^2}{\partial x^2} + \frac{\partial^2}{\partial y^2} + \frac{\partial^2}{\partial z^2} \tag{A1.2.3}$$

A1.3 哈密尔顿(Hamilton)算子性质

先引入两个关于矢量的恒等式,即矢量的混合积和二重矢量积等式。

1. $\boldsymbol{a}\cdot(\boldsymbol{b}\times\boldsymbol{c})=\boldsymbol{b}\cdot(\boldsymbol{c}\times\boldsymbol{a})=\boldsymbol{c}\cdot(\boldsymbol{a}\times\boldsymbol{b})$ (A1.3.1)

证明 设某一平行六面体三条棱分别为 $\boldsymbol{a},\boldsymbol{b},\boldsymbol{c}$,从平行六面体的体积出发可以证明上式。

2. $\boldsymbol{a}\times(\boldsymbol{b}\times\boldsymbol{c})=(\boldsymbol{a}\cdot\boldsymbol{c})\boldsymbol{b}-(\boldsymbol{a}\cdot\boldsymbol{b})\boldsymbol{c}$ (A1.3.2)

证明 很明显 $\boldsymbol{m}=\boldsymbol{a}\times(\boldsymbol{b}\times\boldsymbol{c})$ 必定在 $\boldsymbol{b}$ 与 $\boldsymbol{c}$ 所在的平面,假设

$$\boldsymbol{m}=k\boldsymbol{b}+h\boldsymbol{c}$$

那么

$$\boldsymbol{m}\cdot\boldsymbol{a}=k(\boldsymbol{b}\cdot\boldsymbol{a})+h(\boldsymbol{c}\cdot\boldsymbol{a})=\boldsymbol{a}\times(\boldsymbol{b}\times\boldsymbol{c})\cdot\boldsymbol{a}=0$$

从中可以得到

$$k=-h\frac{\boldsymbol{c}\cdot\boldsymbol{a}}{\boldsymbol{b}\cdot\boldsymbol{a}}$$

所以

$$\boldsymbol{m}=\boldsymbol{a}\times(\boldsymbol{b}\times\boldsymbol{c})=\lambda[-(\boldsymbol{a}\cdot\boldsymbol{c})\boldsymbol{b}+(\boldsymbol{a}\cdot\boldsymbol{b})\boldsymbol{c}]$$

上式对所有的 $\boldsymbol{a}$、$\boldsymbol{b}$、$\boldsymbol{c}$ 都应成立。为了求出 λ 的值,我们特取 $\boldsymbol{a}=\boldsymbol{b}=\boldsymbol{i},\boldsymbol{c}=\boldsymbol{j}$,那么

$$\boldsymbol{a}\times(\boldsymbol{b}\times\boldsymbol{c})=\boldsymbol{i}\times(\boldsymbol{i}\times\boldsymbol{j})=\boldsymbol{i}\times\boldsymbol{k}=-\boldsymbol{j}$$

$$\lambda[-(\boldsymbol{a}\cdot\boldsymbol{c})\boldsymbol{b}+(\boldsymbol{a}\cdot\boldsymbol{b})\boldsymbol{c}]=\lambda[-(\boldsymbol{i}\cdot\boldsymbol{j})\boldsymbol{i}+(\boldsymbol{i}\cdot\boldsymbol{i})\boldsymbol{j}]=\lambda\boldsymbol{j}$$

比较可得 $\lambda=-1$,从而式(A1.3.2)成立。

以下是关于哈密尔顿算子∇的一些常用性质:

(1) $\nabla(\boldsymbol{A}\cdot\boldsymbol{B})=\boldsymbol{A}\cdot\nabla\boldsymbol{B}+\boldsymbol{B}\cdot\nabla\boldsymbol{A}$ (A1.3.3)

(2) $\nabla\cdot(\boldsymbol{A}\times\boldsymbol{B})=\nabla\cdot(\boldsymbol{A}_C\times\boldsymbol{B})+\nabla\cdot(\boldsymbol{A}\times\boldsymbol{B}_C)$

$=\boldsymbol{B}\cdot(\nabla\times\boldsymbol{A})-\boldsymbol{A}\cdot(\nabla\times\boldsymbol{B})$ (A1.3.4)

式中下标 C 表示计算导数时,该量暂时作为常量对待。

(3) $\nabla\times(\boldsymbol{A}\times\boldsymbol{B})=\nabla\times(\boldsymbol{A}_C\times\boldsymbol{B})+\nabla\times(\boldsymbol{A}\times\boldsymbol{B}_C)$

$=\boldsymbol{A}(\nabla\cdot\boldsymbol{B})-(\boldsymbol{A}\cdot\nabla)\boldsymbol{B}-\boldsymbol{B}(\nabla\cdot\boldsymbol{A})+(\boldsymbol{B}\cdot\nabla)\boldsymbol{A}$ (A1.3.5)

(4) $\nabla\times(\nabla\times\boldsymbol{A})=\nabla(\nabla\cdot\boldsymbol{A})-(\nabla\cdot\nabla)\boldsymbol{A}=\nabla(\nabla\cdot\boldsymbol{A})-\Delta\boldsymbol{A}$ (A1.3.6)

(5) 高斯公式 $\Phi=\oint\!\!\!\oint_{\partial\Omega}\boldsymbol{A}\cdot\boldsymbol{n}\mathrm{d}S=\iiint_{\Omega}\nabla\cdot\boldsymbol{A}\mathrm{d}V$ (A1.3.7)

在二维时有$\oint_{\partial S}A_n\mathrm{d}s=\iint_S\nabla\cdot\boldsymbol{A}\mathrm{d}S$ (A1.3.8)

(6) 斯托克斯(Stokes)公式 $\oint_l\boldsymbol{A}\cdot\mathrm{d}\boldsymbol{s}=\iint_S\nabla\times\boldsymbol{A}\cdot\boldsymbol{n}\mathrm{d}S$

当 S 是 xy 平面上一区域时,上述公式变成格林公式

$$\oint_l (A_x \mathrm{d}x + A_y \mathrm{d}y) = \iint_S \left(\frac{\partial A_y}{\partial x} - \frac{\partial A_x}{\partial y} \right) \mathrm{d}S \tag{A1.3.9}$$

(7) 含算子∇的积分公式 $\iiint_\Omega L(\nabla)\mathbf{A}\mathrm{d}V = \oiint_{\partial\Omega} L(\boldsymbol{n})\mathbf{A}\mathrm{d}S$ （A1.3.10）

式中 $L(\nabla)$ 是含有∇的线性算子，且微分号前均是常系数，如

$$\iiint_\Omega \nabla\times \mathbf{A}\mathrm{d}V = \oiint_{\partial\Omega} \boldsymbol{n} \times \mathbf{A}\mathrm{d}S \tag{A1.3.11}$$

A2　弹性力学基础

A2.1　变形分析

要研究物体变形首先要研究如何来描述其位移。在数学上，我们引进物质坐标和空间坐标的概念分别来描述物体上某一点的位置变动。具体来说，先取一个坐标系做参照系，变形前物体的构形为 B，其每个质点可用一组坐标值来表示，我们称之为物质坐标；再取另一个坐标系做参照系，变形后物体在空间的构形 B 变成B'，而变形后每个质点的位置也可用一组坐标值表示，我们称之为**空间坐标**。为简单和方便起见，一般取两个参照系（笛卡儿坐标系）相重合，如图 A2.1 所示，变形前任一点 P 在参照坐标系中的坐标为(X_1, X_2, X_3)，变形后 P 变化到 Q 点，Q 点在参照坐标系中的坐标为(x_1, x_2, x_3)。

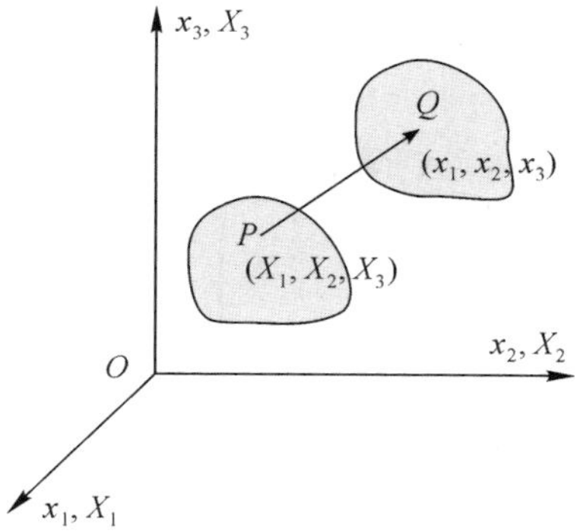

A2.1　物质坐标系和空间坐标系

矢量$\overrightarrow{PQ}$ 表示质点 P 的位移，记为 $\boldsymbol{u}$。位移矢量 $\boldsymbol{u}$ 的分量 u_i 可以用下式来表示

$$u_i = x_i - X_i, \quad i = 1,2,3 \tag{A2.1.1}$$

其中变形后质点的坐标 $x_i(i = 1,2,3)$ 与变形前的坐标 $X_i(i = 1,2,3)$ 存在着确定的关系。我们可以把变形后质点的坐标看成是变形前质点物质坐标的函数，即

$$x_i = x_i(X_1, X_2, X_3), \quad i = 1,2,3 \tag{A2.1.2}$$

也可以用其逆变换（假定变形满足 1-1 对应条件，即变形过程中物体不产生任何裂缝或折叠，这在数学上要求雅可比行列式不为零）来表述

$$X_i = X_i(x_1, x_2, x_3), \quad i = 1,2,3 \tag{A2.1.3}$$

如果把位移 $\boldsymbol{u}$ 看作是变形前坐标（即物质坐标）的函数

$$u_i = u_i(X_1, X_2, X_3), \quad i = 1,2,3 \tag{A2.1.4}$$

称之为**拉格朗日描述**。如果把位移 $\boldsymbol{u}$ 看作是变形后坐标（即空间坐标）的函数

$$u_i = u_i(x_1, x_2, x_3), \quad i = 1,2,3 \tag{A2.1.5}$$

称之为**欧拉描述**。

取变形前 P 点（X_1, X_2, X_3）及其相邻P' 点（$X_1 + \mathrm{d}X_1, X_2 + \mathrm{d}X_2, X_3 + \mathrm{d}X_3$），它们之间的长度平方为

$$\mathrm{d}s_0^2 = \sum_{i=1}^{3} \mathrm{d}X_i \mathrm{d}X_i \tag{A2.1.6}$$

它们变形后相应的 Q 点（x_1, x_2, x_3）及相邻的Q' 点（$x_1 + \mathrm{d}x_1, x_2 + \mathrm{d}x_2, x_3 + \mathrm{d}x_3$），它们之间的长度平方为

$$\mathrm{d}s^2 = \sum_{i=1}^{3} \mathrm{d}x_i \mathrm{d}x_i \tag{A2.1.7}$$

根据变形前后的坐标关系，有

$$\mathrm{d}x_i = \sum_{j=1}^{3} \frac{\partial x_i}{\partial X_j}\mathrm{d}X_j, \quad \mathrm{d}X_i = \sum_{j=1}^{3} \frac{\partial X_i}{\partial x_j}\mathrm{d}x_j$$

从而有

$$\mathrm{d}s^2 - \mathrm{d}s_0^2 = \sum_{i,j=1}^{3}\left(\sum_{\alpha=1}^{3} \frac{\partial x_\alpha}{\partial X_i}\frac{\partial x_\alpha}{\partial X_j} - \delta_{ij}\right)\mathrm{d}X_i \mathrm{d}X_j \tag{A2.1.8}$$

或者

$$\mathrm{d}s^2 - \mathrm{d}s_0^2 = \sum_{i,j=1}^{3}\left(\delta_{ij} - \sum_{\alpha=1}^{3} \frac{\partial X_\alpha}{\partial x_i}\frac{\partial X_\alpha}{\partial x_j}\right)\mathrm{d}x_i \mathrm{d}x_j \tag{A2.1.9}$$

如果定义

$$E_{ij} = \frac{1}{2}\left(\sum_{\alpha=1}^{3} \frac{\partial x_\alpha}{\partial X_i}\frac{\partial x_\alpha}{\partial X_j} - \delta_{ij}\right) \tag{A2.1.10}$$

及

$$\varepsilon_{ij} = \frac{1}{2}\left(\delta_{ij} - \sum_{\alpha=1}^{3} \frac{\partial X_\alpha}{\partial x_i}\frac{\partial X_\alpha}{\partial x_j}\right) \tag{A2.1.11}$$

则有

$$\mathrm{d}s^2 - \mathrm{d}s_0^2 = 2E_{ij}\mathrm{d}X_i \mathrm{d}X_j \tag{A2.1.12}$$

$$\mathrm{d}s^2 - \mathrm{d}s_0^2 = 2\varepsilon_{ij}\mathrm{d}x_i \mathrm{d}x_j \tag{A2.1.13}$$

上述表达式中，对有重复下标的 i、j，省略了相应的求和记号 $\sum_{i=1}^{3}$ 和 $\sum_{j=1}^{3}$，称为**爱因斯坦**

(Einstein) 约定。按(A2.1.10) 所定义的 $\boldsymbol{E}=E_{ij}$ 称为**拉格朗日 — 格林(Lagrange-Green) 应变张量**,简称**格林应变张量**;按(A2.1.11) 所定义的 $\varepsilon=\varepsilon_{ij}$ 称为**欧拉 — 阿尔曼西(Euler-Almansi) 应变张量**,简称欧拉应变张量。这里,格林应变张量是用变形前的构型,也就是 Lagrange 坐标系来描述,而欧拉应变张量则是用变形后的构型,也就是欧拉坐标系来描述。在实际应用时,需要根据场合来选择合适的应变张量。

在拉格朗日坐标系中,沿着某个特定的坐标方向取一微分单元,比如 $\mathrm{d}\boldsymbol{R}_1(\mathrm{d}X_1\neq 0,\mathrm{d}X_2=\mathrm{d}X_3=0)$,其变形前长度为

$$\mathrm{d}s_0=\mathrm{d}X_1$$

而变形后的长度为

$$\mathrm{d}s=\sqrt{1+2E_{11}}\,\mathrm{d}s_0$$

因此,该微段变形前后的相对伸长量为

$$E_1=\frac{\mathrm{d}s-\mathrm{d}s_0}{\mathrm{d}s_0}=\sqrt{1+2E_{11}}-1 \tag{A2.1.14}$$

可见 E_{11} 与线元的相对伸长有关。当 $E_{11}\ll 1$ 时,$E_1\approx E_{11}$。

在拉格朗日坐标系中,沿着某两个坐标轴方向取相互垂直的微元,分别为

$$\mathrm{d}\boldsymbol{R}_1=(\mathrm{d}X_1,0,0)^{\mathrm{T}}\text{ 和 }\mathrm{d}\boldsymbol{R}_2=(0,\mathrm{d}X_2,0)^{\mathrm{T}}$$

它们变形前的长度分别为

$$\mathrm{d}s_{01}=\mathrm{d}X_1,\quad \mathrm{d}s_{02}=\mathrm{d}X_2$$

那么在变形后微元变成

$$\mathrm{d}\boldsymbol{s}_1=\left(\frac{\partial x_1}{\partial X_1}\mathrm{d}X_1,\frac{\partial x_2}{\partial X_1}\mathrm{d}X_1,\frac{\partial x_3}{\partial X_1}\mathrm{d}X_1\right)^{\mathrm{T}}$$

$$\mathrm{d}\boldsymbol{s}_2=\left(\frac{\partial x_1}{\partial X_2}\mathrm{d}X_2,\frac{\partial x_2}{\partial X_2}\mathrm{d}X_2,\frac{\partial x_3}{\partial X_2}\mathrm{d}X_2\right)^{\mathrm{T}}$$

而它们的长度 $\mathrm{d}s_1$ 和 $\mathrm{d}s_2$ 分别为

$$\mathrm{d}s_1=\sqrt{1+2E_{11}}\,\mathrm{d}X_1 \tag{A2.1.15}$$

$$\mathrm{d}s_2=\sqrt{1+2E_{22}}\,\mathrm{d}X_2 \tag{A2.1.16}$$

变形后的 $\mathrm{d}\boldsymbol{s}_1$ 和 $\mathrm{d}\boldsymbol{s}_2$ 的内积为

$$\cos\theta\,\mathrm{d}s_1\,\mathrm{d}s_2=\frac{\partial x_k}{\partial X_1}\frac{\partial x_k}{\partial X_2}\mathrm{d}X_1\,\mathrm{d}X_2=2E_{12}\,\mathrm{d}X_1\,\mathrm{d}X_2 \tag{A2.1.17}$$

其中 θ 为变形后两个微段 $\mathrm{d}\boldsymbol{r}_1$ 和 $\mathrm{d}\boldsymbol{r}_2$ 之间的夹角,所以

$$\cos\theta=\frac{2E_{12}\,\mathrm{d}X_1\,\mathrm{d}X_2}{\mathrm{d}s_1\,\mathrm{d}s_2}=\frac{2E_{12}}{\sqrt{1+2E_{11}}\sqrt{1+2E_{22}}} \tag{A2.1.18}$$

如果记变形前后两个微元之间夹角的变化(减少) 为 γ,也就是说

$$\gamma=\frac{\pi}{2}-\theta \tag{A2.1.19}$$

那么

$$\sin\gamma = \cos\theta = \frac{2E_{12}}{\sqrt{1+2E_{11}}\sqrt{1+2E_{22}}} \tag{A2.1.20}$$

当 $E_{11} \ll 1, E_{22} \ll 1, E_{12} \ll 1$ 时，γ 可以表示为

$$\gamma \approx 2E_{12}, \quad E_{12} \approx \frac{\gamma}{2} \tag{A2.1.21}$$

所以说，E_{12} 是与剪切变形 γ 有关的量。

如果采用欧拉描述方法，用变形后的坐标来描述变形，也就是说，位移矢量 $\boldsymbol{u}$ 的分量 u_i 为

$$u_i = x_i - X_i = x_i - X_i(x_1, x_2, x_3), \quad i = 1,2,3$$

那么

$$X_i = x_i - u_i = x_i - u_i(x_1, x_2, x_3), \quad i = 1,2,3$$

根据欧拉应变定义(A2.1.11)

$$\begin{aligned}\varepsilon_{ij} &= \frac{1}{2}\left(\delta_{ij} - \sum_{\alpha=1}^{3}\frac{\partial X_\alpha}{\partial x_i}\frac{\partial X_\alpha}{\partial x_j}\right)\\ &= \frac{1}{2}\left[\delta_{ij} - \sum_{\alpha=1}^{3}\left(\delta_{\alpha i} - \frac{\partial u_\alpha}{\partial x_i}\right)\left(\delta_{\alpha j} - \frac{\partial u_\alpha}{\partial x_j}\right)\right]\\ &= \frac{1}{2}\left[\frac{\partial u_i}{\partial x_j} + \frac{\partial u_j}{\partial x_i} - \sum_{\alpha=1}^{3}\frac{\partial u_\alpha}{\partial x_i}\frac{\partial u_\alpha}{\partial x_j}\right]\end{aligned} \tag{A2.1.22}$$

在小变形情况下，可以忽略其中的高阶小量

$$\varepsilon_{ij} = \frac{1}{2}\left[\frac{\partial u_i}{\partial x_j} + \frac{\partial u_j}{\partial x_i}\right] \tag{A2.1.23}$$

我们称式(A2.1.23)为柯西(Cauchy)应变。在工程上常采用以下的**工程应变**

$$\varepsilon_x = \frac{\partial u}{\partial x}, \quad \varepsilon_y = \frac{\partial v}{\partial y}, \quad \varepsilon_z = \frac{\partial w}{\partial z}$$

$$\gamma_{yz} = \frac{\partial v}{\partial z} + \frac{\partial w}{\partial y}, \quad \gamma_{xy} = \frac{\partial u}{\partial y} + \frac{\partial v}{\partial x}, \quad \gamma_{zx} = \frac{\partial u}{\partial z} + \frac{\partial w}{\partial x}$$

这里 x_1、x_2、x_3 分别用 x、y、z 表示。把工程应变写成矩阵的形式为

$$\begin{Bmatrix}\varepsilon_x\\ \varepsilon_y\\ \varepsilon_z\\ \gamma_{yz}\\ \gamma_{zx}\\ \gamma_{xy}\end{Bmatrix} = \begin{bmatrix}\frac{\partial}{\partial x} & 0 & 0 & 0 & \frac{\partial}{\partial z} & \frac{\partial}{\partial y}\\ 0 & \frac{\partial}{\partial y} & 0 & \frac{\partial}{\partial z} & 0 & \frac{\partial}{\partial x}\\ 0 & 0 & \frac{\partial}{\partial z} & \frac{\partial}{\partial y} & \frac{\partial}{\partial x} & 0\end{bmatrix}^{\mathrm{T}}\begin{Bmatrix}u\\ v\\ w\end{Bmatrix} \tag{A2.1.24}$$

也就是

$$\boldsymbol{\varepsilon} = \boldsymbol{E}^{\mathrm{T}}(\nabla)\boldsymbol{u} \tag{A2.1.25}$$

其中

$$\boldsymbol{u} = (u, v, w)^{\mathrm{T}}$$

$$\boldsymbol{\varepsilon} = (\varepsilon_x, \varepsilon_y, \varepsilon_z, \gamma_{yz}, \gamma_{zx}, \gamma_{xy})^{\mathrm{T}}$$

$$\boldsymbol{E}(\nabla) = \boldsymbol{E}\left(\frac{\partial}{\partial x}, \frac{\partial}{\partial y}, \frac{\partial}{\partial z}\right) = \begin{bmatrix} \frac{\partial}{\partial x} & 0 & 0 & 0 & \frac{\partial}{\partial z} & \frac{\partial}{\partial y} \\ 0 & \frac{\partial}{\partial y} & 0 & \frac{\partial}{\partial z} & 0 & \frac{\partial}{\partial x} \\ 0 & 0 & \frac{\partial}{\partial z} & \frac{\partial}{\partial y} & \frac{\partial}{\partial x} & 0 \end{bmatrix}$$

式中∇为梯度算子(式(A1.0.1))。

A2.2　应力分析

如图 A2.2 所示,作用于物体的外力通常可以分为两种:一种是分布在物体表面的作用力,如物体与物体之间的接触力、摩擦力或者水压力等,统称为**面力**(surface traction);另一种是分布在物体体积内部的力,如重力、磁力或者运动物体的惯性力等,统称为**体力**(body force)。

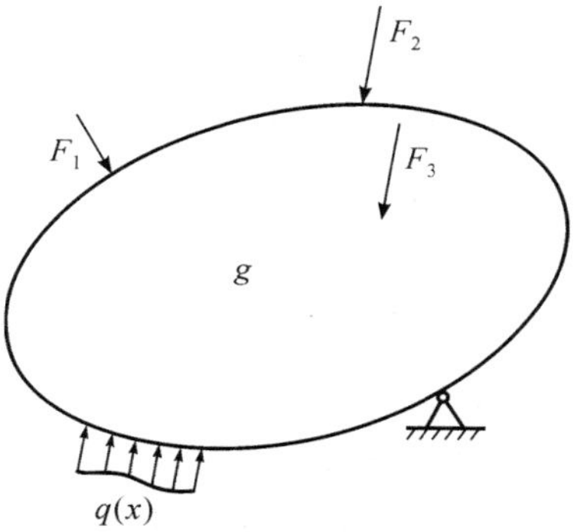

图 A2.2　物体受力

当物体处于平衡状态时,如图 A2.3 所示,我们设想用平面 S 将物体切为 B 和 C 两部分,它们彼此存在相互作用力(称为内力)。横截面 S 上任意一点 Q 附近 ΔS 面上作用的合力为 $\Delta \boldsymbol{F}$,定义

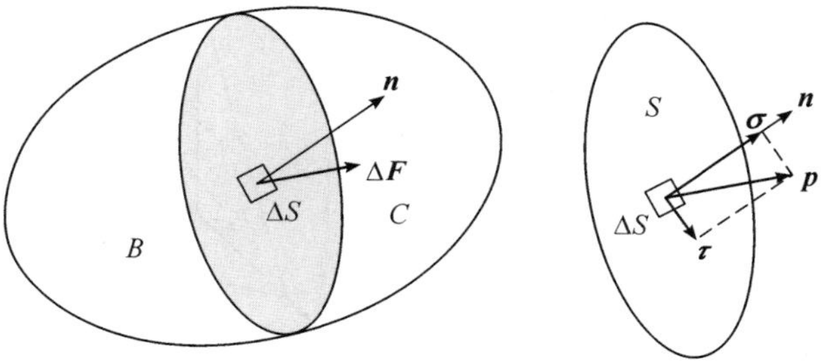

图 A2.3　内力和应力

$$p = \lim_{\Delta S \to 0} \frac{\Delta F}{\Delta S}$$

为给定截面在Q点的**应力**。应力 $\boldsymbol{p}$ 也是一个矢量，一般与截面既不垂直也不相切。应力 $\boldsymbol{p}$ 通常分解成两个互相垂直的分量，其中垂直于截面的分量称为**正应力**，记为 $\boldsymbol{\sigma}$，切于截面的分量称为**剪切应力**，简称**切应力**，记作 $\boldsymbol{\tau}$。应力 $\boldsymbol{p}$ 不仅与点 Q 的位置有关，而且与过 Q 的截面法（方）向有关。换言之，对同一个点 Q，不同截面将给出不同的应力矢量，这意味着，要完整地描述一点的应力状态，仅仅用一个矢量是不够的。

截面上点Q的应力 $\boldsymbol{p}$ 与截面法向有关。取坐标系 $Oxyz$，Q点和坐标系原点O重合，则三个坐标平面可以视为过 Q 点的三个截面，而截面的法向刚好是取三个坐标轴的正向。应力 $\boldsymbol{p}$ 可用每个坐标面上沿坐标轴的三个应力分量来表示，这样 Q 点的应力状态可以用 9 个应力分量表示，如图 A2.4 所示，我们记为

$$\boldsymbol{\sigma} = \begin{bmatrix} \sigma_x & \tau_{xy} & \tau_{xz} \\ \tau_{yx} & \sigma_y & \tau_{yz} \\ \tau_{zx} & \tau_{zy} & \sigma_z \end{bmatrix} \tag{A2.2.1}$$

称为**应力张量**。根据切应力互等原理，$\tau_{xy} = \tau_{yx}$，$\tau_{xz} = \tau_{zx}$，$\tau_{yz} = \tau_{zy}$，从而独立的分量只有 6 个。

作为每个截面的坐标平面有两个法线方向，它们代表被截面所分开的不同两部分的外法线方向，其代表的应力刚好构成一对作用与反作用力，按牛顿第三定律，两者大小相等方向相反，这样就有下列应力符号法则。

应力的符号法则　外法线方向与坐标轴方向一致的截面上，沿坐标轴正方向的应力为正，沿坐标轴负方向的应力为负；反之，外法线方向与坐标轴方向相反的截面上，沿坐标轴正方向的应力为负，沿坐标轴负方向的应力为正。

对于外法线方向为 $\boldsymbol{n} = (n_x, n_y, n_z)^{\mathrm{T}}$ 的任意截面，如图 A2.4 所示，根据力的平衡关系，截面上应力 $\boldsymbol{p}$ 沿三个坐标轴上的应力分量为

$$p_i = \sum_{j=x,y,z} \sigma_{ij} n_j, \quad i = x, y, z$$

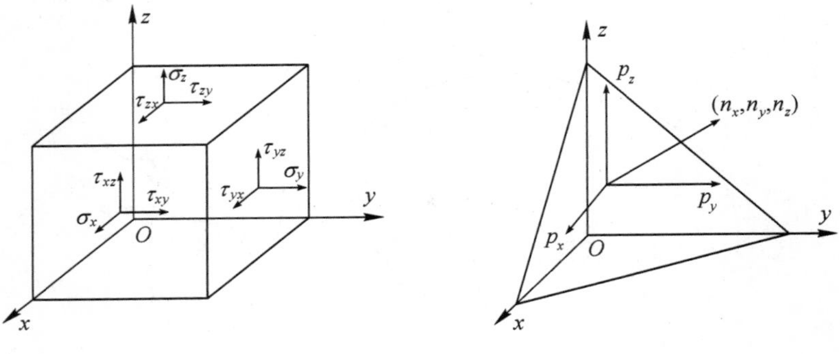

图 A2.4　应力张量与截面上应力

也就是说

$$p_x = \sigma_x n_x + \tau_{xy} n_y + \tau_{xz} n_z$$

$$p_y = \tau_{yx} n_x + \sigma_y n_y + \tau_{yz} n_z$$

$$p_z = \tau_{zx} n_x + \tau_{zy} n_y + \sigma_z n_z$$

写成矩阵形式为

$$\begin{Bmatrix} p_x \\ p_y \\ p_z \end{Bmatrix} = \begin{bmatrix} n_x & 0 & 0 & 0 & n_z & n_y \\ 0 & n_y & 0 & n_z & 0 & n_x \\ 0 & 0 & n_z & n_y & n_x & 0 \end{bmatrix} \begin{Bmatrix} \sigma_x \\ \sigma_y \\ \sigma_z \\ \tau_{yz} \\ \tau_{zx} \\ \tau_{xy} \end{Bmatrix} \tag{A2.2.2}$$

即

$$\boldsymbol{p} = \boldsymbol{E}(\boldsymbol{n})\boldsymbol{\sigma} \tag{A2.2.3}$$

式中

$$\boldsymbol{p} = (p_x, p_y, p_z)^{\mathrm{T}}$$

$$\boldsymbol{\sigma} = (\sigma_x, \sigma_y, \sigma_z, \tau_{yz}, \tau_{zx}, \tau_{xy})^{\mathrm{T}}$$

$\boldsymbol{E}(\boldsymbol{n})$ 就是将 $\boldsymbol{E}(\nabla)$ 中的梯度矢量替换成截面的法向单位矢量 $\boldsymbol{n}$，即

$$\boldsymbol{E}(\boldsymbol{n}) = \begin{bmatrix} n_x & 0 & 0 & 0 & n_z & n_y \\ 0 & n_y & 0 & n_z & 0 & n_x \\ 0 & 0 & n_z & n_y & n_x & 0 \end{bmatrix} \tag{A2.2.4}$$

这说明任意一个截面上的应力可以用应力张量(A2.2.1)中6个独立的应力分量来唯一表示，因此用(A2.2.1)表示的应力张量能完全代表一点的应力状态。

通过微元体平衡，可以得到应力分量在物体内部的**平衡方程**为

$$\sum_{j=x,y,z}^{3} \sigma_{ij,j} + f_i = 0, \quad i = x,y,z \tag{A2.2.5}$$

写成分量的形式为

$$\frac{\partial \sigma_x}{\partial x} + \frac{\partial \tau_{xy}}{\partial y} + \frac{\partial \tau_{zx}}{\partial z} + f_x = 0$$

$$\frac{\partial \tau_{xy}}{\partial x} + \frac{\partial \sigma_y}{\partial y} + \frac{\partial \tau_{yz}}{\partial z} + f_y = 0$$

$$\frac{\partial \tau_{zx}}{\partial x} + \frac{\partial \tau_{yz}}{\partial y} + \frac{\partial \sigma_z}{\partial z} + f_z = 0$$

其中 f_x、f_y、f_z 分别是体积力在 x、y、z 轴上的分量。如果把平衡方程表示成矩阵的形式为

$$\begin{bmatrix} \frac{\partial}{\partial x} & 0 & 0 & 0 & \frac{\partial}{\partial z} & \frac{\partial}{\partial y} \\ 0 & \frac{\partial}{\partial y} & 0 & \frac{\partial}{\partial z} & 0 & \frac{\partial}{\partial x} \\ 0 & 0 & \frac{\partial}{\partial z} & \frac{\partial}{\partial y} & \frac{\partial}{\partial x} & 0 \end{bmatrix} \begin{Bmatrix} \sigma_x \\ \sigma_y \\ \sigma_z \\ \tau_{yz} \\ \tau_{zx} \\ \tau_{xy} \end{Bmatrix} + \begin{Bmatrix} f_x \\ f_y \\ f_z \end{Bmatrix} = 0$$

也就是

$$\boldsymbol{E}(\nabla)\boldsymbol{\sigma} + \boldsymbol{f} = 0 \tag{A2. 2. 6}$$

式中

$$\boldsymbol{f} = (f_x, f_y, f_z)^{\mathrm{T}}$$

A2. 3　应变能、余应变能及应力与应变关系

物体发生弹性变形时，外力所做的功等于物体中所储存的**应变能**。而这种应变能应该与物体的变形过程(或者变形历史)无关，只同物体的最终变形状态有关，也就是说是由最终的应变状态所决定。

我们在物体中隔离出一个微元体 $\mathrm{d}x\mathrm{d}y\mathrm{d}z$。该微元上的应变分量为 ε_x、ε_y、ε_z、γ_{yz}、γ_{zx}、γ_{xy}，作用在微元表面上的应力分量为 σ_x、σ_y、σ_z、τ_{yz}、τ_{zx}、τ_{xy}。记物体的**应变能密度**为 U(也就是单位体积的应变能)，那么储存在该微元上的应变能为 $U\mathrm{d}x\mathrm{d}y\mathrm{d}z$。根据前面的说明，应变能密度 U 应该是应变分量 ε_x、ε_y、ε_z、γ_{yz}、γ_{zx}、γ_{xy} 的函数。如果此时微元的应变有一个微小变化 $\delta\varepsilon_x$、$\delta\varepsilon_y$、$\delta\varepsilon_z$、$\delta\gamma_{yz}$、$\delta\gamma_{zx}$、$\delta\gamma_{xy}$，相应的应变能密度也有了一个微小的变化量 δU，根据能量守衡，有

$$\delta U = \sigma_x\delta\varepsilon_x + \sigma_y\delta\varepsilon_y + \sigma_z\delta\varepsilon_z + \tau_{yz}\delta\gamma_{yz} + \tau_{zx}\delta\gamma_{zx} + \tau_{xy}\delta\gamma_{xy}$$

从中我们可以得到

$$\sigma_x = \frac{\partial U}{\partial \varepsilon_x},\quad \sigma_y = \frac{\partial U}{\partial \varepsilon_y},\quad \sigma_z = \frac{\partial U}{\partial \varepsilon_z}$$

$$\tau_{yz} = \frac{\partial U}{\partial \gamma_{yz}},\quad \tau_{zx} = \frac{\partial U}{\partial \gamma_{zx}},\quad \tau_{xy} = \frac{\partial U}{\partial \gamma_{xy}}$$

写成矩阵的形式为

$$\begin{aligned} &\delta U = \boldsymbol{\sigma}^{\mathrm{T}}\delta\boldsymbol{\varepsilon} \\ &\boldsymbol{\sigma}^{\mathrm{T}} = \frac{\partial U}{\partial \boldsymbol{\varepsilon}} \end{aligned} \tag{A2. 3. 1}$$

应变能密度函数的积分形式为

$$U = \int \boldsymbol{\sigma}^{\mathrm{T}}\mathrm{d}\boldsymbol{\varepsilon} = \int\{\sigma_x\mathrm{d}\varepsilon_x + \sigma_y\mathrm{d}\varepsilon_y + \sigma_z\mathrm{d}\varepsilon_z + \tau_{yz}\mathrm{d}\gamma_{yz} + \tau_{zx}\mathrm{d}\gamma_{zx} + \tau_{xy}\mathrm{d}\gamma_{xy}\}$$

可以通过下式来定义**余应变能密度** V

$$V = \sigma_x\varepsilon_x + \sigma_y\varepsilon_y + \sigma_z\varepsilon_z + \tau_{yz}\gamma_{yz} + \tau_{zx}\gamma_{zx} + \tau_{xy}\gamma_{xy} - U \tag{A2. 3. 2}$$

它和应变能密度函数 U 满足

$$U+V=\sigma_x\varepsilon_x+\sigma_y\varepsilon_y+\sigma_z\varepsilon_z+\tau_{yz}\gamma_{yz}+\tau_{zx}\gamma_{zx}+\tau_{xy}\gamma_{xy} \tag{A2.3.3}$$

把(A2.3.2)写成矩阵的形式为

$$V=\boldsymbol{\sigma}^{\mathrm{T}}\boldsymbol{\varepsilon}-U \tag{A2.3.4}$$

对式(A2.3.4)取变分得到

$$\delta V=\delta\boldsymbol{\sigma}^{\mathrm{T}}\boldsymbol{\varepsilon}+\boldsymbol{\sigma}^{\mathrm{T}}\delta\boldsymbol{\varepsilon}-\delta U=\delta\boldsymbol{\sigma}^{\mathrm{T}}\boldsymbol{\varepsilon}=\boldsymbol{\varepsilon}^{\mathrm{T}}\delta\boldsymbol{\sigma} \tag{A2.3.5}$$

因此有

$$\boldsymbol{\varepsilon}^{\mathrm{T}}=\frac{\partial V}{\partial\boldsymbol{\sigma}} \tag{A2.3.6}$$

同样，可以把余应变能密度函数表示成积分形式

$$V=\int\boldsymbol{\varepsilon}^{\mathrm{T}}\mathrm{d}\boldsymbol{\sigma}=\int\varepsilon_x\mathrm{d}\sigma_x+\int\varepsilon_y\mathrm{d}\sigma_y+\int\varepsilon_z\mathrm{d}\sigma_z+\int\gamma_{yz}\mathrm{d}\tau_{yz}+\int\gamma_{zx}\mathrm{d}\tau_{zx}+\int\gamma_{xy}\mathrm{d}\tau_{xy}$$

利用应力与应变之间的关系，可以把(A2.3.2)右边表示成应力的形式，也就是说把 V 表示成应力分量 σ_x、σ_y、σ_z、τ_{yz}、τ_{zx}、τ_{xy} 的函数。

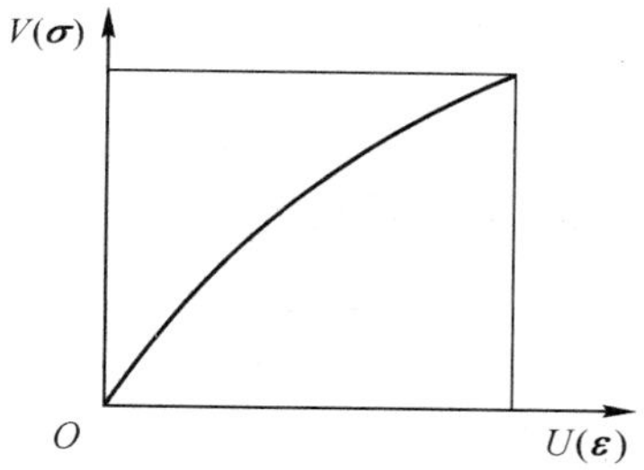

图 A2.5　应变能和余应变能密度

如图 2.5 所示，上面这些关系对于线弹性变形和非线性弹性变形都是适用的。对于非线性的弹性变形，U 和 V 不仅在数学形式上不一样，而且在数值也不相等。对于线弹性变形，应力和应变之间关系是线性的，因此应变能密度 U 和应变余能密度 V 在数值上相等

$$U=V=\frac{1}{2}\boldsymbol{\sigma}^{\mathrm{T}}\boldsymbol{\varepsilon} \tag{A2.3.7}$$

如果将线弹性变形中应力和应变之间用弹性矩阵 $\boldsymbol{A}$ 和柔度矩阵 $\boldsymbol{a}$ 来表示

$$\boldsymbol{\sigma}=\boldsymbol{A}\boldsymbol{\varepsilon}$$

$$\boldsymbol{\varepsilon}=\boldsymbol{a}\boldsymbol{\sigma}$$

那么 U 和 V 可以表示成

$$U=\frac{1}{2}\boldsymbol{\varepsilon}^{\mathrm{T}}\boldsymbol{A}\boldsymbol{\varepsilon} \tag{A2.3.8}$$

$$V=\frac{1}{2}\boldsymbol{\sigma}^{\mathrm{T}}\boldsymbol{a}\boldsymbol{\sigma} \tag{A2.3.9}$$

由于能量的正定性，$\boldsymbol{A}$ 和 $\boldsymbol{a}$ 都必须是对称正定的六阶矩阵，而且它们之间互为逆矩阵，

也就是说

$$\boldsymbol{Aa} = \mathbf{I}$$

这里 $\mathbf{I}$ 是六阶单位矩阵。

A2.4 边界条件

在弹性力学的定解问题中，除了必要的微分方程外，还需要给定合适的边界条件。这种边界条件是多种多样的，我们在本教材中只讨论两种典型的情况，即给定位移的位移边界和给定面力的应力边界条件。记 $\partial\Omega$ 为弹性体的所有边界，如图 2.6 所示，我们可以把总边界分成两部分，即 $\partial\Omega = B_u + B_\sigma$。其中 B_u 上有位移边界条件

$$\boldsymbol{u} = \bar{\boldsymbol{u}} \tag{A2.4.1}$$

B_σ 上有应力边界条件

$$\boldsymbol{E}(\boldsymbol{n})\boldsymbol{\sigma} = \bar{\boldsymbol{p}} \tag{A2.4.2}$$

这里

$$\bar{\boldsymbol{u}} = (\bar{u} \quad \bar{v} \quad \bar{w})^{\mathrm{T}}$$

$$\bar{\boldsymbol{p}} = (\bar{p}_x \quad \bar{p}_y \quad \bar{p}_z)^{\mathrm{T}}$$

分别是边界 B_u 上给定的位移矢量和 B_σ 上给定单位面积上的外力矢量。

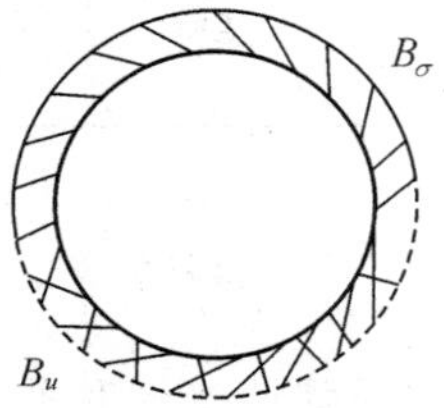

图 A2.6 边界条件

A2.5 弹性力学基本方程和边界条件

现在把前面已讨论过的弹性力学基本方程和边界条件总结如下：

(1) 几何关系 $\boldsymbol{\varepsilon} = \boldsymbol{E}^{\mathrm{T}}(\nabla)\boldsymbol{u}$, Ω 内

(2) 平衡方程 $\boldsymbol{E}(\nabla)\boldsymbol{\sigma} + \boldsymbol{f} = 0$, Ω 内

(3) 本构关系 $\boldsymbol{\sigma} = \dfrac{\partial U}{\partial \boldsymbol{\varepsilon}}$ 或者 $\boldsymbol{\varepsilon} = \dfrac{\partial V}{\partial \boldsymbol{\sigma}}$, Ω 内

(4) 边界条件 $\boldsymbol{E}(\boldsymbol{n})\boldsymbol{\sigma} = \bar{\boldsymbol{p}}$, B_σ 上

$\boldsymbol{u} = \bar{\boldsymbol{u}}$, B_u 上

弹性力学问题的精确解 $\boldsymbol{u}$、$\boldsymbol{\varepsilon}$、$\boldsymbol{\sigma}$ 应满足上述的微分方程和边界条件。

A3　内积空间和线性算子的变分反问题

欧拉方程可以把一个变分问题化为微分方程边值问题。反过来讲，是否任何一个微分方程边值问题都可以化为一个变分问题？如果不是，那么需要满足什么样的条件？这就是**变分的反问题**。

事实上并非所有的微分方程边值问题都可以化为等价的变分问题，下面我们就一类常见的可以化为变分问题的情形进行讨论。为方便起见，我们引进内积空间的定义，然后在 Hilbert 函数空间上来讨论变分的反问题。

A3.1　内积空间

定义 A3.1　H 是复线性空间，H 上定义一个两元函数 $\langle x、y\rangle : H\times H\rightarrow \mathbf{C}$，$\forall x,y\in H$ 满足

(1) 对称性：$\langle x,y\rangle=\overline{\langle y,x\rangle}$；

(2) 双线性：$\langle ax_1+bx_2,y\rangle=a\langle x_1,y\rangle+b\langle x_2,y\rangle$，$\forall a、b\in\mathbf{C}$，$\forall x_1、x_2\in H$；

(3) 正定性：$\langle x,x\rangle\geqslant 0$，而且只有当 $x=0$ 时等号才成立，

那么我们称该两元函数 $\langle\cdot,\cdot\rangle$ 定义了线性空间 H 上的一个**内积**。定义了内积的线性空间称为**内积空间**。$\|x\|=\langle x,x\rangle$ 称为 H 上的**范数**。完备的内积空间称为**希尔伯特(Hilbert)空间**。

例 A3.1　$H=\mathbf{R}^n$，$\forall \boldsymbol{x},\boldsymbol{y}\in\mathbf{R}^n$，$\boldsymbol{x}=(x_1,x_2,\cdots,x_n)^{\mathrm{T}}$，$\boldsymbol{y}=(y_1,y_2,\cdots,y_n)^{\mathrm{T}}$，那么向量的点乘运算就是一个内积运算

$$\langle\boldsymbol{x},\boldsymbol{y}\rangle=\sum_{i=1}^{n}x_iy_i=\boldsymbol{x}^{\mathrm{T}}\boldsymbol{y}$$

$$\|\boldsymbol{x}\|=\boldsymbol{x}^{\mathrm{T}}\boldsymbol{x}$$

例 A3.2　H 是定义在 $[a,b]$ 上所有连续函数所组成的线性空间 $C[a,b]$，$\forall\phi(x)、\varphi(x)\in H$，那么下面定义的就是内积

$$\langle\phi,\varphi\rangle=\int_a^b\phi(x)\bar{\varphi}(x)w(x)\mathrm{d}x$$

$$\|\phi\|=\int_a^b\phi(x)\bar{\phi}(x)w(x)\mathrm{d}x$$

其中 $w(x)\geqslant 0$ 是权函数。

A3.2　线性算子

定义 A3.2　A 是从内积空间 H 到数域的一个线性映射

$$A: \forall \varphi、\psi \in H, a、b \in \mathbf{C}, A(a\varphi + b\psi) = aA\varphi + bA\psi \in H$$

如果存在另一线性映射 A^*，使得

$$\forall \varphi、\psi \in H, \langle A\varphi, \psi \rangle = \langle \varphi, A^* \psi \rangle$$

则 A^* 称为 A 的**伴映射**。当 H 是函数空间时，A 称为(**线性**)**算子**，A^* 称为**共轭算子**；特别当 $A^* = \overline{A}$($\overline{A}$ 定义为 $\forall \varphi \in H, \overline{A\varphi} = \overline{A}\,\overline{\varphi}$)，$A$ 称为**对称算子**。如果对称算子 A 满足

$$\langle A\varphi, \varphi \rangle \geqslant 0$$

并且等号当且仅当 $\varphi = 0$ 时成立，则 A 称为**对称正定算子**。

例 A3.3 $\mathbf{A} \in \mathbf{R}^{n\times n}$ 是 $\mathbf{R}^n$ 上的线性映射(实矩阵)，

$$\forall \boldsymbol{x}, \boldsymbol{y} \in \mathbf{R}^n, \langle \mathbf{A}\boldsymbol{x}, \boldsymbol{y} \rangle = \boldsymbol{x}^{\mathrm{T}}\mathbf{A}^{\mathrm{T}}\boldsymbol{y}, \langle \boldsymbol{x}, \mathbf{A}^* \boldsymbol{y} \rangle = \boldsymbol{x}^{\mathrm{T}}\mathbf{A}^* \boldsymbol{y} \Rightarrow \mathbf{A}^* = \mathbf{A}^{\mathrm{T}}$$

当 $\mathbf{A} = \mathbf{A}^{\mathrm{T}}$ 时则 A 为对称映射，特别当 $\mathbf{A}$ 是正定时为对称正定映射。

例 A3.4 定义在实函数空间子集上的算子

$$Ty = -\frac{\mathrm{d}}{\mathrm{d}x}\left[p(x)\frac{\mathrm{d}y}{\mathrm{d}x}\right] + q(x)y(x), \quad p(x) \geqslant 0, \quad q(x) \geqslant 0 \tag{A3.2.1}$$

其中满足

$$\begin{aligned} &\alpha_0 y'(x_0) - \beta_0 y(x_0) = 0, \quad \alpha_0^2 + \beta_0^2 \neq 0, \quad \alpha_0\beta_0 \geqslant 0 \\ &\alpha_1 y'(x_1) + \beta_1 y(x_1) = 0, \quad \alpha_1^2 + \beta_1^2 \neq 0, \quad \alpha_1\beta_1 \geqslant 0 \end{aligned} \tag{A3.2.2}$$

定义 U 上的内积为

$$\langle y_1, y_2 \rangle = \int_{x_0}^{x_1} y_1(x) y_2(x) \mathrm{d}x$$

计算内积

$$\begin{aligned} \langle Ty, z \rangle &= \int_{x_0}^{x_1} \left[-\frac{\mathrm{d}}{\mathrm{d}x}\left(p(x)\frac{\mathrm{d}y}{\mathrm{d}x}\right) + q(x)y(x)\right] z(x)\mathrm{d}x \\ &= -p(x)zy' \Big|_{x_0}^{x_1} + \int_{x_0}^{x_1} [p(x)y'(x)z'(x) + q(x)y(x)z(x)]\mathrm{d}x \\ &= -p(x)(zy' - yz')\Big|_{x_0}^{x_1} + \int_{x_0}^{x_1} \left[-\frac{\mathrm{d}}{\mathrm{d}x}\left(p(x)\frac{\mathrm{d}z}{\mathrm{d}x}\right) + q(x)z(x)\right] y(x)\mathrm{d}x \end{aligned}$$

由式(A3.2.2)可得

$$\begin{aligned} &z(x_0)y'(x_0) - y(x_0)z'(x_0) = 0 \\ &z(x_1)y'(x_1) - y(x_1)z'(x_1) = 0 \end{aligned}$$

从而

$$\begin{aligned} \langle Ty, z \rangle &= \int_{x_0}^{x_1} \left[-\frac{\mathrm{d}}{\mathrm{d}x}\left(p(x)\frac{\mathrm{d}z}{\mathrm{d}x}\right) + q(x)z(x)\right] y(x)\mathrm{d}x \\ &= \langle y, Tz \rangle \end{aligned} \tag{A3.2.3}$$

即 T 是对称算子。另外

$$\langle Ty, y \rangle = -p(x)yy'\Big|_{x_0}^{x_1} + \int_{x_0}^{x_1} [p(x)\, y'^2(x) + q(x)y^2(x)]\mathrm{d}x$$

由式(A3.2.2)

$$p(x_0)y'(x_0)y(x_0)=\gamma_0 y^2(x_0),\gamma_0\geqslant 0$$
$$p(x_1)y'(x_1)y(x_1)=-\gamma_1 y^2(x_1),\gamma_1\geqslant 0$$

所以

$$\langle Ty,y\rangle=\int_{x_0}^{x_1}\{p(x)\,y'^2(x)+q(x)y^2(x)\}\mathrm{d}x$$
$$+\gamma_0 y^2(x_0)+\gamma_1 y^2(x_1),\quad \gamma_0,\gamma_1\geqslant 0$$

说明 T 还是对称正定算子。

例 A3.5　由附录 A2 中的 $\boldsymbol{E}(\nabla)$ 来定义算子 T

$$T\boldsymbol{u}=-\boldsymbol{E}(\nabla)[\boldsymbol{A}\boldsymbol{E}^{\mathrm{T}}(\nabla)\boldsymbol{u}]$$

这里 $\boldsymbol{u}\Big|_{\partial\Omega}=\boldsymbol{0},\boldsymbol{u}\in\mathbf{C}^2(\Omega)$。

定义 U 内积为

$$\langle\boldsymbol{u}_1,\boldsymbol{u}_2\rangle=\iiint_{\Omega}\boldsymbol{u}_1^{\mathrm{T}}\boldsymbol{u}_2\,\mathrm{d}\Omega$$

计算内积

$$\begin{aligned}\langle T\boldsymbol{u},\boldsymbol{v}\rangle&=-\iiint_{\Omega}\boldsymbol{v}^{\mathrm{T}}\boldsymbol{E}(\nabla)[\boldsymbol{A}\boldsymbol{E}^{\mathrm{T}}(\nabla)\boldsymbol{u}]\mathrm{d}\Omega\\&=\iiint_{\Omega}[\boldsymbol{E}^{\mathrm{T}}(\nabla)\boldsymbol{v}]^{\mathrm{T}}\boldsymbol{A}[\boldsymbol{E}^{\mathrm{T}}(\nabla)\boldsymbol{u}]\mathrm{d}\Omega-\oiint_{\partial\Omega}\boldsymbol{v}^{\mathrm{T}}\boldsymbol{E}(\boldsymbol{n})[\boldsymbol{A}\boldsymbol{E}^{\mathrm{T}}(\nabla)\boldsymbol{u}]\mathrm{d}B\\&=\iiint_{\Omega}[\boldsymbol{E}^{\mathrm{T}}(\nabla)\boldsymbol{v}]^{\mathrm{T}}\boldsymbol{A}[\boldsymbol{E}^{\mathrm{T}}(\nabla)\boldsymbol{u}]\mathrm{d}\Omega\\&=\langle T\boldsymbol{v},\boldsymbol{u}\rangle\end{aligned}$$

由于 $\boldsymbol{A}$ 是对称正定矩阵，所以 T 是对称正定算子。

A3.3　线性算子方程的变分原理

定理 A3.1　假设 T 是对称正定算子，其定义域为 D，值域为 $T(D)$。$\forall f\in T(D)$，如果算子方程

$$Tu=f$$

存在解 $u=u_0$，其充要条件是泛函

$$J[u]=\langle Tu,u\rangle-2\langle f,u\rangle \tag{A3.3.1}$$

取极小值。

证明

(1) 充分条件

设 $u=u_0$ 使得 $J[u]$ 取到极小值，也就是对任意的 $u=u_0+\delta u$ 满足

$$J[u]\geqslant J[u_0]$$

其中 δu 为满足齐次边界条件的自变函数的变分，那么

$$J[u]=\langle T(u_0+\delta u),u_0+\delta u\rangle-2\langle f,u_0+\delta u\rangle$$
$$=J[u_0]+2\langle\delta u,Tu_0-f\rangle+\langle T(\delta u),\delta u\rangle\geqslant J[u_0]$$

也就是说

$$2\langle\delta u,Tu_0-f\rangle+\langle T(\delta u),\delta u\rangle\geqslant 0$$

对于任意的 δu 要求上式成立,考虑到 $T(\cdot)$ 是对称正定算子,可以得到

$$Tu_0-f=0$$

(2) 必要条件

如果 $Tu_0-f=0$,那么

$$J[u]=\langle T(u_0+\delta u),u_0+\delta u\rangle-2\langle f,u_0+\delta u\rangle$$
$$=J[u_0]+2\langle\delta u,Tu_0-f\rangle+\langle T(\delta u),\delta u\rangle$$
$$=J[u_0]+\langle T(\delta u),\delta u\rangle\geqslant J[u_0]$$

所以 $u=u_0$ 使得 $J[u]$ 取到极小值。

例 A3.6 建立与泊松方程第一边值问题等价的变分原理。

$$-\Delta u=-\left(\frac{\partial^2}{\partial^2 x}+\frac{\partial^2}{\partial^2 y}+\frac{\partial^2}{\partial^2 z}\right)u=f(x,y,z),(x,y,z)\in\Omega$$

$$u\Big|_{\partial\Omega}=0$$

解 首先证明算子 $Tu=-\Delta u,u\Big|_{\partial\Omega}=0$ 是对称正定算子。

$$\langle Tu,v\rangle=\iiint\limits_{\Omega}(-\Delta u)v\mathrm{d}V=\iiint\limits_{\Omega}[-\nabla\cdot(v\nabla u)+\nabla u\cdot\nabla v]\mathrm{d}V$$
$$=\iiint\limits_{\Omega}\nabla u\cdot\nabla v\mathrm{d}V-\iint\limits_{\partial\Omega}(\nabla u)v\cdot\boldsymbol{n}\mathrm{d}S$$
$$=\iiint\limits_{\Omega}(-\Delta v)u\mathrm{d}V-\iint\limits_{\partial\Omega}\left(\frac{\partial u}{\partial n}v-\frac{\partial v}{\partial n}u\right)\mathrm{d}S$$
$$=\langle u,Tv\rangle$$

$$\langle Tu,u\rangle=\iiint\limits_{\Omega}(-\Delta u)u\mathrm{d}V$$
$$=\iiint\limits_{\Omega}\nabla u\cdot\nabla u\mathrm{d}V>0,\forall u\neq 0$$

再根据定理 A3.1,其对应变分原理的泛函为

$$J[u]=\langle Tu,u\rangle-2\langle f,u\rangle$$
$$=\iiint\limits_{V}[(\nabla u)^2-2fu]\mathrm{d}V$$

例 A3.7 化下列两阶常微分方程的边值问题(Sturm-Liouville) 为变分形式

$$-\frac{\mathrm{d}}{\mathrm{d}x}\left(p(x)\frac{\mathrm{d}u}{\mathrm{d}x}\right)+r(x)u=f(x),x\in(a,b)$$

$$u'(a)-\beta_1 u(a)=0,u'(b)+\beta_2 u(b)=0,\beta_1,\beta_2\neq 0$$

解 $\int_a^b\left(-\frac{\mathrm{d}}{\mathrm{d}x}(p(x)\frac{\mathrm{d}u}{\mathrm{d}x})+r(x)u-f(x)\right)\delta u\mathrm{d}x$

$$=\int_a^b\left(p(x)\frac{\mathrm{d}u}{\mathrm{d}x}\frac{\mathrm{d}\delta u}{\mathrm{d}x}+r(x)u\delta u-f(x)\delta u\right)\mathrm{d}x-p(x)\frac{\mathrm{d}u}{\mathrm{d}x}\delta u\Big|_a^b$$

$$=\delta\left\{\frac{1}{2}\int_a^b\left(p(x)(\frac{\mathrm{d}u}{\mathrm{d}x})^2+r(x)u^2-2f(x)u\right)\mathrm{d}x\right.$$

$$\left.+\frac{1}{2}\beta_1 p(a)u^2(a)+\frac{1}{2}\beta_2 p(b)u^2(b)\right\}$$

所以变分问题所对应的泛函为

$$J[u]=\frac{1}{2}\int_a^b\left(p(x)(\frac{\mathrm{d}u}{\mathrm{d}x})^2+r(x)u^2-2f(x)u\right)\mathrm{d}x$$

$$+\frac{1}{2}\beta_1 p(a)u^2(a)+\frac{1}{2}\beta_2 p(b)u^2(b)$$

两阶常微分方程的边值问题化为下列变分问题

$$\delta J[u]=0$$

A4　结构的稳定性

A4.1　稳定性定义

结构的平衡状态可以分为三类：稳定平衡、不稳定平衡和随遇平衡。在工程中经常会遇到下列一些结构失稳问题：

（1）细长杆受轴向压力的作用。当轴向较小时，杆件只产生轴向变形而保持直线；当轴向压力到达一定值的时候，杆件会产生侧向弯曲，从而产生较大的变形。

（2）板条或者工字梁在最大抗弯刚度平面内受载荷作用。当载荷到达一定值时，除了平面内的弯曲变形，还会发生侧向弯曲变形及扭转变形。

（3）圆柱壳和球壳等一类薄壁结构，在侧向载荷或者轴向载荷作用下都可能会产生失稳。

定义 A4.1(稳定性)　设结构处于某一平衡状态，在受到一微小扰动后离开原平衡位置。当该扰动消失后，如果结构能够重新回到原来的平衡位置，则称此平衡状态为**稳定平衡状态**；如果结构继续保持偏离而无法回到原来位置，则称此平衡状态为**不稳定平衡状态**；介于稳定平衡和不稳定平衡之间的过渡平衡，称为**临界平衡状态**，简称**临界状态**。

注：这里我们用临界平衡来替代随遇平衡。临界平衡可能是随遇平衡，也可能是稳定平衡或不稳定平衡。

A4.2 结构的稳定性定理

定理 A4.1 设 $\Pi=\Pi(\boldsymbol{u})$ 为系统的总势能，$\boldsymbol{u}$ 是结构的位移函数，则其平衡点 $\boldsymbol{u}=\boldsymbol{u}_0$ 必定满足 $\delta\Pi(\boldsymbol{u}_0)=0$，并且

(1) 对于任意 $\delta\boldsymbol{u}\neq 0$，$\delta^2\Pi(\boldsymbol{u}_0)>0$，则 $\boldsymbol{u}=\boldsymbol{u}_0$ 必定是稳定的平衡点；

(2) 至少存在一个非零的 $\delta\boldsymbol{u}$，使得 $\delta^2\Pi(\boldsymbol{u}_0)<0$，则 $\boldsymbol{u}=\boldsymbol{u}_0$ 必定是不稳定平衡点；

(3) 对于任意 $\delta\boldsymbol{u}$，$\delta^2\Pi(\boldsymbol{u}_0)\geqslant 0$，并且至少有一个非零的 $\delta\boldsymbol{u}$ 使得不等式中的等号成立，则 $\boldsymbol{u}=\boldsymbol{u}_0$ 必定是系统的临界平衡点。

定理 A4.2 平衡点稳定的充要条件是使得总势能取严格极小值。

稳定性问题的出现是由于整个结构总势能的正定性被破坏造成的，所以只要讨论在平衡位置上正定性破坏的条件，就可以得到相应的临界载荷。

(1) $\delta\Pi=0$ 是平衡点要满足的必要条件，$\delta^2\Pi=0$ 表明 Π 的正定性可能遭到破坏。所以，$\delta\Pi=\delta^2\Pi=0$ 或 $\delta\Pi=0$ 有非零解存在，可以得到临界载荷的值。

(2) 对于稳定性问题，我们一般考虑的是小应变、大变形问题。换言之，由于应变是小量，所以应变能可以按失稳前的构型来计算，但外力势能，则必须按变形后的位置计算。

例 A4.1 图 A4.1(a) 所示为一刚性压杆(不变形)，承受中心压力为 F，底端 A 为铰支座，顶端 B 有弹簧系数为 k 的水平弹簧支承。

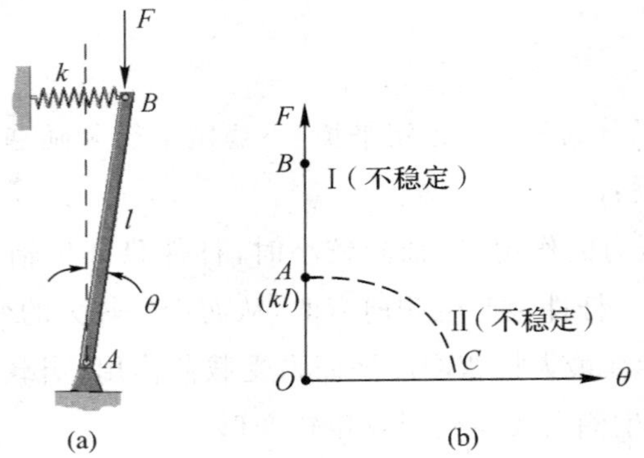

图 A4.1 例 A4.1 图

解 当 AB 为竖直时，系统能保持平衡，这是原始的平衡状态。现在考虑倾斜位置是否还存在新的平衡状态。为此，写出平衡条件(水平方向)

$$F\tan\theta-kl\sin\theta=0$$

即

$$(F-kl\cos\theta)\sin\theta=0 \tag{A4.2.1}$$

这个方程有两个解

$$\theta = 0 \text{ 或 } F = kl\cos\theta$$

显然，$\theta = 0$ 是杆处于竖直状态时的平衡位置。而 $F = kl\cos\theta$ 则是另一个平衡状态。

将这两个解画在图 A4.1(b) 上，显然分支点 A 将原始平衡路径 Ⅰ 分成两段：前段 OA 上的点属于稳定平衡，而后段 AB 属于不稳定平衡。在新的平衡路径上，当载荷减少时倾角 θ 反而增大，所以也是属于不稳定平衡。对于这类具有不稳定分支的完善体系，进行稳定性验证时要特别小心，一般应考虑初始缺陷（如初曲率和偏心等）的影响。

现在按小挠度理论分析。所谓小挠度理论，是将平衡方程中位移分量 θ 按小量线性化处理。由于

$$\sin\theta \approx \theta, \quad \cos\theta \approx 1$$

代入方程(A4.2.1)得

$$(F - kl)\theta = 0$$

故两个平衡态为

$$\theta = 0, \quad F = kl$$

前者是原始平衡状态，后者是新的平衡状态。

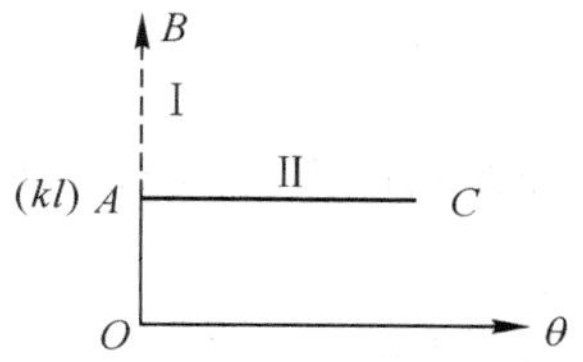

图 A4.2　例 A4.1 小挠度理论结果

显然，按小挠度理论计算出的分支点与大挠度完全一样，但对分支点以后的情形，小挠度给出的随遇平衡只是一种假象。

例 A4.2　考虑图 A4.3(a) 所示的单自由度非完善体系（带有缺陷的体系），刚性杆 AB 有初倾角 ε，其余参数同例 A4.1。

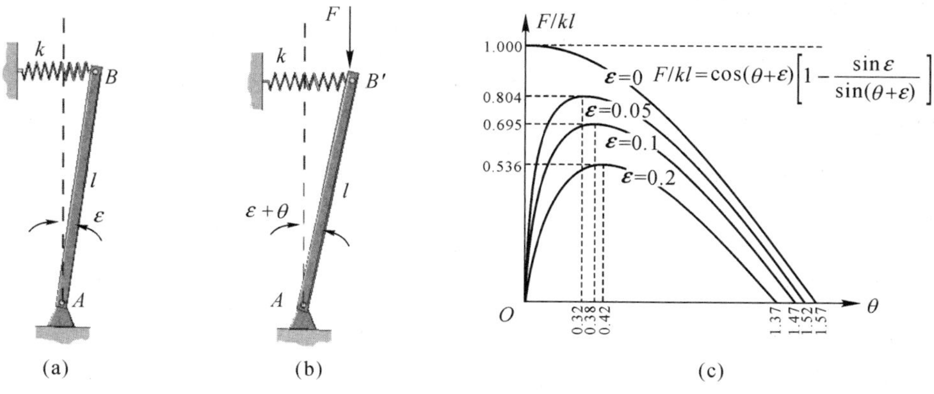

图 A4.3　例 A4.2 图

解　对于图 4.3(b) 所示的结构，平衡条件(水平方向)为

$$F\tan(\theta+\varepsilon)-kl[\sin(\theta+\varepsilon)-\sin\varepsilon]=0 \tag{A4.2.2}$$

所以

$$F=kl\cos(\theta+\varepsilon)\left[1-\frac{\sin\varepsilon}{\sin(\theta+\varepsilon)}\right] \tag{A4.2.3}$$

对于不同的初始倾角 ε，把式(A4.2.3) 中各量之间关系画在图 4.3(c) 上。对于图 4.3(c) 中每一条曲线，为了得到其极值点坐标，令 $\frac{\mathrm{d}F}{\mathrm{d}\theta}=0$，得到

$$\sin(\theta+\varepsilon)=\sin^{\frac{1}{3}}\varepsilon$$

代入式(A4.2.3) 后可以得到相应的极值载荷为

$$F_{cr}=kl(1-\sin^{\frac{2}{3}}\varepsilon)^{\frac{3}{2}} \tag{A4.2.4}$$

显然，初倾角 ε 越大，临界载荷 F_{cr} 就越小。

现在用小挠度理论来分析相关的结果。设 $\theta+\varepsilon\ll 1$，从而

$$\sin(\theta+\varepsilon)\approx\theta+\varepsilon,\quad \cos(\theta+\varepsilon)\approx 1,\quad \sin\varepsilon\approx\varepsilon$$

代入式(A4.2.3) 得到小扰度下的解为

$$F=kl\left[1-\frac{\varepsilon}{\theta+\varepsilon}\right] \tag{A4.2.5}$$

对于所有的 ε，式(A4.2.5) 所表示曲线均以 $F=kl$ 作为渐近线的，即 $F_{cr}=kl$。很显然，此时每条曲线将不再有极值。

例 A4.3　用能量法计算例 A4.2 中的临界载荷。

解　当结构处于图 4.3(b) 所示状态时，杆 AB 转过的角度为 θ，弹簧的弹性势能为

$$V_1=\frac{1}{2}k(l\theta)^2$$

此时外力 F 沿水平方向移动的距离 λ 为

$$\lambda=l(1-\cos\theta)\approx\frac{1}{2}l\theta^2$$

因此，外力 F 做功所对应的势能为

$$V_2=-\frac{Fl}{2}\theta^2$$

系统总势能为

$$V=\frac{1}{2}(kl^2-Fl)\theta^2$$

根据定理 A4.1，由 $\delta V=0$ 得

$$(kl-F)\theta=0$$

其非零解即为临界载荷

$$F=kl$$

例 A4.4　如图 A4.4 所示，讨论两端简支压杆的稳定性。

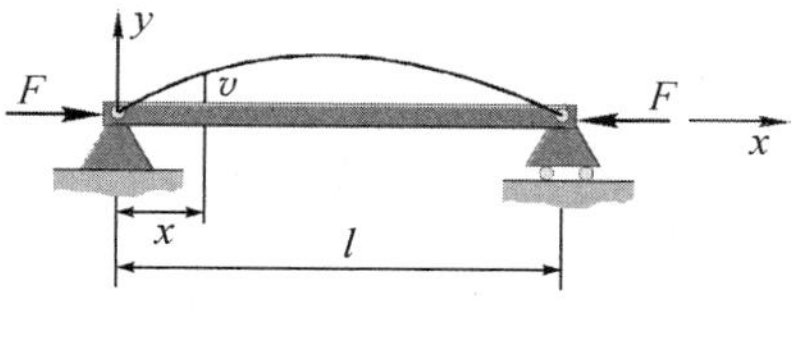

图 A4.4　两端简支压杆的稳定性

选取如图 A4.4 所示的坐标系，杆的弯矩为

$$M_z = -Fv$$

其中 F 为轴向压力。用 v 表示的平衡方程为(适用于小挠度 v)

$$\frac{d^2v}{dx^2} + \frac{Fv}{EI_z} = 0$$

式中 EI_z 为杆的抗弯刚度。引入记号

$$k^2 = \frac{F}{EI_z},\ k > 0$$

则平衡方程的通解为(当 $k \neq 0$ 时)

$$v = C_1 \cos kx + C_2 \sin kx$$

由 $x = 0, v = 0$ 的条件可得 $C_1 = 0$，再将 $x = l, v = 0$ 的条件代入可得 $v(l) = C_2 \sin kl = 0$

为使上述方程有非零解(也就是存在第二平衡路径)，必须有

$$kl = n\pi,\quad n = 1,2,\cdots$$

因此

$$F = EI_z k^2 = EI_z \left(\frac{n\pi}{l}\right)^2,\quad n = 1,2,\cdots$$

取最小的 $F(n = 1)$ 作为临界载荷，即

$$F_{cr} = EI_z \pi^2 / l^2$$

这就是我们要求的两端简支梁的临界载荷。

参考文献

[1] 胡海昌.论弹性体力学与受范性体力学中的一般变分原理[J].物理学报,1954, 10(3):259-289.

[2] 胡海昌. 弹性力学变分原理及其应用[M].北京:科学出版社,1981.

[3] 胡海昌.弹性力学广义变分原理在求近似解中的正确应用[J].中国科学, A 辑,1989, 11:1159-1166.

[4] 钱伟长.变分法及有限元(上册)[M].北京:科学出版社,1980.

[5] 米赫林.数学物理中的直接方法[M].北京:高等教育出版社,1957.

[6] 阿诺尔德.经典力学中的数学方法[M].北京:高等教育出版社,1992.

[7] 克莱因 M. 古今数学思想[M].上海:上海科学技术出版社,1980.

[8] 陆管莲,周志刚,李景德. 电介质的唯象理论[M].//殷之文.电介质物理学.北京:科学出版社,2003:195-268.

[9] Zienkiewicz O C. The Finite Element for Solid and Structural Mechanics, Seventh Edition [M].北京:世界图书出版公司, 2015.

[10] 徐树方.矩阵计算的理论与方法[M].北京:北京大学出版社,1995.

[11] 王大钧,王其昌,何北昌.结构力量中的定性理论[M].北京:北京大学出版社,2014:356-358.

[12] Reissner E. On Variational Theorem in Elasticity[J]. Journal of Mathematics and Physics,1950,29(2):90-98.

[13] Washizu K. On the VariationalPrinciples of Elasticity and Plasticity[R]. Technical Report, 25-18,Massachusetts Institute of Technology,1955.

[14] Washizu K. VariationalMethods in Elasticity and Plasticity [M]. London: PergamonPress, 1968.

[15] Pian T H, Tong P. Finite Element Methods in Continium Mechanics[J]. Adv Meo, 1969, 12:1-53.

[16] Gurtin M E. VariationnalPrinciples for Elastodynamics[J]. Arch RatMech,1964,16:34-50.

[17] Nowacki W. Thermo-elasticity[M]. London:PergamonPress, 1986.

[18] Ding H, Chen W. Three Dimensional Problems of Piezoelasticity[M]. Nova Science PublishersInc, 2001.